ART

DE

FAIRE LE BEURRE

ET LES

MEILLEURS FROMAGES.

ART

DE

FAIRE LE BEURRE

ET LES

MEILLEURS FROMAGES;

PAR

MM. ANDERSON, TWAMLEY, DESMARETS, CHAPTAL, VILLENEUVE,
HUZARD FILS, GROGNIER, BONAFOUS, D'ANGEVILLE, ETC.

DEUXIÈME ÉDITION.

Aurora : A sir George Crewe; est fille du taureau *Comet*. Elle fut vendue, à la vente de Charles Colling, mille guinées, ou vingt-cinq mille francs. (*Farmer's Magazine*. N° de Fév. 1832.)

PARIS,

CHEZ MADAME HUZARD, IMPRIMEUR-LIBRAIRE,
RUE DE L'ÉPERON, N° 7.

1833.

IMPRIMERIE

DE MADAME HUZARD (née VALLAT LA CHAPELLE),

Rue de l'Eperon, n° 7.

AVIS DE L'ÉDITEUR.

Dans la plupart des exploitations rurales, la laiterie est encore loin de donner tout le produit dont elle est susceptible, et cela faute des connaissances nécessaires pour la bien conduire. Le peu de bénéfices qu'elle procure empêche même d'augmenter le nombre des vaches, et prive le cultivateur qui n'élève pas d'autres animaux d'un surcroît de fumier qui serait si utile pour obtenir de plus abondantes récoltes. Cet inconvénient, auquel on ne réfléchit pas assez, est une des causes de la permanence du système des jachères, si préjudiciable encore dans tant de localités de la France.

En effet, si la laiterie rapportait plus que le lait, le beurre et le fromage nécessaires dans l'exploitation, si la vente des produits qu'elle donne pouvait se faire au loin dans les villes, et par ce moyen fournir de l'argent net, le cultivateur ne craindrait plus de faire des avances pour augmenter son bétail, pour le mieux nourrir surtout; il ne tarderait pas à se convaincre de ce que les bons cultivateurs savent déjà, que dans tous les animaux, dans les vaches surtout, les produits sont en raison du surcroît bien réglé de nourriture que l'animal reçoit pour s'entretenir en santé, et qu'après la ration suffi-

sante pour entretenir la vie, une dose addition-
nelle de nourriture accroît notablement la quantité
de lait, de graisse, de poids, et qu'on trouve du profit à la donner. C'est une vérité dont les cultivateurs
ne sont pas assez persuadés, et qui explique pourquoi celui qui nourrit peu ses bestiaux n'en retire
point de profit, tandis que celui qui les nourrit
bien en tire un bénéfice souvent considérable. La
culture des fourrages de toute espèce prendrait de
l'extension, et bientôt la jachère diminuerait sensiblement sous les récoltes de plantes sarclées et de
prairies artificielles : qui sait même si l'établissement
d'une porcherie, qui s'allie si bien avec celui d'une
laiterie, ne viendrait pas augmenter et les bénéfices
de la ferme et la masse des fumiers! tant il est vrai
qu'il est rare qu'en agriculture, comme dans beaucoup d'autres industries, une première amélioration
n'en amène pas plusieurs autres à sa suite!

C'est dans le but de mettre au fait de tous les meilleurs procédés connus pour tirer parti d'un des produits du gros et même du menu bétail, que ce recueil
a été entrepris. On y trouvera les procédés pour faire
les meilleurs beurres, ainsi que ceux pour faire les
meilleurs fromages, soit à consommer de suite, soit
à garder pendant plusieurs années : enfin, on y trouvera la manière de faire des fromages de lait de brebis, comme cela se pratique à Rochefort. Il n'est
pas besoin de faire voir combien il serait avantageux, dans les fermes où la diminution du prix des

laines a laissé un vide, de combler ce vide par un produit aussi avantageux, aussi certain même que celui du fromage façon de Rochefort; car, malgré les prétentions des habitans de cette vallée, il n'est pas prouvé qu'il soit impossible de faire autre part ce qu'ils font chez eux.

On y trouvera également la manière de faire les bons fromages de chèvres.

Si l'ouvrage de Parmentier et Deyeux, intitulé : *Précis d'expériences et Observations sur les différentes espèces de lait, considérées dans leurs rapports avec la chimie, la médecine et l'Economie rurale*, présente la théorie de l'art de la laiterie, celui-ci en contient la pratique la plus suivie et la plus fertile en résultats avantageux : seulement il ne faut pas y chercher un ordre méthodique.

Composé de mémoires séparés qui n'ont d'autres liens entre eux que celui de traiter des mêmes objets, il ne pouvait comporter cet ordre méthodique : si c'est un inconvénient, il est compensé, nous pensons, par l'avantage, pour le lecteur, de pouvoir comparer des méthodes et des opinions diverses sur le même sujet, ce qui est ordinairement une source de lumières pour l'homme qui cherche à s'instruire, et surtout qui veut pratiquer : nous espérons donc qu'il ne sera pas moins utile sous cette forme. Les personnes qui voudront avoir des détails théoriques plus approfondis devront consulter l'ouvrage de

Deyeux et Parmentier, ci-dessus indiqué, et que nous ne saurions trop recommander.

Cependant, pour mettre autant d'ordre que possible dans notre sujet, nous dirons d'abord un mot sur les propriétés du lait; nous donnerons ensuite le mémoire qui indique la manière dont une laiterie doit être disposée pour réunir les meilleures conditions, et nous ferons suivre les autres mémoires, en plaçant successivement ceux qui traitent des mêmes objets. Le débit de la 1re édition de cet ouvrage et la traduction italienne qu'on en a faite nous font croire qu'il a été utile aux cultivateurs. Nous espérons que la seconde édition, *augmentée* d'une foule de travaux nouveaux, ne sera pas moins bien *reçue.*

ART

DE FAIRE LE BEURRE

ET LES

MEILLEURS FROMAGES.

NOTIONS PRÉLIMINAIRES.

DU LAIT.

Le lait est un liquide qui varie de saveur, suivant les espèces d'animaux domestiques qui le produisent : ainsi le lait de vache n'est pas tout à fait semblable au lait de chèvre, au lait de brebis ; sa composition intime est encore plus différente chez d'autres espèces. Cependant ces laits divers ont des propriétés communes, qui font reconnaître ce liquide de quelque animal qu'il vienne.

Ainsi, le lait est un liquide blanc opaque, légèrement sucré, d'une odeur et d'une saveur douces, qui, au moment où il sort des mamelles, a un goût particulier qui ne plaît généralement pas aux personnes adultes, et qui fait dire que le lait sent la vache, sent la brebis, sent la chèvre ; il plaît, au contraire, à presque tout le monde lorsqu'il s'est refroidi lentement : ce n'est donc qu'après un espace de temps écoulé depuis la traite, qu'il faut faire usage du lait lorsqu'on veut l'avoir *le meilleur possible,* c'est à dire au goût du plus grand nombre.

Non seulement le lait varie de qualité dans les femelles des différentes espèces d'animaux, mais il varie aussi dans la même femelle, suivant la nourriture de celle-ci, suivant

I

son état de santé : le lait du commencement de la traite est même tout différent de celui de la fin de cette même traite ; en sorte qu'il paraît impossible de trouver deux laits parfaitement semblables. Dans le cours de cet ouvrage, on verra les principales applications économiques à faire d'après cette observation, qui devient donc très importante.

DES PRODUITS IMMÉDIATS DU LAIT.

De la crème.

Quand on laisse reposer et refroidir le lait, sa surface se couvre insensiblement d'une matière épaisse, onctueuse, très agréable au goût, quelquefois d'une couleur jaunâtre, mais souvent d'un blanc mat ; elle est connue sous le nom de *crème*. Il résulte des expériences de Parmentier et Deyeux, qu'elle est toute formée dans le lait, et qu'elle ne fait que s'en séparer par le repos et le refroidissement. Le lait qui sort du pis de la vache serait donc composé d'un fluide blanc qui tiendrait la crème en suspension. Le lait dont on a séparé la crème s'appelle *lait écrémé* ; nous en parlerons dans un instant.

Du beurre.

Si maintenant on prend la crème à part, et si on l'agite par un mouvement continuel, elle se sépare en deux parties, dont l'une est une matière grasse, blanche ou jaunâtre, à demi solide, d'une saveur et d'une odeur douces, généralement agréable au goût, susceptible de se liquéfier à une température peu élevée et de prendre au contraire de la consistance à un froid de quelques degrés au dessous de zéro ; c'est le *beurre*. Nous verrons, dans le cours de cet ouvrage, qu'on peut le séparer directement du lait nouveau sans attendre que la crème se soit formée ; mais c'est, comme nous le verrons aussi, une mauvaise méthode.

Du lait de beurre.

Le second, composant de la crême, est un liquide blan-châtre, très fluide, qui a beaucoup de rapport avec le lait écrémé, on l'appelle *lait de beurre*. Suivant Parmentier et Deyeux, il est composé des mêmes élémens que le lait écrémé, seulement il passe plus facilement à l'état acidule : on pourrait donc dire que le beurre n'est que de la crême dont on a extrait tout le liquide dans lequel cette crême était primitivement contenue; mais il est probable que l'agitation de la crême, son contact plus multiplié avec l'air, lorsqu'on pratique l'opération de battre le beurre, et même la légère augmentation de chaleur qui se manifeste lors de cette opération, donnent à la crême les qualités nouvelles qui constituent le beurre et le différencient de la crême.

Du lait écrémé.

Quand le lait a été écrémé, il n'a plus cette couleur d'un blanc mat, ni cette onctuosité qu'il avait au sortir des mamelles; il est plus fluide, et il n'est plus aussi agréable au goût : c'est ce liquide qu'on vend souvent pour du lait dans les grandes villes. Il contient encore, outre une légère portion de crême, deux substances que le repos sépare aussi comme il a déjà séparé la crême.

Du caillé, ou de la matière caséeuse ou fromageuse.

Si on continue à laisser reposer le lait écrémé, il passe plus ou moins vite, suivant la température du local et suivant d'autres circonstances, à une espèce de fermentation intérieure. D'abord il surit et il ne tarde pas ensuite à se prendre en un coagulum ou masse homogène plus ou moins solide. Le même effet se produit beaucoup plus promptement si on mêle au lait écrémé une certaine quan-

I.

tité de vinaigre, ou de toute autre substance acide. Ce coagulum se sépare facilement, surtout lorsqu'on l'agite, d'une sérosité de couleur citrine dans laquelle il nage : il a été appelé le *caillé*, et la matière liquide le *petit-lait*. Le *caillé* est la matière qui sert à faire les divers fromages. On peut faire cailler le lait sans en avoir fait préalablement monter et séparer la crême. Dans ce cas, la crême reste mêlée en très grande partie avec la matière caséeuse, et elle donne aux fromages des qualités différentes dont on parlera dans l'ouvrage.

Du petit-lait.

Le liquide ou la sérosité d'une couleur légèrement citrine, dans laquelle nage le caillé, est le *petit-lait*. Il est assez doux et agréable pour beaucoup de personnes lorsqu'il est nouveau et frais et quand on n'a pas employé une liqueur acide pour faire cailler le lait; dans le cas contraire, il est acide et plaît à peu de personnes. Le petit-lait est rafraîchissant et très légèrement purgatif.

D'après ce qui précède, on voit que le lait nouvellement trait se comporte ou se divise de la manière suivante :

$$\text{Lait en}\begin{cases}\text{crême en}\begin{cases}\text{beurre}\\ \text{et lait de beurre;}\end{cases}\\ \text{et lait écrémé en}\begin{cases}\text{caillé}\\ \text{et petit-lait.}\end{cases}\end{cases}$$

Mais on voit aussi que le lait de beurre étant presque identique avec le lait écrémé, ou plutôt, n'étant que le même liquide qui a subi des modifications par le battage nécessaire pour obtenir le beurre, on peut dire plus exactement que le lait se divise de la manière suivante :

$$\text{Lait, en}\begin{cases}\text{crême, ou matière du beurre,}\\ \text{caillé ou matière du fromage,}\\ \text{et petit-lait.}\end{cases}$$

Il ne faut pas croire cependant que ces trois substances se séparent entièrement l'une de l'autre, ce serait une erreur. Ainsi, la crême retient toujours avec elle une certaine quantité de caillé et de petit-lait, le caillé retient une petite quantité de crême et de petit-lait, et le petit-lait ne se dépouille complétement des matières butireuse et caséeuse qu'avec difficulté.

Il ne faut pas croire non plus que le beurre soit tout à fait de la crême pure, privée du lait qui la tenait emprisonnée, qu'on me pardonne l'expression ; il est probable, comme nous l'avons déjà dit, que, par le battage, la crême acquiert des propriétés qu'elle n'avait pas dans le lait et qui la changent en beurre. Quant à la matière caséeuse, il est à peu près certain qu'en se séparant du petit-lait, et en passant à l'état de caillé, elle se combine avec un acide et prend de nouvelles qualités ; mais ces changemens ne sont pas pris en considération dans l'art de faire le beurre et les fromages.

Tels sont les produits immédiats que donne le lait abandonné à lui-même : traité par les réactifs chimiques, il en donne d'autres, que M. Chevreul a appelés de l'*oléine*, de la *stéarine*, de la *butirine*, de la *caproine*, de la *caprine ;* nous n'en parlerons pas, parce qu'ils ne servent point pour l'objet qui nous occupe, nous renvoyons à l'ouvrage de Parmentier et Deyeux que nous avons déjà cité, mais surtout à celui de M. Chevreul, intitulé : *Recherches chimiques sur les corps gras d'origine animale,* 1833, un vol. in-8°.

Il est cependant une question relative à la composition du lait, à laquelle nous devons donner une solution.

On a dit que quelques uns des principes existans dans le lait étaient assez actifs pour donner au beurre ou au fromage certains goûts ou certaines qualités qui rendaient ce beurre ou ces fromages de qualité inférieure ou supérieure, suivant la plus ou moins grande portion de ces

principes. Or, comme ces principes, dans quelques localités, tiennent à la nature de la nourriture des animaux, on
a prétendu qu'il était impossible, dans ces cas, dans ces
localités, de faire du beurre ou des fromages de qualité
semblable à celle d'autres localités.

Cette prétention, en partie vraie, est totalement dé-
pourvue de base dans la plupart des cas : c'est ce que nous
allons démontrer.

Les faits prouvent d'abord que le lait des différentes
espèces d'animaux est différent et qu'il donne un beurre,
et des fromages différens : ceci est bien positif. Ce n'est
donc pas là le point de la question ; c'est de savoir si *le
lait des animaux de la même espèce* peut assez varier, par
la nourriture fournie par les localités, pour ne pouvoir
dans l'une, donner le même beurre et le même fromage
que dans l'autre.

Faisons d'abord une distinction bien importante, bien
réelle, entre les produits immédiats du lait qu'on peut
voir, qu'on peut mesurer, et ceux qu'on ne peut saisir et
qui produisent la *saveur* et l'*odeur*.

Si on dit que la nourriture apporte une variation proportionnelle assez grande dans les premiers produits du
lait, tels que la matière du beurre, celle du fromage et
celle du petit-lait, pour qu'on ne puisse pas partout fabriquer le même beurre et les mêmes fromages, c'est là
qu'est l'erreur.

En effet, la physiologie démontre que pour que les liqueurs animales varient dans leur composition *d'une manière marquée* dans des animaux de même espèce, quand
ils sont également bien nourris et bien portans, il faut
que la nourriture qu'ils reçoivent soit d'une nature toute
différente, chez les uns, de ce qu'elle est chez les autres, et très long-temps continuée. Or, ce n'est pas le
cas pour le bétail ; le seul changement bien sensible que
la nature de la nourriture apporte dans les animaux ; et

par suite dans la proportion relative des produits qui donnent le beurre et le fromage, est causé (à quelques exceptions près que nous indiquerons dans cet ouvrage) par le passage de la nourriture verte à la nourriture sèche. Ce changement est remarquable en effet, et il produit sur la sécrétion du lait et sur ses qualités un tel résultat, que presque partout on cesse la fabrication des fromages de *longue garde* aussitôt que la nourriture verte cesse. Le grand changement vient de ce que les matières caséeuse et butireuse diminuent proportionnellement à la matière séreuse ; mais aussi alors on peut dire que les animaux ne sont plus aussi bien nourris, et que, sauf ceux que l'on met au régime de l'engrais, tous souffrent un peu plus, un peu moins, du passage du régime vert au régime sec.

L'expérience démontre, de son côté, que partout où les pâturages entretiennent le bétail en très bon état et en fort bonne santé, le lait contient, à si peu de chose près, les mêmes proportions butireuse, caséeuse et séreuse propres à chaque espèce, qu'on ne trouve réellement pas de différence dans le lait des animaux placés dans des pâturages différens : il en est de même des fourrages artificiels, et le lait des vaches nourries avec du sainfoin et de la luzerne, avec du seigle ou de l'orge coupés en vert, est aussi bon, aussi abondant en principes butireux et caséeux que celui des vaches nourries dans les pâturages naturels de la Suisse, de la vallée d'Auge et de la vallée de l'Adour (1).

Dans tous les pays où les vaches seront donc bien nourries au vert et très bien portantes, on pourra fabriquer d'excellens beurres et d'excellens fromages de *longue garde*, dont les qualités, si la fabrication est bien la

---

(1) Nous ne plaçons pas ici le trèfle, parce que, donné pendant long-temps en vert, il a une action sur la santé des vaches, et qu'il peut par suite produire un changement dans le lait.

même, ne varieront pas plus entre elles que les beurres ou les fromages d'une localité donnée ne varient entre eux, et cela, parce que *dans le beurre et le fromage fabriqués* EN GRAND, *conséquemment* AVEC DE GRANDES MASSES DE LAIT, *il s'établit une sorte de qualité moyenne de lait qui tend à faire disparaître les proportions différentes des principes immédiats du lait de chaque animal.*

Mais si nous examinons la question par rapport aux autres principes du lait, à ceux que nous ne pouvons distinguer qu'au moyen du goût et de l'odorat, la solution de la question n'est plus tout à fait la même, et il faut distinguer deux cas : celui où les produits du laitage doivent être fabriqués en petite quantité à la fois et consommés frais ; et celui où ces mêmes produits doivent être fabriqués en grande masse et consommés long-temps après leur fabrication, éprouver, par conséquent, une longue et lente fermentation.

Dans le premier cas, dans celui où le produit est fabriqué en petite quantité et consommé frais, il n'y a pas de doute que ce produit pouvant être fabriqué avec le lait d'un seul animal d'une constitution particulière, ou dans un état de santé équivoque, ou seulement avec celui de quelques animaux parmi lesquels il y en aura un de malade ou d'une constitution particulière, il n'y a pas de doute, dis-je, qu'il ne puisse y avoir des différences assez sensibles dans la saveur, dans l'odeur du produit pour rendre celui d'une étable bon et celui d'une autre étable mauvais. Tous les jours on en voit des exemples dans le beurre frais et surtout dans les fromages à la crême. Le mode de fabrication a beau être le même, le goût des beurres et des fromages est différent et plus ou moins agréable : rien, dans ce cas, ne contre-balance assez l'effet produit par la saveur ou l'odeur particulière au lait d'un des animaux qui ont donné la petite masse de lait nécessaire pour fournir le produit.

Dans le second cas, au contraire, dans celui où le produit est fabriqué en grand et gardé long-temps, comme
cela arrive pour les fromages de longue garde, tels que les
fromages de Gruyères, de Chester, de Parmesan, de
Hollande, de Roquefort, d'Auvergne, alors les qualités
particulières au lait d'un animal sont contre-balancées par
celles du lait de tous les autres animaux, et il s'établit
sous ce rapport *une qualité moyenne de lait qui tend à
donner au produit fabriqué les mêmes qualités, à des
différences imperceptibles près, si la fabrication est bien
la même.*

De plus, la *longue et lente fermentation qui s'établit
pendant tout le temps que dure la garde des fromages,
en faisant subir des altérations profondes au principe du
fromage, tend à faire disparaître les propriétés spécifi-
ques qui distinguent les uns des autres les fromages
frais.*

*Enfin, certaines manipulations prolongées, telles que
la division extrême du caillé, sa cuisson lente et à une
haute température, ensuite l'addition de quelques substances sapides et odorantes, tendent à produire le même
résultat, c'est à dire à rendre tous ces fromages de plus
en plus identiques, si la fabrication est bien la même.*

L'expérience, d'ailleurs, est là pour confirmer ces
données.

On disait qu'on ne pouvait fabriquer des fromages de
Gruyères qu'en Suisse, parce qu'il fallait les races de
vaches et les pâturages des montagnes de la Suisse, pour
avoir ces mêmes fromages. Maintenant on fabrique ces
fromages dans le Jura, avec les races du Jura nourries
dans ces mêmes pâturages du Jura ; on en fabrique en
Lorraine, on en fabrique en Normandie, on en fabrique
sur les bords de la Garonne.

On consomme en Angleterre cinquante fois plus de
fromage de Chester que le comté de Chester n'en produit;

et, quand on parcourt l'Angleterre, on voit qu'on fabrique de ce fromage aussi bien au nord qu'au midi : on en a fabriqué également en France à diverses époques.

On a fabriqué en France d'autres fromages d'Angleterre et des fromages de Hollande d'aussi bonne qualité que dans les pays de fabrication originaire : on a fabriqué même des fromages de Parmesan ; enfin le bon fromage de Brie, si difficile à fabriquer, même en Brie, a été imité parfaitement en Bretagne par M. Trochu.

Tout tend donc à prouver que partout où les vaches sont nourries avec de bons pâturages et de bons fourrages, et où elles sont dans un état florissant de santé, leur lait est assez identique pour qu'on puisse fabriquer indistinctement tous les fromages de longue garde.

Il faut dire cependant que le beurre paraît conserver jusqu'à un certain point le goût et l'odeur bons ou mauvais qui deviennent manifestes immédiatement après sa confection et que la qualité du lait de quelques animaux lui donne. On peut croire que la cause de cette propriété du beurre vient, d'une part, de ce que les procédés de fabrication sont bien moins compliqués, bien moins propres à faire disparaître ce goût et cette odeur, et, d'autre part, de ce que, une fois fabriqué, il ne peut plus éprouver, sans se gâter, la fermentation lente qu'éprouvent les fromages de longue garde et qui contribue, au contraire, si efficacement à leur donner les bonnes qualités qu'on y remarque.

Nous avons cru, avant d'entrer en matière, devoir donner ces explications, qui suffiront, nous l'espérons, pour déraciner tout à fait un préjugé qui s'opposerait aux tentatives de fabrication des fromages de longue garde, et qui pourrait ainsi être préjudiciable à un grand nombre de cultivateurs.

PREMIER MÉMOIRE.

DE LA MANIÈRE

DE CONDUIRE UNE LAITERIE;

PAR J. ANDERSON ET J. TWAMLEY.

TRADUIT DE L'ANGLAIS (1).

1°. DE LA LAITERIE A BEURRE.

Dans l'établissement d'une laiterie, plusieurs objets importans réclament l'attention. Quelquefois il est dans l'intérêt du propriétaire d'obtenir la plus grande quantité possible de produits; quelquefois il est plus avantageux pour lui que ces produits soient moindres en quantité, mais qu'ils soient de qualité supérieure : il est donc utile qu'il sache comment il pourra atteindre l'un ou l'autre de ces buts de la manière la plus prompte et la plus facile.

Pour que le propriétaire d'une laiterie puisse tirer de son lait le plus grand profit, il faut qu'il connaisse parfaitement la manière de faire le beurre et celle de faire le fromage; car il peut arriver qu'il lui soit plus avantageux de convertir une certaine portion du lait en beurre et une certaine portion en fromage, que de convertir le tout en beurre ou en fromage.

Nous allons, dans la première partie, donner notre at-

---

(1) *Essays on the management of the dairy including the modern practice of the best districts in the manufacture of cheese and Butter*, by J. TWAMLEY, London 1816. *Annales d'Agriculture*, t. XXXV et XXXVI.

tention à la manière de faire le beurre : en conséquence, les pages suivantes traiteront, 1° de la situation et de l'arrangement des bâtimens convenables à une laiterie; 2° des vases et autres ustensiles y appartenant; 3° du choix des animaux pour la laiterie, et de la nourriture qui leur convient; 4° de la manière de gouverner les vaches à lait; 5° des règles générales sur la manière de préparer le lait pour faire le beurre ; 6° enfin de la crème et de la manière de battre le beurre pour le dégager du lait de beurre. Dans la seconde partie, nous traiterons de la manière de faire le fromage.

CHAPITRE Ier.

SITUATION ET CONSTRUCTION DE LA LAITERIE.

On ne peut tirer un profit réel d'une laiterie si l'on n'a d'abord préparé un endroit convenable pour y déposer et conserver le lait, et pour exécuter commodément les diverses opérations qu'elle comporte.

Il est nécessaire que le lieu où l'on établit une laiterie soit frais en été et chaud en hiver, afin que la température y soit à peu près la même pendant tout le cours de l'année; que ce lieu soit sec et susceptible d'être toujours tenu parfaitement propre. Comme il est souvent difficile de trouver dans la maison d'habitation un endroit qui remplisse toutes ces conditions, il devient convenable, dans ce cas, de construire un bâtiment séparé, sur le plan ci-après décrit; bâtiment que l'on peut élever partout à peu de frais, et qui remplira le but que l'on se propose beaucoup mieux que les constructions élevées à grands frais pour cet usage dans les parcs des opulens propriétaires.

Il est presque impossible, pendant l'été, de tenir une laiterie trop fraîche : c'est pour cela que le bâtiment doit, s'il est possible, être construit dans une situation sèche,

aérée, près d'une petite rivière ou d'un ruisseau d'eau
courante, si cela peut se rencontrer ; et si la nature du
terrain le permet, il serait convenable d'amener l'eau
dans la laiterie, afin qu'elle fût traversée par un filet
d'eau. S'il faut employer un tuyau pour amener l'eau, il
conviendrait, si cela se peut, que cette eau tombât d'une
certaine hauteur sur le pavé ; il en résulterait un important avantage : cela contribuerait à la pureté et à la fraîcheur de l'air.

Le bâtiment de la laiterie doit, en outre, être placé de
telle sorte, qu'aucune eau stagnante ne séjourne aux alen-
tours, et que les vaches y aient un accès facile : un abreu-
voir traversé par le ruisseau doit être établi près de la laiterie, afin que les vaches y puissent boire ; et s'il ne se
trouve en ce lieu des arbres touffus qui leur offrent un
ombrage naturel, il faudra établir un toit sous lequel
elles puissent, en tout temps, être à l'abri (1).

Cette construction doit se composer d'un bâtiment,
disposé comme on le voit dans la planche ci-jointe (2).

(1) En Angleterre, dans beaucoup de localités, où les vaches
restent au pâturage, en été, le jour et la nuit, on a coutume
de faire venir ces animaux auprès de la laiterie pour les y traire,
même en plein air lorsqu'il fait beau. Le besoin de boire, et
quelques friandises données aux animaux (du sel), les habituent
bien vite à s'y rendre d'eux-mêmes à certaines heures de la journée.

(2) Sans penser qu'il soit nécessaire d'avoir une laiterie construite exprès et disposée comme celle qu'indique l'auteur anglais, nous avons cru devoir donner la description de sa laiterie pour indiquer au lecteur les conditions principales que doivent avoir ces fabriques, et pour le mettre à même d'ajouter à
la sienne celles de ces conditions qu'il est indispensable d'y
ajouter, et même aussi celles qu'il peut joindre sans beaucoup
de frais.

Fig. 1. A, la laiterie dans le centre du bâtiment; elle est environnée de passages.

B est l'entrée de la laiterie du côté du nord;

C, la glacière;

D, un lavoir, espèce de cuisine où on lavera les ustensiles de la laiterie, avec une porte au midi et des rangs de planches autour de la pièce;

f, une porte qui donne dans la laiterie;

h, la cheminée.

Fig. 2. A est la laiterie.

B, B sont les passages qui l'entourent.

c est la fenêtre intérieure correspondant avec la fenêtre extérieure.

d est le ventilateur, ou tuyau conducteur de l'air.

g est la fenêtre extérieure.

Fig. 3 représente en détail la construction du ventilateur.

i, vasistas du haut.

k, vasistas du bas, ouvrant sur la laiterie;

n, vasistas communiquant au passage.

On s'était d'abord proposé de conseiller, pour cette construction, de faire les murs en briques, recouverts à l'extérieur d'une forte couche de terre recouverte elle-même d'un toit de paille, afin d'empêcher les variations de température à l'intérieur, effet que produit très bien ce genre de construction; mais des expériences plus récentes ont prouvé que ce but pouvait être atteint à beaucoup moins de frais par un double mur tout autour de la laiterie (1). La muraille intérieure doit être en briques ou en charpente enduite de plâtre ou de chaux des deux

(1) Le principe sur lequel est fondée l'efficacité de ce mode de construction est expliqué fort au long dans l'ouvrage du docteur *Anderson*, intitulé : *Recreations in Agriculture*, vol. Ier, page 210 et suivantes.

côtés : la muraille extérieure peut être en charpente. L'entrée de la laiterie doit être placée au nord en B, *fig.* 1 ;
mais il doit y avoir aussi une autre communication par la
porte *f*, donnant sur le lavoir ; communication qui sera
souvent utile, surtout l'hiver, saison où, par ce moyen,
la porte extérieure B pourra être tenue toujours fermée.
Le toit supérieur doit être couvert en bonnes ardoi-
ses ou en tuiles : le toit inférieur sera un bon plafond ;
entre ces deux *toits* doit exister un certain espace pour
la libre circulation de l'air, ainsi qu'il est représenté
fig. 2, dans laquelle la lettre A représente l'intérieur de
la laiterie, et B, B l'espace ou passage entre les deux
murs : l'espace entre les deux toits diminue graduellement
vers le sommet, qui se termine en une cheminée de charpente *d*, qui est destinée à servir de ventilateur, et doit
s'élever à une hauteur d'au moins 6 à 8 pieds au-dessus
du toit. La portion d'air échauffée par le soleil sur la
muraille extérieure s'échappera par ce tube, de manière à n'influer jamais sur la température de la laiterie
dans l'intérieur de la seconde muraille. Un vasistas, qui
se ferme à volonté, est placé en *i*, *fig.* 3 : quand il est
baissé, il empêche la sortie de l'air échauffé, lorsqu'on le
juge nécessaire. Le sommet de ce ventilateur est recouvert d'une espèce de toit qui empêche la pluie d'y tomber
sans interrompre le courant d'air. Il y a une ouverture au
plafond intérieur, qui communique avec ce tube, et par
laquelle peuvent s'échapper toutes les particules d'air qui
viendraient accidentellement à s'échauffer. Il y a aussi à
cette ouverture un vasistas *k*, qui peut se fermer à volonté. Le sol de la laiterie est d'un pas plus élevé que
celui des corridors qui l'entourent, lesquels sont au niveau de terre : par ce moyen, l'air froid qui pourra s'y
introduire pendant l'hiver n'affectera pas la température
intérieure.

Pour donner du jour à la laiterie, une croisée aussi

grande qu'on le jugera nécessaire sera pratiquée au plafond intérieur en *c* du côté du nord. Les vitres seront
placées à demeure, de manière à ce que cette croisée ne
puisse s'ouvrir. Sur la pente du toit extérieur en *g*, une
autre croisée sera pratiquée, correspondant exactement à
la précédente : le vitrage de cette croisée sera de même
posé à demeure, en sorte qu'elles donneront du jour et ne
dérangeront en rien l'économie des courans d'air. Il n'est
pas possible que l'action des rayons obliques du soleil,
qui viendront donner sur cette croisée le matin et le soir,
puisse exercer une influence sensible sur l'atmosphère de
la laiterie; mais si cela arrivait, il serait possible de remédier à cet inconvénient en plaçant des planches d'abri
à l'est et à l'ouest de cette croisée, ce qui la garantirait
complétement de l'action des rayons du soleil.

L'espace qui entourera la laiterie n'aura qu'une seule
communication avec l'air extérieur; cette communication
sera au nord, au seuil de la porte B. Quatre ouvertures
peuvent être pratiquées dans les murs de la laiterie, une
de chaque côté, à environ un pied du plancher haut, pour
donner de l'air à l'occasion; ces ouvertures doivent être
susceptibles de fermer hermétiquement; et devant chaque
ouverture il faut avoir soin de tendre un canevas qui empêche l'entrée des insectes et des autres vermines. Si l'on
ouvre de temps en temps le vasistas du haut lorsque le
soleil donnera, cela fera circuler l'air et enlèvera toutes
les vapeurs humides qui auraient pu s'élever dans la laiterie; mais il ne faudra recourir à ce moyen que lorsqu'une odeur de renfermé en indiquera la nécessité. Pendant l'hiver, la ventilation s'effectuera, ainsi qu'il est
expliqué plus loin, par le moyen d'un corps échauffé, apporté dans la laiterie à cet effet. Les murs de la laiterie
doivent être, à l'intérieur, revêtus d'un enduit, bien
uni, sans aucune espèce d'ornemens, afin qu'il puisse être
aisément nettoyé. On ne doit jamais employer de pein-

ture à l'huile dans une laiterie; on peut la blanchir avec du blanc délayé dans du petit-lait, qui remplace la colle et ne donne aucune odeur. Cette préparation est susceptible de recevoir telle couleur qui conviendra, et coûte si bon marché, qu'on peut renouveler très souvent un semblable nettoyage.

Dans toute la longueur au milieu de la laiterie, doit régner une table en marbre (si le propriétaire ne regarde pas à la dépense) ou en pierre, large de trois pieds, et élevée de deux pieds et demi. Sous cette table on établira une espèce d'auge ou bassin en pierre, dont le fond sera à peu près au niveau du terrain extérieur, et dont les bords s'éleveront de six pouces au dessus du sol de la laiterie, de manière à ce que ce bassin étant plein, il y ait à peu près un pied d'eau qui puisse s'écouler, à volonté, par le moyen d'un tuyau. Si l'eau est courante dans la laiterie, ce bassin existera toujours, et ira un peu en pente d'un côté, afin que l'eau puisse s'écouler aisément et sortir du bâtiment. Il serait convenable que la laiterie fût dallée; mais cela ne se pourrait sans une trop forte dépense; le dallage pourrait être remplacé par un carrelage en briques fait avec soin. Tout autour de la laiterie doivent régner des appuis pour placer des terrines à lait. Il serait bon que ces appuis fussent en pierre; mais, dans le cas où cela ne se pourrait, on y substituerait des planches.

Rien n'est plus préjudiciable à une laiterie qu'un air humide et renfermé, qui se corrompt bientôt, prend un goût de moisi, et le communique aux produits de la laiterie; il est donc bien nécessaire de prendre des précautions efficaces contre cet inconvénient : c'est pour cela qu'a été imaginé le tuyau en forme de cheminée (1), qui

(1) Voyez *fig.* 3, *d.*

doit être placé au faîte du bâtiment, et dont nous allons expliquer en détail la construction et le but.

Ce tuyau peut être fait sur trois côtés en planches enduites de plâtre, afin que ce soit bien clos. Le quatrième côté, qui regardera le midi, sera en vitrage bien mastiqué, afin que l'air ne pénètre pas. La dimension de ce conduit peut varier, à volonté, d'un à deux pieds de diamètre intérieur ; plus il aura de largeur du levant au couchant, ou du côté du midi, mieux il remplira le but proposé. Sa hauteur aussi peut varier, mais ne doit pas être moindre de six pieds ; car l'effet produit par ce tuyau croît en proportion de sa longueur. Il doit y avoir un vasistas au sommet, immédiatement au dessous du soupirail, comme cela est représenté, en i, *figure* 3, il doit fermer à volonté : un autre vasistas en bas en k, doit pouvoir aussi se fermer ou s'ouvrir, suivant que les circonstances le voudront. Le tuyau inférieur qui s'ouvre dans la laiterie doit être plus petit que le tuyau supérieur. En n, est un vasistas qui, lorsqu'il est baissé, interrompt toute communication entre cette partie et l'air extérieur : par le moyen de ces vasistas, on fait agir le ventilateur à volonté.

Quand le soleil donne, il agit au travers du vitrage sur l'intérieur du tuyau dans toute sa longueur, et conséquemment échauffe et raréfie l'air qui y est contenu ; ce qui donne à cet air une tendance à s'élever avec une vélocité proportionnée à la chaleur produite par l'action du soleil, et aussi par la hauteur du tuyau. Si le vasistas en i est ouvert, l'air échauffé s'échappera par le soupirail du sommet ; ce qui établira un courant d'air de bas en haut. Si la laiterie a besoin d'être ventilée, on lève le vasistas k, et l'on ferme en même temps le vasistas n : alors l'air nécessaire pour former le courant dans le tuyau sera tiré de la laiterie, dont l'air peut, par ce moyen, être complétement renouvelé (1). Quand le vasistas *k* est fermé, et que les vasistas *n* et *i* sont ouverts, la ventilation ne s'opère que sur l'espace extérieur de la laiterie. Si les vasistas *k* et *n* sont fermés en même temps, aucune ventilation ne s'opérera. Si ces vasistas inférieurs sont fermés en partie, la ventilation de l'intérieur sera modérée au degré que l'on jugera convenable.

En été, il serait convenable d'avoir habituellement le vasistas *n* et le haut du tuyau ouverts, et le vasistas *k* fermé, si ce n'est dans le cas où une ventilation serait jugée nécessaire; avec cette précaution, on laisserait ainsi continuellement échapper l'air échauffé du passage exposé au midi.

En hiver, le vasistas *n* doit ordinairement être fermé, pour que l'air échauffé dans les corridors par l'action du soleil ne s'échappe pas; ce qui diminue le froid dans cet espace. Le vasistas *i* doit aussi, pendant toute la durée de l'hiver, être soigneusement fermé, à moins que des circonstances extraordinaires n'obligent à l'ouvrir; le vasistas *k*, au contraire, doit être ouvert. Par l'effet de cet appareil, l'air qui est échauffé et raréfié par le soleil dans le tuyau sera forcé de se mêler un peu, par l'ouverture *k*, avec celui de la laiterie; ce qui tendra conséquemment à modérer le froid dans son intérieur.

C'est dans les corridors qui entourent la laiterie, et qui doivent avoir au moins quatre pieds de large, que l'on déposera le beurre et les autres choses qui demandent à être tenues au frais. Ces corridors ne doivent pas avoir de croisées ni aucune ouverture au mur extérieur,

_____

(1) L'air sera remplacé par celui qui entrera par les ouvertures inférieures de la laiterie, telles que les ouvertures pour laisser entrer et sortir l'eau, les jointures de la porte, celles même des fenêtres qui donnent sur les corridors; il pourra même s'établir un double courant d'air ascendant et descendant dans le tuyau.

mais être éclairés par la laiterie : à cet effet, chacun des
murs intérieurs aura une ouverture avec un vitrage à demeure et bien clos, afin qu'il ne laisse passer que la lumière seule, mais pas du tout d'air. Les murs de ces corridors devront être de tous côtés soigneusement enduits
de plâtre, aussi uni que possible. Cet enduit de plâtre
doit s'étendre sur le toit intérieur et en dedans du toit extérieur, afin qu'ils soient aussi impénétrables à l'air que
possible, surtout vers la partie supérieure. On appli-
quera donc avec grand soin un double enduit de plâtre,
afin de remplir toutes les fentes et crevasses qui se feraient en séchant, et afin de boucher la moindre petite
fente qui pourrait exister ; et l'on aura soin d'examiner
de temps en temps s'il ne se forme pas de lézardes,
qui devront être immédiatement bouchées. On expli-
quera ci-après l'utilité de ces précautions en apparence
minutieuses.

Aux environs des grandes villes, où l'on pourrait vendre de la glace en été, il serait avantageux d'avoir
une glacière attenante à la laiterie, comme en C, *fig.* 1;
elle serait, comme la laiterie, entourée d'une double muraille sur trois côtés, avec un intervalle entre les deux
murs. L'endroit où l'on conservera la glace sera formé
de murs en pierres, revêtus d'un treillage ou d'une claie;
autour régnera un passage large de deux pieds et demi ;
on établira une gouttière pour l'écoulement de l'eau qui
tomberait de la glace. Ceci est le moyen le plus facile et
le plus économique d'établir une glacière, en quelque endroit que ce soit ; c'est un genre de cellier infiniment
préférable aux voûtes souterraines, qui sont plus exposées à l'humidité, plus sujettes à la moisissure et à la
pourriture, coûtent beaucoup plus cher, ne sont pas plus
fraîches, et ne conservent pas mieux une température
égale en toutes saisons.

La pièce marquée D, *fig.* 1, est destinée à recevoir
les ustensiles de la laiterie : c'est là qu'ils seront nettoyés,

rangés, et qu'on les trouvera prêts lorsqu'on en aura besoin. Pour cela, il faudra qu'il y ait plusieurs rangs de
planches autour des murs, des tables, et toutes les autres
choses nécessaires à la destination de cette pièce. La
porte s'ouvrira au midi, où le toit s'avancera d'environ
deux pieds au delà de la muraille : à une encoignure *h*,
est une cheminée à laquelle sera attaché un chaudron
d'une grandeur convenable, utile pour la laiterie; *f* est
une porte donnant dans la laiterie, dont on pourra se
servir en été, mais par laquelle seule on entrera en hiver; car pendant toute cette saison la porte B, *fig.* 1,
devra rester constamment fermée.

On comprendra facilement que le but de tous ces ar-
rangemens est de tenir le lait dans une température convenable pendant l'été comme pendant l'hiver, et de mettre
le propriétaire d'une laiterie à même d'en exécuter toutes
les opérations avec le moins d'embarras et de dépense
possible. L'égalité constante de la température d'une
laiterie est une chose très importante, car une variation
dans l'atmosphère dérange les opérations et diminue la
valeur des produits. Par exemple, quand la chaleur est
trop forte, le lait se coagule de suite, la crême ne peut
monter, et il tourne si promptement à l'aigre qu'on n'en
peut rien faire de bon. Si au contraire le lait est exposé à
une température trop froide, la crême montera lentement
et difficilement; elle acquiert un goût amer et désagréable,
et il est presque impossible d'en faire du beurre, et quand
on vient à bout d'en obtenir, c'est en si petite quantité,
il est si pâle, et quoique dur, il est si peu lié, a si peu de
consistance et si peu de goût, qu'on en trouvera un prix
bien moindre que celui qu'on aurait tiré de crême montée à un degré de chaleur convenable.

C'est donc afin d'éviter ces deux extrêmes que la pièce
appelée proprement la laiterie sera placée au centre du
bâtiment, de manière à ne recevoir aucune action directe

de l'air extérieur; un certain espace existera aussi tout
autour, puisque l'expérience a montré que l'air, quand
il est convenablement réglé, est un mauvais conducteur
de la chaleur ou du froid : en sorte que la durée d'un
temps très chaud ou très froid, quelque longue qu'elle
soit, n'exercera aucune influence sensible sur la température de cette pièce; et si par hasard il s'y trouvait quelquefois quelques degrés de chaud ou de froid de plus qu'il ne
convient, on remédierait de suite à cet inconvénient par
les moyens artificiels que nous avons décrits; moyens qui
d'ailleurs entretiendront cette température convenable
aussi long-temps que l'on voudra: Tels sont les avantages
que l'on recueillera de ce mode économique et simple de
construction, que nous avons jugé nécessaire de décrire
en détail.

On n'a pas encore fait d'expériences d'après lesquelles
on ait pu établir avec toute l'exactitude désirable le degré
précis de chaleur qui convient dans une laiterie. Mais
d'après les essais faits par l'auteur de cet ouvrage, il y a
lieu de croire qu'à une chaleur de cinquante à cinquante-
cinq degrés du thermomètre de Fahrenheit (dix à douze
degrés centigrades), la séparation de la crême du lait,
l'une des opérations les plus importantes d'une laiterie,
s'effectue avec la plus grande régularité. C'est donc cette
température que l'on peut indiquer comme la plus convenable pour une laiterie; car lorsque la chaleur s'élève
au dessus de soixante degrés (quatorze degrés centigrades
environ), les opérations deviennent difficiles et sujettes
à se mal faire, et quand elle est au dessous de quarante degrés (cinq degrés centigrades environ), les produits de la laiterie ne sont pas ce qu'ils devaient être. Il
est donc nécessaire que la chaleur soit constamment entre
cinquante et cinquante-cinq degrés (dix et douze degrés
centigrades). Afin d'être sûr de ce fait, il faudra suspendre vers le milieu de la laiterie un thermomètre, qui

indiquera toutes les variations qui pourraient survenir dans la température et qui pourraient influer sur les produits de la laiterie. Fort heureusement la température que nous venons d'indiquer est à peu près celle qui doit naturellement exister pendant toutes les saisons de l'année sous notre climat, dans un endroit aussi bien garanti de l'air extérieur que le serait une laiterie construite d'après notre plan, si aucune cause accidentelle ne vient y rien déranger.

Cependant il serait possible qu'en été la chaleur du lait nouvellement tiré, si on en apportait en grande quantité dans un endroit aussi peu étendu que le serait la laiterie, influât sur la température, et ne produisît un degré de chaleur plus fort qu'il n'est convenable. C'est pour remédier à cet inconvénient que l'on a recommandé de faire passer au travers de la laiterie un filet d'eau courante, qui vînt remplir l'espèce de bassin dont nous avons parlé, et au bord duquel on pourrait placer les terrines de lait pendant quelques heures, pour les rafraîchir plus promptement : si même quelquefois cela ne suffisait pas, on pourrait plonger les terrines dans le bassin. C'est dans cette vue, surtout pour les endroits où l'on ne pourrait avoir d'eau courante, que l'on a proposé de joindre une glacière à la laiterie; car une petite quantité de glace placée dans la laiterie suffirait pour en modérer la chaleur en très peu d'instans; il faudra pour cela suspendre la glace un peu au dessus du sol. Le beurre une fois fait, avant d'être porté au marché, se tiendrait aussi plus frais dans les petites pièces attenantes à la glacière, ou dans le passage autour de l'amas de glace, que dans la laiterie. Il résultera de la proximité de cette glacière d'autres avantages que l'on comprendra aisément.

En terminant nos observations sur la construction de la laiterie et de ses dépendances, nous désirons que l'on se rappelle que nous avons plus songé à la préserver de la chaleur pendant l'été que du froid pendant l'hiver, parce que les produits d'une laiterie ont bien plus d'importance pendant la belle saison que pendant l'hiver. Cependant si le froid en hiver y devenait trop rigoureux, il serait très facile de l'adoucir en plaçant dans la laiterie, soit un baril d'eau bouillante bien bouché, soit quelques briques chaudes, que l'on poserait par terre ou sur la table; mais il ne faudrait jamais, dans quelque cas que ce fût, y introduire de réchaud de charbon allumé, parce que cela communique un mauvais goût au lait.

CHAPITRE II.

DES USTENSILES NÉCESSAIRES DANS UNE LAITERIE.

Les ustensiles nécessaires dans une laiterie sont des seaux, des tamis, des jattes, des plats à crême, des cuillers pour lever la crême, des barattes. Tous ces ustensiles, par leur destination, sont susceptibles d'être faits en bois. Quoique, depuis plusieurs années, les vases de plomb ou de terre vernie aient été employés dans les laiteries, à cause de leur apparence élégante et propre, on ne peut trop recommander d'éloigner ces deux genres de vases de toute laiterie bien tenue; car l'acide du lait dissout promptement le plomb et le cuivre, et de ce mélange se forme un poison qui rend dangereux l'usage des vases faits avec ces matières.

Quoique les ustensiles de bois soient en tout préférables à ceux d'étain ou de terre, et qu'ils joignent à tous leurs autres avantages celui de se trouver partout et à bon marché, ce qui en rend toute description inutile, cependant nous ne pouvons nous dispenser de citer les vases à lait en fer coulé, récemment inventés par M. *Baird*, à la forge de Shotts, près de Whilburn, dans l'Ouest-Lothian; vases qui, par leur netteté et leur propreté, méritent d'être généralement connus.

Ces vases de fer coulé sont tellement adoucis par la préparation qu'on leur donne à un feu de charbon de bois, qu'ils peuvent tomber sur la pierre sans se briser, à moins que ce ne soit d'une grande hauteur : ils sont très unis à l'intérieur, et bien étamés, afin de prévenir le contact du fer avec le lait, dont l'acide corroderait et altérerait le métal. Cet étamage dure plusieurs années, et lorsqu'à la longue il vient à s'user, il en coûte peu pour faire étamer de nouveau. L'extérieur de ces vases est aussi verni, afin que la rouille ne puisse s'y attacher. Les avantages qu'ont ces ustensiles sur ceux de bois sont : 1° leur plus grande solidité ; 2° qu'ils conservent ce degré de fraîcheur qui est si nécessaire pour faire monter la crême : sous ce rapport, ils sont tellement supérieurs aux vases de bois, que des fermières qui les ont essayés avec attention assurent qu'ils font monter plus de crême d'une égale quantité de lait ; et 3° ils sont aisément tenus très propres en les lavant et en les frottant en dedans avec un peu de craie pulvérisée, et au moyen de filasse ou d'un morceau d'étoffe de laine. Les pots à lait en fer coulé furent inventés en 1806 : quelques fermiers des environs les ayant aussitôt essayés, et en ayant reconnu la bonté, les demandes adressées au fabricant furent bientôt si nombreuses, qu'il ne put satisfaire de suite à la totalité (1);

(1) Nous devons les faits que nous venons de rapporter à l'ouvrage de sir *John Sinclair*, intitulé : « *Account of the systems of husbandry adopted in the more improved districts of Scotland.* » Vol. I, page 118,

Un grand avantage de ces vases est encore que dans le cas où, par quelqu'accident, le lait vient à y aigrir, cela ne les altère pas : il suffit de les nettoyer avec soin, pour que l'on puisse, sans inconvénient, y remettre de nouveau lait. Nous terminerons cette note en disant que l'on a récemment découvert que l'ardoise faisait de très bons vases à rafraîchir le lait, et en conséquence, l'usage de ces ustensiles ne s'étendit pas pendant quelque temps au delà des laiteries des fermiers du nord de l'Angleterre (1).

Les personnes qui s'occupent de laiterie ne peuvent trop se pénétrer de l'importance de la propreté dans les diverses opérations qui y ont rapport. Ainsi, aucun vase ne doit, sous aucun prétexte que ce soit, être nettoyé dans l'intérieur de la laiterie; mais il faut pour cela le porter dans le lavoir ou cuisine destiné à cet usage (*fig.* 1 D), car la vapeur qui s'élève de l'eau chaude nuit beaucoup au lait : par la même raison, lorsque l'on fait du fromage dans la même laiterie (ce qui arrive quelquefois), aucun fromage, presse à fromage, ou présure pour faire cailler le lait, ne doit rester dans la laiterie ou même aux environs; car l'air s'imprégnerait inévitablement de l'acidité provenant de la caillebotte et du petit-lait. Afin de préserver les terrines à lait de tout goût étranger et de les tenir bien propres, il faut avoir soin de prendre les précautions suivantes :

Aussitôt que la crème est levée, il faut emporter les terrines hors de la laiterie, les vider de suite, et employer le lait écrémé à l'usage auquel il est destiné. Aussitôt que les vases sont vides, il faut les échauder de suite avec de l'eau bouillante, qui doit toujours être sur le feu pour cela, et les frotter avec une brosse ou un petit balai convenable à cet usage. Si l'on n'a pas autre chose, on peut se servir d'un faisceau de fil d'archal fortement lié; mais un vieux balai de bruyère, dont les brins sont usés et dont il ne reste que le trognon, est parfait pour cet usage, et doit être préféré à toute autre chose, parce que cela est ferme et nettoie très bien. Ceci ne s'applique

_____

qu'on l'emploie communément à cet usage dans les cantons du centre de l'Angleterre.

(1) Les vases en zinc paraissent avoir remplacé tous les autres.

qu'au nettoyage des vases de bois; mais les personnes qui persistent à se servir de vases de plomb ou de terre doivent les échauder comme nous l'avons dit, et les écurer avec de l'eau et du sel.

Après que les vases ont été ainsi bien échaudés et bien épurés, il faut les rincer avec de l'eau tiède, en les frottant avec une lavette de gros linge : on les place ensuite, en les renversant, sur des planches posées en pente pour les égoutter. La fille, qui les a placés de la sorte, retourne ensuite au premier, et les essuie l'un après l'autre avec un linge bien propre et bien sec; elle les place ensuite en rangs, de manière à ce que l'intérieur de ces vases soit exposé à l'action de l'air et du soleil, afin que la moindre humidité qui aurait pu y rester s'évapore promptement; car rien ne nuirait plus au poli, qu'il est si nécessaire de conserver aux ustensiles d'une laiterie, que l'humidité et la moisissure qu'elle pourrait produire. Dans les temps humides et brumeux, où l'air ne suffirait pas pour sécher promptement ces vases, il faut avoir recours au feu, et aussitôt qu'ils sont bien secs, les replacer en ordre sur les planches, afin qu'ils refroidissent et qu'on les trouve prêts quand on en aura besoin.

Si on laisse du lait dans un vase de bois assez longtemps pour qu'il y aigrisse, le bois contracte aussitôt un mauvais goût, et fait l'effet de levain sur tout le lait qu'on y met ensuite; il s'y caillerait même toujours sans que la crème pût monter. On ne pourra donc plus employer ce vase à la confection du beurre ni du fromage, et il est conséquemment perdu pour l'usage d'une laiterie. Il ne suffirait pas de l'échauder comme nous venons de l'indiquer, pour détruire ce mauvais goût; et, comme on ne pourrait se servir du vase tant qu'il le conserverait, voici le moyen le plus efficace pour le faire passer :

Remplissez le vase d'eau bouillante, mettez-y de la cendre chaude et de petites braises rouges; remuez et

frottez souvent avec le petit balai ; laissez cela pendant
long-temps : videz ensuite le vase, écurez-le comme de
coutume à l'eau bouillante, rincez-le ensuite, d'abord à
l'eau chaude, puis à l'eau froide ; remplissez-le alors
d'eau froide, ou, ce qui vaudrait encore mieux s'il était
possible, placez-le sous un cours d'eau qui passe continuellement par dessus les bords pendant dix à douze
heures ou davantage ; puis retirez-le, essuyez-le bien,
faites-le sécher ; et, si le goût qu'il avait contracté n'était
pas trop fort, cette opération l'effacera, et le vase pourra
servir de nouveau.

S'il arrive que les cendres du feu contiennent peu de
sel, cela peut empêcher l'opération de réussir : dans ce
cas, il faudra y ajouter une petite quantité de potasse ou
de chaux vive, ou même l'une et l'autre avec les cendres,
qui, par ce mélange, nettoient beaucoup mieux ; mais si
l'on a recours à ce procédé, il faudra avoir grand soin de
bien écurer le vase, et y laisser pendant long-temps de
l'eau froide, que l'on change souvent, afin que toutes les
parties salines qui pourraient s'y être introduites en soient
bien dissoutes avant qu'on s'en serve de nouveau.

Les vases où l'on conserve la crème, ainsi que la baratte, doivent être échaudés, écurés, rincés et séchés
toutes les fois qu'on s'en sera servi, aussi bien que les
terrines à lait ; mais comme un goût d'aigre ne serait pas
aussi préjudiciable pour ces ustensiles que pour les vases
qui reçoivent le lait, il n'est pas nécessaire de prendre à
leur égard autant de précautions : si ce goût devenait trop
fort, on pourrait toujours le diminuer par le procédé ci-
dessus détaillé.

A l'égard de la forme de la baratte dans laquelle on fait
le beurre, cela varie dans chaque endroit : nous donnerons la préférence à la plus simple que nous connaissions,
d'abord parce qu'elle est plus facile à nettoyer, et ensuite
parce que le beurre s'y dégage plus aisément du lait que

dans beaucoup d'autres. Celle dont nous parlons est l'ancienne baratte haute et droite, avec un long manche, auquel est attaché un pied percé de trous, pour battre la crême, et que l'on fait mouvoir de haut en bas avec la main. Mais bien que, pour des raisons que l'on vient d'exposer, l'auteur donne la préférence à ce genre de baratte, cependant chacun peut choisir celle qu'il jugera la plus convenable à sa laiterie ; car toute baratte dont on se servira habilement fera également bien son office (1), et quand la crême est bien préparée de la manière expliquée ci-après, il sera si aisé d'en faire du beurre, que la baratte que l'on devra préférer sera celle que l'on pourra vider le plus facilement.

---

(1) Beaucoup de personnes préfèrent une baratte en forme de baril pour les laiteries importantes ; mais si elle n'est pas tenue extrêmement propre , elle ne tardera pas à altérer la qualité du beurre. Diverses espèces de barattes perfectionnées ont été offertes au public depuis quelques années ; mais comme le détail que l'on en pourrait donner ne serait pas intelligible sans le secours de plusieurs planches, nous renvoyons le lecteur aux treizième , vingt-sixième et trentième volumes des *Comptes rendus des travaux de la Société établie pour l'encouragement des arts , des manufactures, etc.* On y trouvera le plan et les détails concernant les utiles barattes inventées par MM. *Bowler, Fisher* et *Sampson.* La baratte de M. *Fisher* est en usage aux États-Unis d'Amérique , où on la préfère, à cause de la régularité du coup et la facilité avec laquelle on la fait mouvoir.

CHAPITRE III.

SUR LE CHOIX DES VACHES A LAIT, ET SUR LA MANIÈRE DE LES NOURRIR.

1°. *Choix des vaches pour la laiterie.*

Le choix de bonnes vaches est une chose fort importante : l'expérience a prouvé que parmi ces animaux il y en avait dont le lait avait beaucoup plus de consistance et était d'une qualité bien supérieure à celui des autres, et que cette supériorité de qualité ne dépendait pas de la moindre quantité de lait que pouvaient fournir des vaches d'une grosseur égale. Il faut donc juger la valeur d'une vache à lait par la qualité et la quantité de la crême qu'aura produite son lait dans un espace de temps donné, plutôt que par la quantité du lait lui-même ; et cette quantité et cette qualité de la crême produite varient suivant les individus.

Il faut que celui qui établit une laiterie commence, s'il n'a pas un nombre suffisant de vaches à lait, par en acheter ; et comme personne ne vend ses meilleurs bestiaux sous ce rapport, mais les garde au contraire pour son usage, il en résultera que celui qui se fournira de bestiaux aux marchés aura toujours un mauvais choix : il n'y a qu'un remède à cet inconvénient, c'est de faire soi-même des élèves. Le meilleur âge d'une vache à lait est de quatre à cinq jusqu'à dix ans, bien que, lorsqu'une vache est vieille, elle donne à la vérité une plus grande quantité de lait, mais il est de qualité inférieure, et la bête coûte plus à nourrir. Lorsqu'on achète des vaches pour en tirer parti de suite pour une laiterie, il faut qu'elles n'aient pas plus de six ans.

Comme parmi un grand nombre de vaches d'une même espèce, il peut s'en rencontrer une dont le lait soit

d'une qualité tout à fait différente de celui des autres,
bien qu'à l'œil et au goût il puisse paraître semblable, et
comme il est absolument nécessaire de connaître la qualité de lait produite par chaque vache, nous conseillerons
d'établir comme règle invariable que, le premier jour de
chaque mois au moins, le lait de chaque vache sera trait
et conservé à part, afin de mieux connaître, par ce moyen,
la quantité que chacune d'elles en donne, aussi bien que
sa qualité (1). Faute de prendre cette précaution, il serait
possible que le propriétaire d'une laiterie fît chaque jour,
pendant plusieurs années, une dépense qui ne lui rappor-
terait rien. Plusieurs autres avantages résulteront de l'a-
doption de cette règle : car, non seulement il peut arriver que le lait d'une vache soit en général d'une qualité
bien inférieure à celui des autres, et qu'il donne par
conséquent un faible produit, ce dont on ne manquerait
pas de s'apercevoir; mais il se pourrait que, par l'effet
d'un mal accidentel ou de quelque autre circonstance, le
lait d'une vache acquît un mauvais goût, ce qui gâterait
tout le lait avec lequel il serait mêlé, occasionerait par
là un dommage, que l'on éviterait par la précaution que
nous venons d'indiquer : en outre, on échapperait au danger d'attribuer ce dommage à d'autres causes qui ne l'auraient pas produit. Un autre avantage non moins important de cette mesure serait de mettre le propriétaire à

_____

(1) En comparant le lait de deux vaches pour en bien apprécier les qualités respectives, on devra faire attention au temps
qui s'est écoulé depuis qu'elles ont mis bas ; car le lait d'une
vache est toujours plus léger peu après qu'elle a vêlé que plus
tard ; il s'épaissit graduellement à proportion que l'on s'éloigne
de l'époque où elle a mis bas. Cependant le lait d'une vache qui
a nouvellement vêlé a une couleur plus riche qu'en tout autre
temps, mais surtout pendant les deux premières semaines : c'est
une teinte fausse que l'on ne doit pas désirer de voir au lait.

même d'acquérir une prompte connaissance pratique de sa laiterie ; car il s'apercevra de la sorte de beaucoup de choses, qui autrement lui échapperaient, et qui peuvent influer sur ses bénéfices (1).

2°. *Sur la nourriture qui convient aux vaches à lait.*

La nourriture des vaches influe beaucoup sur la qualité ainsi que sur la quantité de leur lait : aussi le bon choix de leur nourriture est-il un objet de première importance.

Pour que des vaches donnent beaucoup et de bon lait, il faut qu'elles soient en tout temps abondamment nourries ; l'herbe, surtout celle qui pousse spontanément au printemps sur de bonnes prairies naturelles, est reconnue pour être la nourriture la plus convenable à des vaches à lait. Si la température permet de les laisser paître pendant le jour, il faudra les conduire dans de bons pâturages et les y laisser en liberté ; mais si la chaleur était trop forte et qu'elle dût les incommoder et les empêcher de manger, il faudrait dans ce cas les laisser à l'abri, leur donner le temps de ruminer, et les fournir abondamment de vert fraîchement coupé, le leur donner en petite quantité et souvent, afin qu'elles mangent avec plus de plaisir. Quand la chaleur du jour est passée, et quand les vaches peuvent rester dehors sans inconvénient, il faut les reconduire au champ, où on les laissera toute la nuit, pendant le plus chaud de l'été ; mais comme il nuirait excessivement à la qualité et à la quantité du lait de faire faire beaucoup de chemin aux vaches pour aller aux champs et

---

(1) Comme l'on voit, ce qu'il importe le plus à connaître, ce sont la quantité et la qualité du lait que donne chaque vache isolément, et c'est au moyen d'un essai, d'un examen mensuel, que le directeur de la laiterie doit constater le fait.

en revenir, les étables doivent être placées, autant que possible, au milieu des terres de la ferme ; et, comme les vaches paissent plus à loisir et que cela leur profite davantage quand elles sont renfermées dans un certain espace, les pâturages doivent être enclos et bien ombragés.

Pour l'hiver, il faut adopter un système différent ; on peut laisser les vaches à l'étable en leur fournissant une nourriture abondante, ou on peut les tenir chaudement dans des cours bien abritées, garnies de hangars, où elles pourront se repaître sans être exposées à la rigueur du froid. Des vaches tenues chaudement consomment moins et profitent davantage que celles qui sont exposées au froid.

Nous avons dit que la meilleure nourriture pour les vaches, pendant la belle saison, était l'herbe des champs ou des prairies artificielles. On sait que dans ces prairies il croît une grande variété de plantes, dont quelques unes doivent nécessairement être plus favorables aux vaches que les autres ; mais peu d'expériences ont été faites jusqu'ici pour s'assurer de leurs qualités respectives. Cependant, d'après quelques observations que l'auteur de cet ouvrage a été à même de faire, il est fondé à dire que le ray-grass, les poas, les fétuques sont de très bonnes plantes dans les prairies ; que le ray-grass est presque la seule herbe à la culture particulière de laquelle on ait donné assez d'étendue pour en bien connaître les qualités. Les poas (meadow-grass) sont celles qui entrent pour une plus grande proportion dans la formation des prairies, et par conséquent dans la nourriture des bestiaux ; mais on n'a pas encore trouvé le moyen de séparer la semence de ces diverses plantes, avec assez de facilité pour qu'un fermier puisse les cultiver chacune séparément d'une manière un peu étendue, ou pour qu'il ait osé le faire. On a pu recueillir assez aisément la semence des fétuques, mais on ne les a pas encore cultivées en

grand : en sorte que les proportions des plantes différentes, qui déterminent la bonne ou mauvaise prairie,
ne sont guère plus connues qu'autrefois. Le grand trèfle
est très cultivé pour être coupé, mais non pour être pâ-
turé. Le trèfle blanc ou trèfle de Hollande est cultivé en
grand pour être coupé et aussi pour être mangé sur pied;
dans quelques cantons, le trèfle jaune a été employé avec
avantage. Le sainfoin est un des meilleurs produits en
prairies artificielles; il augmente la quantité et améliore
la qualité du lait des vaches qui s'en nourrissent; il est
depuis long-temps cultivé avec succès dans les terres calcaires. La luzerne, bien que ce soit une excellente nourriture pour les bestiaux, n'a pas été jusqu'ici très cultivée, à cause des frais de culture (1). Le plantain à feuilles
étroites a quelquefois été mêlé à d'autres pâturages.

Telles sont les principales plantes cultivées en prairies
artificielles. L'expérience a prouvé que, données avec discernement, elles étaient toutes une excellente nourriture
pour les vaches à lait. On peut aussi, comme ressource,
quand on manque de vert, leur faire manger les jeunes
pousses du genêt épineux (*common furze*) hachées; cela
leur donne beaucoup de lait, et n'y communique aucun
goût désagréable. On coupe ordinairement cette plante
vers la Saint-Michel, quoiqu'elle puisse rester sur pied
sans inconvénient jusqu'à Noël : elle est bonne jusqu'au
mois de mars. Les panais, carottes, pommes de terre à
l'état de racines, sont aussi une très bonne nourriture
d'hiver pour les vaches, et leur donnent d'excellent lait,

(1) Il est très extraordinaire que la luzerne soit peu cultivée
en Angleterre; c'est un fait cependant : la température de ces
îles ne paraît pas assez élevée pour que cette plante donne un
produit assez abondant. (Voyez, à ce sujet, *Traité des prairies
artificielles*, par *Gilbert*, avec des notes, par *A. Ypart*, sixième
édition, in-8°, 1826.)

surtout quand ces légumes sont cuits. On peut ajouter à cela la betterave, ou racine de disette, les choux, les navets et la vesce (1).

Le bureau d'agriculture a fait connaître au public un exemple frappant du bénéfice que l'on peut retirer de vaches à lait nourries avec soin et économie, par le prix honorable d'une médaille d'argent qu'il a décerné à M. *William Cramp*, économe (*keeper*) de la maison de correction de Lews, dans le comté de Sussex, pour prix de ses heureux travaux en ce genre.

D'après les relevés de compte présentés au bureau d'agriculture, il paraît que M. *Cramp* a retiré du produit d'une seule vache, dans un espace de huit ans (de 1006 à 1013), un profit net de 301 livres sterling 10 schellings : la dépense annuelle s'était élevée à 24 livres 10 schellings (2). Le bénéfice par année, l'une portant l'autre, peut être évalué à 37 livres 13 schellings 3 deniers. Sa vache était de race de Sussex ; il la tenait à l'étable ; elle mangeait au râtelier, et avait un espace d'environ 10 perches carrées pour se promener.

La pureté de l'eau que l'on fait boire aux vaches est encore un article essentiel dans leur nourriture : si on ne les en laisse pas manquer, si elles sont tenues proprement, couchées sèchement, elles donnent une plus grande quantité de lait, et font en même temps un bon fumier, qui compensera amplement la peine que l'on prendra de les tenir convenablement. L'auteur de cet ouvrage peut citer

---

(1) L'ouvrage de *Gilbert*, déjà cité, traite de la culture de toutes ces plantes.

(2) Avis aux personnes qui font valoir les laiteries, publié par ordre du Bureau d'agriculture, seconde édition. (*Hints to Dairy farmers, published by order of the Board of agriculture, second edition.*)—Nous rappelons que la livre sterling est un peu plus de 24 francs.

un exemple qui confirmera cette assertion. Il a connu un homme qui est parvenu à une grande fortune, qu'il devait au produit de ses vaches à lait, pour lesquelles il suivait le plan que nous venons d'indiquer. Il prenait surtout un soin particulier qu'elles fussent abondamment fournies de l'eau la plus pure : il ne permettait pas que cette eau fût troublée par aucun autre animal.

CHAPITRE IV.

MANIÈRE DE GOUVERNER LES VACHES A LAIT.

Pour tirer un bénéfice important d'une laiterie, il faut que les vaches soient toujours tenues en parfaite santé et en bon état; car si on les laisse souffrir pendant l'hiver, il est impossible qu'elles donnent beaucoup de lait, même lorsqu'elles reviendraient en bon état, pendant l'été. Il est certain que si une vache est maigre en hiver, quelque soin qu'on en prenne ensuite, quelque nourriture qu'on lui donne, elle ne pourra fournir pendant la saison une quantité de lait comparable à celle qu'elle aurait donnée, si on eût eu soin de la maintenir en bon état durant l'hiver. On doit non seulement fournir constamment aux vaches une nourriture abondante et profitable, mais aussi les tenir sèchement, chaudement et proprement ; ce qui est facile en les curant et étrillant bien.

Le propriétaire soigneux de sa laiterie ne se contentera pas d'avoir seulement pour l'hiver une provision de foin ou de fourrage sec de toute autre espèce ; il aura soin, pour conserver ses vaches en bon état, de leur donner, au moment où le vert commence à manquer, moment où elles ont moins de lait ; il aura soin, dis-je ; de leur donner avec le sec des navets, des carottes, des pommes de terre, des betteraves ou quelque autre substance nourrissante et succulente, et, s'il se peut, il continuera de

nourrir ses vaches de même après qu'elles auront vêlé (1);
car, bien que les navets et les choux donnent un goût désagréable au lait des vaches dont ils forment la principale nourriture, si elles n'en mangent que ce qui est suffisant pour les maintenir en bon état, ce goût ne sera pas
sensible, et lors même qu'il existerait, il serait sans inconvénient si on élève les veaux; si on n'en élevait pas,
ce goût existerait même encore sans inconvénient pendant les premières semaines du printemps, parce qu'à
cette époque le lait, le beurre et le fromage frais étant
rares, on trouvera toujours à les vendre : peut-être sera-
ce à un peu meilleur marché; mais cette perte très légère
sera plus que compensée par le profit qu'on tirera de la
grande quantité de lait que les vaches donneront pendant
tout l'été suivant, et que l'on devra au soin que l'on aura
eu de les bien nourrir pendant l'hiver (2). D'après ces
considérations, on voit de quelle importance il est pour
le propriétaire d'une laiterie d'avoir une ample provision de nourriture plus succulente que le foin seul à

---

(1) Il est profitable de donner des carottes ou des pommes de
terre aux vaches une ou deux fois par jour ; mais il y aurait de
la perte à les en nourrir entièrement. Une vache ordinaire man-
gera de 100 à 200 livres (pounds) de choux ou de navets par
jour, et l'on pose que 70 à 100 livres (pounds) par jour, avec de
la paille, sont tout ce que son produit peut payer.

(2) Il y a d'ailleurs plusieurs moyens de faire perdre à la
crème le goût désagréable qu'elle peut avoir, à cause des choux,
navets, etc., qu'auraient mangés les vaches. On peut ajouter
au lait, en le mettant dans les terrines, un huitième d'eau
bouillante; on sait aussi qu'une petite quantité de salpêtre,
mêlée au lait qu'on vient de traire, lui fait perdre tout goût
étranger. On obtient aussi le même résultat en faisant chauffer
la crême, et en la jetant toute chaude dans un vase d'eau
froide, d'où on la retire aisément, parce qu'elle surnage à la
surface.

donner aux vaches, pour entretenir leur lait en abondance depuis le moment où elles mettent bas, jusqu'à celui où il y a suffisamment de vert.

La meilleure nourriture d'hiver pour les vaches, que l'auteur de cet ouvrage connaisse, et la meilleure peutêtre que ce climat (l'Angleterre) fournisse, ce sont les jeunes pousses de l'ajonc, ou espèce de genêt (*ulex europœus*), que l'on a soin de faire écraser; car cette pâture non seulement contribue à conserver les vaches en bon état et en parfaite santé, et (comme on l'a déjà dit) leur donne autant de lait que l'herbe fraîche pendant l'été; mais aussi ce lait est d'une qualité si parfaite, que le beurre qu'il produit est aussi bon et d'un goût aussi fin que le meilleur beurre d'été. C'est pour cela que nous recommandons la culture de l'ajonc dans les bons terrains, sachant par expérience que la récolte est d'une bien plus grande valeur que la meilleure récolte de trêfle que l'on puisse faire (1).

Il faut non seulement avoir pendant l'hiver, pour les vaches, tous les soins que nous venons de détailler, mais encore que les attentions que l'on a pour elles ne se

---

(1) Les terres légères et sablonneuses sont celles qui conviennent le mieux pour la culture du genêt épineux. Il faut le semer entre février et avril, ou pour le plus tard au commencement de mai, dans la proportion de 6 livres (pounds) de graine par acre. On peut le faucher à la fin de septembre ou en octobre, l'année suivante; on peut attendre Noël, et s'en servir jusqu'en mars. On doit prendre le bout des branches et le broyer dans un moulin avant de le donner aux vaches. Le genêt, qui est une fois semé, repousse pendant plusieurs années. Son produit est de dix à quinze tonneaux (tons) par acre. (Voyez *Mémoire sur l'ajonc* ou *genêt épineux*, considéré sous le rapport du fourrage, de l'amendement des terres stériles et de supplément au bois; par M. *Calvel*, deuxième édition. Paris, 1809.)

ralentissent pas pendant l'été. Si on les contraint de retourner dans des pâturages où leurs ordures aient sé-
journé, elles pourront paraître dans l'abondance, tandis
qu'elles souffriront réellement une pénurie qui tarira leur
lait. De même, si on laisse trop grandir l'herbe d'un pré,
avant de les y mettre, elles en fouleront nécessairement
beaucoup : cette herbe contractera bientôt un goût de
pourri qui répugne aux vaches ; elles mangeront moins
et leur lait diminuera. Le même inconvénient aura lieu
si on les fait trop sortir : si c'est à la chaleur du jour, cela
les incommodera ; elles ne pourront manger, parce que
les mouches les tourmenterout ; si c'est la nuit, et qu'il
fasse froid et humide, elles en souffriront. Tous ces inconvéniens, si l'on n'y prend garde, nuiront beaucoup
au produit d'une laiterie. Il faut donc avoir soin de mettre
ses vaches à l'abri dans un endroit où elles soient fraîchement pendant les jours d'été, et garanties de toute gêne :
là il faut leur donner continuellement de l'herbe fraîchement coupée, la meilleure possible ; la mettre devant elles
par petite quantité que l'on renouvelle petit à petit tant
qu'elles veulent manger. Ce qu'elles laissent doit être de
suite ôté de la mangeoire, afin qu'elles ne soufflent pas
dessus, ce qui donne à l'herbe une odeur nauséabonde.
Quand les vaches ont bien mangé, il faut les laisser tran-
quillement ruminer à leur aise.

Une manière plus économique, et conséquemment plus
profitable de nourrir les vaches, est de les tenir continuellement dans des étables bien sèches et suffisamment
aérées, de les y nourrir de plantes variées (1), toujours
fraîches, propres, et qui aient le moins possible été ma-
niées par les domestiques (car de la pâture fanée déplaît

_____

(1) Il est très avantageux pour les vaches de varier de temps
en temps leur nourriture ; car alors, mangeant avec plus de plaisir, elles produisent davantage.

aux vaches) : il est bon de leur faire prendre de l'exercice
dans une cour sèche, aérée, mais abritée. Si l'on adopte
ce système, il faut avoir soin de tenir ses vaches bien
propres, en les étrillant et nettoyant le mieux possible :
autrement, leurs jambes enfleraient et leur santé en souf-
frirait nécessairement. Le système de nourrir à l'étable,
suggéré d'abord il y a plusieurs années par l'auteur de
cet ouvrage, comme le résultat de ses propres expériences, a depuis été adopté et suivi avec beaucoup de succès
par un grand nombre de propriétaires de bestiaux, et
surtout par *J.-C. Curwen*, esq. Les bornes de cet ouvrage ne nous permettent pas d'entrer ici dans les détails
de la manière dont il a gouverné ses vaches ; nous rap-
porterons seulement quelques uns des résultats qu'il a
obtenus. En combinant de la balle de blé bouillie et des
tourteaux, résidus des graines dont on a tiré de l'huile,
avec différentes sortes de vert, ce propriétaire a trouvé
qu'en donnant à une vache ordinaire 2 stones (poids anglais, qui est de 8 livres à Londres, et de 10 livres à
Hertford) de nourriture verte, et la même quantité de
balle de blé bouillie, avec 2 livres de tourteaux et 8 livres
de paille ordinaire, la dépense journalière serait de 5 deniers et demi (11 sous). Le tourteau produit plus de lait
quand on le donne avec de la balle bouillie que quand on
le donne sans cela (1). D'après l'expérience de M. *Curwen* et de plusieurs autres, il est maintenant hors de
doute qu'en nourrissant les vaches à l'étable, on obtient
une très grande économie de terrain (2) ; que cette mé-

(1) Le résultat de la méthode avantageuse, suivie par M. *Curwen*, est exposé dans son ouvrage *Hints on feeding stock*, etc.,
qu'il a publié depuis peu.
(2) La quantité de terre nécessaire à la nourriture d'une vache
peut être évaluée à 2 ou 3 acres, en comptant le foin, la
paille, le grain et les pâtures nécessaires. L'économie va jus-

thode contribue à la propreté, à la santé et au bien-être
des vaches, et que le fermier acquiert par là une chose
très importante ; c'est un grand accroissement d'excellent
fumier.

Quelques semaines avant l'époque où les vaches doivent vêler, il faut leur donner, tous les soirs, un peu de
foin, ou une plus grande quantité de vert. Le jour où
elles mettent bas, il faut les tenir à l'étable, leur donner
de l'eau blanche, et pendant une quinzaine ensuite, il
faut mêler au vert qu'on leur donne un peu de foin, de
paille hachée ou d'avoine broyée.

Le propriétaire d'une laiterie doit bien se souvenir
que la vache est un animal plus délicat qu'on ne pourrait
le supposer, et quoiqu'elle puisse supporter sans mourir
de grandes variations de température, elle en souffre
beaucoup ; l'effet de cette souffrance ne peut être sensible
que pour ceux qui, prenant un grand intérêt à leurs
troupeaux, les observent avec attention. Une vache,
pour jouir pleinement de son existence, ne doit pas
éprouver un froid au dessous de dix degrés centigrades,
ni une chaleur au dessus de quinze degrés ; et il est clair
qu'on ne peut parvenir à cela qu'en gardant ces animaux
dans des endroits construits exprès.

Précautions pour traire les vaches.

Dans la plupart des cantons de l'Angleterre, il est d'u-
sage de traire les vaches deux fois en vingt-quatre heures, pendant toute l'année ; mais si elles sont bien nourries, on doit les traire pendant l'été au moins trois fois
par jour, à des intervalles aussi égaux que possible, c'est

qu'à n'avoir besoin, pour nourrir un nombre donné de vaches,
que de la moitié du terrain qu'on emploierait par toute autre
méthode ordinaire pour le même but.

à dire de très bonne heure, le matin, à midi, et un peu avant la nuit; car un fait important confirmé par l'expérience de presque toutes les fermières de l'Écosse, c'est que les vaches, quand on les trait trois fois en vingt-quatre heures, donnent plus de lait (1) et d'une qualité aussi bonne, si ce n'est meilleure, que lorsqu'on suit la méthode ordinaire de traire seulement une fois le matin et une fois le soir.

L'importance des produits de la laiterie dépendra cependant en grande partie de l'adresse et de la fidélité de la personne chargée de traire les vaches. C'est pour cela que nous conseillons aux propriétaires de laiteries de ne pas s'en rapporter entièrement à leurs domestiques, mais de voir souvent par eux-mêmes si l'on trait bien les vaches (2); car si l'on n'a pas soin de tirer chaque fois tout le lait qu'une vache peut donner, ce que l'on en laisse se trouve réabsorbé, et il ne s'en refait pas plus qu'il n'en

---

(1) L'accroissement proportionnel de la quantité du lait, quand on trait les vaches trois fois, est l'objet d'une différence d'opinion : quelques personnes l'évaluent à moitié du produit total ou à un tiers de plus; d'autres prétendent que cela ne va pas là. Nous serions portés à adopter la première opinion comme plus probable; mais n'ayant pas fait l'expérience pour nous assurer de ce fait, nous ne nous permettrons pas de décider la question : c'est cependant un point si important, qu'il serait à désirer qu'il fût l'objet d'expériences exactes, dont les résultats fussent communiqués au public. Il faudrait s'assurer en même temps si en trayant quatre fois en vingt-quatre heures on n'obtiendrait pas encore de plus grands avantages.

(2) Une fille, même laborieuse, ne peut pas soigner à elle seule plus de douze vaches; si on lui en donne davantage, elle les négligera sous un rapport ou sous un autre : cela nuira nécessairement aux produits de la laiterie, et le propriétaire éprouvera une perte qu'il se sera attirée en ayant voulu imposer trop de travail à une seule personne.

faut pour remplacer la quantité qu'on en a tirée. Par exemple, supposons qu'on laisse une demi-pinte de lait dans le pis de la vache, non seulement cette demi-pinte se trouvera perdue, mais à la traite suivante on tirera une demi-pinte de moins que l'on en aurait tiré si la vache eût été bien traite la fois précédente; qu'une autre demi-pinte reste encore à la seconde traite, il en manquera une pinte entière à la troisième, et l'on pourrait continuer ainsi jusqu'à ce que la vache soit tout à fait tarie, et que l'on ne puisse plus tirer une goutte de lait de son pis : au lieu que si l'on trait bien une vache, elle pourra finir par donner plus de lait qu'elle n'en avait fourni d'abord, ou au moins elle continuera à en donner pendant très long-temps, peut-être pendant plusieurs années sans beaucoup de diminution, si elle est bien soignée sous les autres rapports.

Voici encore une raison pour laquelle le propriétaire d'une laiterie doit être très circonspect dans le choix des personnes auxquelles il confie le soin de traire ses vaches, et pour laquelle aussi il doit les surveiller avec vigilance : c'est que la manière dont on trait les vaches influe beaucoup sur la quantité du lait qu'on en peut tirer. Si cette opération est faite rudement, elle devient pénible à la vache; mais si elle est faite doucement, elle semble au contraire lui faire plaisir; et, comme cette bête possède la singulière faculté de retenir son lait quand elle le veut, il est très important pour le propriétaire que les personnes qu'il a pour traire les vaches soient douces et plaisent à ces animaux. L'auteur a vu plusieurs exemples de vaches, qui ne voulaient pas donner une seule goutte de lait quand c'était une fille qui se présentait pour les traire, et qui le laissaient couler en abondance dès qu'une autre s'approchait d'elles; montrant dans ce dernier cas des marques de satisfaction non équivoques, et, dans l'autre, d'une obstination que rien ne pouvait vaincre. Pour la

même raison, quand une vache est très sensible ou fan-
tasque, il faut la traiter avec la plus grande douceur, et
non pas avec dureté ou sévérité. S'il arrive que le pis
d'une vache devienne dur et douloureux, il faut le bas-
siner doucement avec de l'eau tiède, et le caresser avec la
main : par ce simple moyen, on remettra la vache en
bonne disposition, et elle laissera volontiers couler son
lait. Enfin, il arrive quelquefois que les mamelles d'une
vache se fendent, et qu'il y vient du mal : comme dans
ce cas le lait qu'elles donnent est mauvais et corrompu,
il faut bien se garder de le mêler au bon lait. On doit le
donner de suite aux cochons, sans même l'entrer dans la
laiterie ; car s'il y séjournait, il y corromprait l'air, et
gâterait le reste du lait (1).

CHAPITRE V.

RÈGLES GÉNÉRALES SUR LA MANIÈRE DE DISPOSER LE LAIT DANS LA LAITERIE POUR FAIRE DU BEURRE.

Parmi les règles à suivre pour bien gouverner une laiterie, on doit faire une attention particulière à celles contenues dans ce chapitre. La forme de maximes nous a
paru la plus convenable, en ce qu'on retrouve plus aisément celles que l'on cherche et qu'elles se gravent
mieux dans la mémoire.

Première maxime.

« Quand on trait une vache, le lait qui sort le pre-
» mier est toujours plus clair et moins bon pour faire du

---

(1) Voyez, à ce sujet, *Instruction sur la manière de conduire
et gouverner les vaches laitières,* imprimée par ordre du Gouver-
nement ; par MM. *Chabert* et *Huzard,* troisième édition. Voyez
aussi *Manuel du Bouvier,* par *Robinet.*

» beurre que celui qui vient après, et la qualité du lait
» s'améliore progressivement jusqu'à la dernière goutte
» que l'on peut tirer du pis. »

Peu de personnes de la campagne ignorent que le lait
dernier trait est le meilleur, en sorte que l'on a donné à
ce lait un nom particulier dans divers cantons. Dans quelques endroits, on l'appelle *afterings* ou lait d'après, parce
qu'on l'obtient ordinairement, quand on en a besoin pour
des personnes malades ou pour quelqu'autre usage, en
retournant traire la vache après que la traite ordinaire a
été faite. Dans d'autres endroits, on appelle ce lait
stroakings, ou la goutte obtenue par des caresses, parce
qu'il ne coule pas aussi abondamment que le lait de
la traite ordinaire. On désigne probablement encore
ce lait par d'autres noms dans d'autres cantons. Cette
circonstance prouve suffisamment que cette différence
dans la qualité du lait est une chose reconnue, quoique
peu de personnes peut-être sachent quelle énorme disproportion il existe entre la qualité du premier et celle du
dernier lait dans la même traite. Les faits suivans, relatifs à ce point important, sont le résultat d'expériences
faites par l'auteur il y a déjà plusieurs années, et ont
été confirmés depuis par des expériences et des observations sans nombre.

Ayant pris plusieurs tasses, toutes exactement de la
même grandeur et de la même forme, j'en ai rempli une
en commençant à traire la vache et ensuite les autres,
jusqu'à la dernière goutte de lait que l'on put tirer. Le
poids de chaque tasse ayant été taré, on les pesa lorsqu'elles furent pleines, pour s'assurer avec précision que chacune contenait exactement la même quantité de lait; je
répétai cette expérience un grand nombre de fois avec
plusieurs vaches différentes, et le résultat fut ainsi qu'il
suit :

La quantité de crème produite par la première tasse de

lait fut toujours beaucoup moindre que celle qu'on obtint
de la dernière tasse tirée, et chaque tasse de lait produisit plus de crême suivant qu'elle avait été tirée plus tard.
Il est inutile d'entrer ici dans le détail de ces proportions
intermédiaires; mais il convient d'apprendre au lecteur
que, dans quelques vaches, la quantité de la crême produite par la dernière tasse était supérieure à celle produite
par la première dans la proportion de seize à un, c'est à
dire qu'elle était seize fois plus considérable. Dans d'autres vaches, cependant, et dans des circonstances différentes, la disproportion n'était pas à beaucoup près aussi
grande; mais elle n'a jamais, dans aucun cas, été moindre de huit à un. Probablement sur un grand nombre de
vaches, l'une compensant l'autre, la proportion serait de
dix ou douze à un.

La circonstance qui influait le plus sur ces variations
de proportions était la différence du temps qui s'était écoulé
depuis que les vaches avec lesquelles on faisait ces épreuves avaient vélé; car le lait d'une vache est toujours plus
clair peu après qu'elle a vélé qu'il ne l'est plus tard; et
la disproportion entre la première et la dernière tasse tirée
était aussi beaucoup plus grande d'une vache nouvellement vélée que d'une plus éloignée de cette époque. A
mesure que le flux de lait occasioné par cet événement
diminue, cette liqueur devient plus épaisse et d'une qualité plus égale : en sorte que, si quinze jours après qu'une
vache a mis bas, la disproportion de la crême entre la
première et la dernière tasse tirée est de seize à un, il
est probable qu'au bout de six ou neuf mois cette disproportion ne sera que de dix ou douze à un.

Ces variations cependant n'ont pas lieu dans la même
proportion chez toutes le vaches; au contraire, il y a des
vaches dont le lait varie en tout temps à cet égard plus
que celui des autres : en sorte que, dans ce cas, comme
dans presque tous les autres, on doit faire attention à la

race et à l'idiosyncrasie ou constitution particulière de l'animal avant de tirer des conclusions définitives.

Mais si la différence est grande pour la quantité de crême qu'on obtient du lait tiré au commencement ou de celui tiré à la fin de la traite, la différence de la qualité de cette crême est encore bien plus considérable. Sur la première tasse tirée, surtout dans les expériences où la différence de quantité était très considérable, la crême qui se formait n'était qu'une peau ténue, mince et blanche ; sur la dernière tasse c'était une crême forte, épaisse, consistante, butireuse et d'une riche couleur que ne possède aucune autre crême.

La différence de la qualité du lait qui restait, après qu'on eut levé la crême, était peut-être encore plus sensible que celle de la crême elle-même. Le lait de la première tasse était clair et avait une teinte bleuâtre, comme du lait dans lequel on aurait mêlé beaucoup d'eau ; tandis que le lait de la dernière tasse était épais, avait de la consistance, une teinte jaune, un goût excellent, et ressemblait plus à de la crême qu'à du lait ; il avait seulement un goût plus doux et était moins huileux au palais que de la crême ordinaire.

Il résulte de cette expérience que la personne qui, en trayant mal les vaches, laisse un peu de lait, perd beaucoup plus qu'on ne serait porté à le croire : car si on laisse dans la mamelle de la vache seulement une demi-pinte de lait qu'on aurait pu en tirer, il est de fait qu'on perd autant de crême qu'en produisent six ou huit pintes tirées au commencement de la traite, et l'on perd en outre cette portion de crême qui seule peut donner au beurre de la qualité et un bon goût. On pourrait encore déduire de cette expérience plusieurs conséquences utiles, dont quelques unes ressortiront de ce qui va suivre.

Seconde maxime.

« Quand on a mis du lait dans un vase, et quand on
» le laisse tranquille pour que la crême monte, la portion
» de crême qui se forme la première à la surface est d'une
» meilleure qualité et plus abondante que celle qui
» monte ensuite dans un même espace de temps; et la
» crême qui monte dans ce second intervalle est plus
» abondante et meilleure que celle qui montera dans un
» troisième espace de temps égal à chacun des deux au-
» tres. Cette troisième crême est supérieure en quantité
» et en qualité à la quatrième, et ainsi de suite, la crême
» décroissant toujours en qualité et en quantité jusqu'à
» ce qu'il ne s'en élève plus du tout à la surface du lait.»

Les expériences de l'auteur, à cet égard, n'ayant pas
été faites avec la même exactitude que pour la proposi-
tion précédente, il ne peut établir quelle est la différence
qui existe entre la crême produite dans chaque espace de
temps; mais ces épreuves ont été si souvent répétées,
qu'il ne reste aucun doute quant à la certitude du fait en
lui-même, fait qui n'est pas d'une petite importance dans
l'exploitation d'une laiterie. Ce qui reste à savoir, c'est si
on obtient en tout une plus grande quantité de crême en
la levant à différentes fois; mais cela est si assujettissant,
que la petite augmentation de crême obtenue par ce
moyen, si toutefois on l'obtient, ce qui n'est pas encore
prouvé, ne vaut pas la peine que cela donne. Mais si le
principal but que l'on se propose est de faire du beurre
d'une qualité supérieure, il faut s'attacher à cette circonstance, qui peut y concourir puissamment.

Troisième maxime.

« Un lait épais produit toujours une moindre quantité
» de la crême qu'il contient qu'un lait plus maigre; mais

» cette crême est d'une meilleure qualité : et si l'on met
» de l'eau dans le lait épais, il produira beaucoup plus
» de crême, et conséquemment plus de beurre, qu'il n'en
» aurait donné ; mais cela nuira beaucoup à la qualité. »

Ce fait est depuis long-temps connu de toutes les personnes attentives qui s'occupent de laiteries ; mais on n'a
pas encore fait d'expériences d'après lesquelles on puisse
établir quelle augmentation de crême on obtient en mêlant de l'eau au lait, et quel tort cela fait à la qualité ;
mais l'effet de ce mélange est positif et la connaissance de
ce fait mettra chacun à même de suivre, à cet égard, la
marche qui conviendra le mieux à ses intérêts.

Quatrième maxime.

« Du lait trait dans un seau, ou dans quelque autre
» vase convenable, et porté à une grande distance, de
» manière à ce qu'il ait été très agité et en partie refroidi
» avant d'être mis dans les terrines pour que la crême
» monte, n'en produit jamais autant ni d'aussi bonne
» que s'il eût été mis dans les terrines aussitôt après avoir
» été trait. »

La perte de crême, dans ce cas, sera à peu près proportionnée au temps qui se sera écoulé entre le moment où
on aura trait et celui où on aura mis le lait dans les terrines, et à l'agitation qu'on lui aura donnée. Quoique nous
ne puissions établir par expérience quelle perte doit être
attribuée au temps et à l'agitation pris séparément, le
fait est bien reconnu, et il est d'une telle importance qu'on
ne peut y faire trop d'attention.

De ces faits principaux relatifs aux laiteries, on peut
tirer des conséquences importantes et utiles à connaître quand on se livre à l'exploitation d'un semblable
établissement. Nous porterons notre attention sur les faits
suivans, qui en réclament une particulière.

Premièrement. Il est évidemment très important de

4

faire toujours traire les vaches aussi près de la laiterie que possible, afin de n'avoir pas besoin de transporter le lait, et qu'il ne se trouve pas agité et refroidi avant d'être mis dans les terrines; et puisqu'il est très préjudiciable aux vaches de faire beaucoup de chemin, il sera très avantageux que les principaux pâturages soient aussi près que possible de la laiterie. Sous ce rapport, la méthode de nourrir les vaches au toit est infiniment supérieure à celle de les faire paître dans les champs.

Secondement. L'habitude de mettre le lait de toutes les vaches d'une laiterie importante dans un même vase, à mesure que l'on trait, et de le verser de ce grand vase dans les terrines, est une chose très préjudiciable, à cause de la perte de crême occasionée par l'agitation et le refroidissement, mais surtout en ce que cela empêche le propriétaire de la laiterie de distinguer les bonnes vaches à lait des mauvaises, et de connaître au juste le profit qu'il peut tirer de chacune d'elles, précaution sans laquelle les produits de sa laiterie peuvent être altérés pendant plusieurs années de suite par une seule mauvaise vache sans qu'il puisse s'en apercevoir. Il serait beaucoup mieux de mettre le lait de chaque vache, aussitôt que possible après qu'il est trait, dans des terrines particulières, sans qu'il y ait eu de mélange; et si ces vases étaient d'une grandeur convenable pour que chacun pût contenir toute la traite d'une vache, cela mettrait la personne qui s'occupe de la laiterie à même de connaître sans peine la quantité de lait que donne chaque vache tous les jours, ainsi que la qualité du lait; et si le lait de chaque vache était toujours placé au même endroit de la planche, avec son nom écrit dessous, il serait de cette manière très facile de savoir de quelles vaches il est de l'intérêt du propriétaire de se défaire et celles qu'il doit garder pour sa laiterie.

Troisièmement. Si l'on veut parvenir à faire du beurre

très fin , il est convenable non seulement de rejeter entièrement le lait des vaches dont la crême est d'une mauvaise qualité, mais aussi, dans tous les cas, de mettre à part le lait premier tiré de chaque traite et de ne se servir que du dernier trait; car le premier nuit sensiblement à la qualité du beurre sans en augmenter beaucoup la quantité. Il est clair aussi que la qualité du beurre est supérieure en proportion de la petite quantité de lait dernier trait que l'on emploie pour le faire. Ainsi les personnes qui veulent faire du beurre très fin ne doivent employer pour cela que très peu du lait dernier trait de chaque vache.

Il est assez intéressant de savoir à quoi on emploiera le lait inférieur, dont on ne se sert pas pour faire du beurre fin, pour en tirer le meilleur parti possible. Dans les montagnes de l'Écosse, le peuple, sans songer à améliorer la qualité du beurre, mais seulement par des considérations de convenance et d'économie, a adopté une pratique excellente. Comme un des principaux bénéfices du fermier, dans ce pays, est d'élever des veaux, on laisse chaque veau téter une certaine partie du lait de sa mère, et on trait le reste pour la laiterie. Pour que le veau ne prenne régulièrement que la portion de lait qui lui est destinée, on le sépare de sa mère et on le met avec tous les autres veaux dans un endroit construit exprès dans chaque ferme : à des heures données, on amène toutes les vaches à la porte de cet endroit, d'où l'on ne laisse sortir qu'un veau à la fois : il court de suite à sa mère, et on le laisse téter jusqu'à ce que la fille de basse-cour juge qu'il en a assez ; elle le fait alors emmener. On a eu soin auparavant d'attacher les jambes de derrière de la vache, afin qu'elle soit obligée de rester tranquille pendant qu'on emmène son petit. La fille tire alors le lait qu'a laissé le veau, elle continue de la même manière jusqu'à ce qu'elle ait fini de traire toutes les vaches,

4.

et l'on obtient ainsi du lait en petite quantité, il est vrai, mais d'une qualité supérieure, et dont ceux qui savent le préparer font le beurre le plus fin, le plus savoureux, le meilleur que l'on puisse manger. Le beurre des montagnes de l'Écosse est depuis long-temps en grande réputation, et l'on attribue généralement sa qualité supérieure à l'excellence des vieux pâturages que paissent les vaches dans ces vallées reculées ; mais il est de fait qu'on doit principalement l'attribuer à l'excellente méthode que nous venons de décrire et qui est depuis long-temps en usage dans ces cantons.

Nous ne pourrions affirmer que cette méthode pût convenir également ailleurs ; mais il est certain que l'on pourrait partout trouver l'emploi du lait de seconde qualité. On pourrait en faire du beurre plus commun ; ou l'on pourrait vendre ce lait frais, si la ferme était située près d'une ville ; ou le convertir en fromages, qui, étant de lait frais, s'ils étaient faits avec soin et talent, pourraient être d'une très bonne qualité.

Quatrièmement. Si l'on tient surtout à faire du beurre très fin, il faudra non seulement tirer à part le premier lait et ne se servir que du dernier trait, mais aussi ne prendre pour faire ce beurre que la crême qui monte en premier sur le lait, parce que c'est cette première crême qui est la meilleure. Le reste de ce lait, qui est encore doux, peut servir à faire des fromages, ou on peut y laisser monter une seconde crême pour faire du beurre d'une qualité inférieure, suivant que l'on peut avoir un meilleur débit de l'un ou de l'autre.

Cinquièmement. Il résulte des faits précédens qu'une laiterie importante et bien administrée peut seule fournir du beurre de première qualité ; car, puisqu'on ne peut se servir que d'une petite partie du lait de chaque vache, et que de ce lait il ne faut prendre qu'une portion de la crême qu'il produit, il s'ensuit qu'à moins que la quantité de lait destinée à la laiterie soit en tout très considérable, la quantité de crême de première qualité serait si petite, qu'elle ne vaudrait pas la peine d'être mise séparément en beurre.

Sixièmement. Ceci nous mène à tirer une conclusion très différente de l'opinion généralement adoptée sur ce sujet, c'est à dire qu'il nous paraît probable que le beurre fin ne peut être fait avec économie que dans les laiteries dont le principal objet est la fabrication des fromages. La raison en est claire : s'il ne faut mettre à part pour faire le beurre qu'une petite portion du lait, tout le reste peut être consacré à faire du fromage pendant que ce lait est encore chaud de la chaleur de la vache et parfaitement doux ; et si l'on doit prendre pour le beurre seulement cette portion de crême qui monte dans les trois ou quatre premières heures après que le lait a été trait, le bon lait qui reste après que cette crême en est séparée, étant encore presque doux, peut être converti en fromage avec presque autant davantage que le lait qu'on vient de traire.

Mais cette observation ne détruit pas l'opinion généralement reçue à ce sujet, et qui est juste en raison de la manière de faire de presque tous les propriétaires de laiterie de l'Angleterre, et d'après laquelle il est absolument impossible de faire de bon beurre et de bon fromage dans la même laiterie ; car si l'on prend la crême de tout le lait, et qu'on attende pour lever cette crême qu'elle soit entièrement montée, le lait aura nécessairement aigri avant qu'on en fasse du fromage, et l'on ne pourra jamais faire de bon fromage avec du lait aigre.

Ce que l'on ne sait pas généralement, c'est que c'est la production d'un acide dans le lait qui occasione la séparation spontanée de la crême et par là la production du beurre : cette séparation se trouve accélérée ou retardée dans le lait par des circonstances qu'on n'a pas encore bien

appréciées. Ce fait important a été découvert il y a plusieurs années, pendant le cours des expériences sur le
lait dont nous venons de parler, et a été occasioné par
les circonstances suivantes :

L'auteur de cet ouvrage ayant remarqué que, de deux
tasses de lait qu'il savait être de la même qualité, la crème
de l'une avait une consistance bien différente de celle de
l'autre, et ne sachant à quoi attribuer cette différence,
goûta le lait des deux tasses, et trouva le lait de l'une
sensiblement plus acide que celui de l'autre ; un morceau
de chaux nouvellement éteinte s'étant trouvé accidentellement plus près de l'une de ces tasses que de l'autre, on
soupçonna que cette circonstance pouvait avoir occasioné
la différence que l'on remarquait entre le lait des deux
tasses. Afin de s'assurer du fait, on fit remplir à l'instant
deux tasses d'une égale quantité du même lait, et l'on
plongea l'une d'elles jusqu'au bord dans la chaux, qui
avait été éteinte depuis assez long-temps pour avoir acquis la même température que l'air, mais qui n'était pas
devenue tout à fait effrite. L'autre tasse fut placée dans la
même pièce, à environ 30 ou 35 pouces de l'autre. Le
résultat de cette épreuve fut qu'au bout de deux heures
le lait de la tasse placée dans la chaux était plus aigre
que l'autre, et que la crème en était beaucoup plus parfaitement séparée.

Il y a un fait bien certain, c'est que l'on ne peut obtenir ni crème ni beurre, tant qu'il ne s'est pas produit
dans le lait quelques portions d'acide. Il s'ensuit de là
que, lorsque des personnes irréfléchies essaient de faire
du beurre avec du lait nouvellement trait, il faut battre
jusqu'à ce que l'acide se produise et que l'opération est
beaucoup plus longue que si on l'eût faite sur de la crème ;
ce qui nuit nécessairement à la qualité du beurre (1).

_____

(1) On fait cependant d'excellent beurre avec du lait *chaud de*

Maintenant, puisque rien ne nuit autant à la qualité du fromage qu'un goût acide dans le lait avec lequel on le fait, il s'ensuit que lorsqu'on lève la crème, comme il est d'usage pour faire le beurre, le lait a atteint ce degré d'acidité si nuisible au fromage (1). On a donc tort de faire du beurre de la manière ordinaire dans une laiterie dont le principal objet est la confection des fromages ; mais on peut le faire de la manière que nous venons de décrire.

Ce que nous avons dit est seulement pour apprendre aux curieux de quelle manière il faut s'y prendre pour faire le meilleur beurre possible ; car on trouverait peu de personnes qui voulussent payer ce beurre le prix nécessaire pour indemniser le propriétaire d'une laiterie du soin et de la peine qu'il lui coûterait. Mais l'expérience a prouvé à l'auteur de cet ouvrage que, pour avoir une qualité de beurre infiniment supérieure à celle qu'on vend ordinairement sur les marchés, il suffisait de diviser le lait trait en deux parties égales ; de ne prendre, pour faire le beurre, que la dernière portion tirée ; alors de laisser monter toute la crème de cette portion, même jusqu'à ce que le lait soit tout à fait aigre, et de lever et de travailler cette crème avec habileté. Quant à la quantité, elle ne sera pas beaucoup moindre que celle qu'on aurait obtenue si on se fût servi de la totalité du lait. Telle est donc la méthode que nous recommandons au fermier industrieux : son beurre étant d'une qualité supérieure, il pourra le donner à un prix qui lui assurera une vente rapide.

---

la chaleur de la vache, en le battant dans une bouteille bien bouchée : seulement l'opération est un peu longue, comme le dit l'auteur anglais, et le beurre ne peut se garder long-temps.

(1) Cette assertion est un peu hasardée ; beaucoup de bons fromages sont faits avec du lait écrémé : on en aura plus loin des preuves convaincantes.

Il résultera de l'adoption de cette méthode un autre avantage fort important, c'est que si la fille qui s'occupe de la laiterie est soigneuse, le beurre n'aura jamais de ces goûts désagréables qu'une cause ou une autre communique souvent au lait, et qui nuisent beaucoup à la qualité du beurre. On va voir la preuve de ce que nous avançons par le fait suivant.

Dans le cours des expériences ci-dessus rapportées, on s'aperçut que le lait d'une vache avait un goût salé, absolument comme si on y eût mis du sel. On rechercha quelle pouvait être la cause de cette singularité, et on sut que cette vache n'avait pas porté pendant la saison précédente, et qu'elle avait continué à donner du lait pendant toute l'année. L'auteur apprit que ce goût salé était ordinaire au lait des vaches dans ce cas; et, en goûtant du lait dernier tiré de cette même vache, il le trouva parfaitement doux, tandis que le premier était extrêmement salé. Afin de savoir au juste quelle quantité était affectée de ce goût salin, il fit traire la vache dans des tasses qu'il rangea suivant l'ordre où elles étaient remplies: il les examina, goûta, et il trouva que le lait de la première tasse était extrêmement salé, et que ce goût diminuait graduellement de tasse en tasse jusqu'à peu près au milieu de la traite, où il disparaissait entièrement. Il est possible que le goût nauséabonde produit par les choux, les navets, les plantes oléagineuses, n'affecte le lait que d'une manière semblable.

CHAPITRE VI.

DE LA CRÈME ET DU BEURRE.

SECTION 1re. *Manière de faire monter la crême.*

Après qu'on a trait le lait, il faut le passer au tamis (1) en le versant dans les terrines ou autres vases dans lesquels il doit rester pour que la crême monte. Il faut que ces vases soient parfaitement polis, propres et frais ; et, quelle qu'en soit d'ailleurs la dimension, ils ne doivent jamais avoir plus de trois pouces de profondeur ; car, en exposant à l'air une surface étendue, le lait refroidit plus vite et la crême monte plus promptement que si le lait était dans un vase plus profond et plus étroit. Si le propriétaire de la laiterie adopte la méthode que nous avons recommandée plus haut de séparer le lait en deux parties, et de mettre à part le lait de chaque vache, il sera convenable que ces vases soient de dimension à contenir un gallon et demi ou deux gallons chacun (le gallon est une mesure anglaise qui contient environ cinq litres). Aussitôt que ces vases sont remplis, il faut les mettre doucement à la place où ils doivent rester, ou si, pendant l'été, pour refroidir le lait, on les met dans un endroit plus frais que sur les planches, il faut les transporter avec beaucoup de précaution, afin de remuer le lait le moins possible.

---

(1) Les passoires à lait sont ordinairement de grands cônes de bois, troués par le fond, et dont le trou est garni ou d'un petit treillage métallique extrêmement fin, qu'il est préférable, pour cet usage, d'avoir fait faire en fil d'argent, ou d'une gaze très serrée et faite exprès, afin de retenir les poils, etc., qui peuvent par accident tomber de la vache ; quelquefois ce sont de simples tamis ordinaires très profonds.

L'espace de temps à laisser écouler avant de lever la crême dépendra du degré de chaleur et des intentions du propriétaire. A une température modérément chaude, si l'on veut faire du beurre fin, il faut lever la crême au bout de six ou huit heures : pour de bon beurre ordinaire, il faut la laisser douze heures ou plus long-temps ; mais si la laiterie est assez considérable pour fournir une quantité suffisante de crême pour faire du beurre extrêmement fin, le reste du lait devant être employé à d'autres usages pendant qu'il est encore doux, il faut en ce cas lever la crême au bout de deux, trois ou quatre heures.

L'heure à laquelle on levera la crême dépendra nécessairement des circonstances dont nous venons de parler, et quoique, d'après le plan sur lequel notre laiterie est bâtie, une température égale doive généralement y régner, cependant il n'est pas inutile d'observer que le meilleur moment pour lever la crême pendant les mois les plus chauds de l'été, c'est le matin avant le lever du soleil, et le soir après son coucher. Pendant l'hiver, l'heure de lever la crême est entièrement subordonnée aux circonstances.

Pour lever la crême, il faut placer les vases à lait sur la table, séparer la crême des bords des vases auxquels elle tient, par le moyen d'un couteau d'ivoire très mince et fait exprès pour cet usage ; on le passe tout autour du vase ; puis il faut attirer doucement la crême vers un des côtés du vase par le moyen d'une écrémoire faite en buis ou autre bois très dur (pour que l'on ait pu la tailler très mince d'un côté) (1), et l'on enlève alors la crême avec soin, de manière à l'avoir toute sans lait avec elle, s'il est possible. Cette opération demande une dextérité qui

---

(1) L'ivoire est ce qu'il y a de mieux pour faire des écrémoires, quand on peut en trouver des morceaux de grandeur suffisante pour cela.

ne peut s'acquérir que par l'habitude ; mais de la manière
dont elle est faite dépend en partie le succès de la laiterie :
car si on laisse de la crême, on perdra nécessairement
une quantité de beurre proportionnée, et si l'on prend
du lait, cela nuira à la qualité du beurre.

Quand la crême est ainsi levée, il faut la mettre de
suite dans un vase à part pour la garder, jusqu'à ce qu'on
en ait une quantité suffisante pour faire du beurre. Le
vase qui convient le mieux pour cet usage est un baril de
bois bien fait, d'une grandeur proportionnée à la quantité
de crême, ouvert d'un bout, et avec un couvercle qui
ferme exactement. Au bas de ce baril, près du fond, il
y aura un trou avec un bouchon de liége ou un petit robinet, afin de retirer de temps en temps par là toutes les
parties claires et aqueuses qui pourraient se trouver dans
la crême, et qui, en séjournant avec elle, nuiraient
beaucoup à la qualité du beurre. Le dedans de cette ouverture devra être garni d'un petit filet métallique ou
d'une gaze qui retienne la crême et qui ne laisse échapper que la partie liquide. Il faut en même temps incliner
le baril du côté de cette ouverture, afin que tout ce qu'il
contient de séreux puisse s'en échapper.

Ce que nous ne pouvons établir avec précision, c'est
le temps qu'il convient de garder la crême, pour qu'elle
atteigne le point où elle est propre à faire le meilleur
beurre, et combien on peut la garder après ce moment
sans qu'elle perde de sa qualité : cela doit, en effet, varier
suivant les circonstances ; il ne paraît pas que les fermiers
aient là dessus de règle uniforme, même ceux qui sont
renommés pour faire le meilleur beurre. Il paraît donc
que, lorsque la crême est bien conservée, cela est à peu
près indifférent. Il suffit de savoir avec certitude que
de la crême, qui, en été, est gardée depuis trois ou
quatre jours, est parfaite pour faire le beurre. On
peut donc dire, en général, que de trois à sept jours est

le temps qu'il convient de garder la crême avant de la battre, mais que, si les circonstances l'exigent, on peut se donner plus de latitude à cet égard.

Cependant un fermier qui aurait une assez grande quantité de crême pour que cela valût la peine de battre tous les jours, et si cela était à sa convenance ou dans son intérêt, ne devrait pas être détourné de le faire (1). Dans ce cas, il faut avoir autant de vases pour conserver la crême que l'on veut la garder de jours : si on veut la garder trois jours, il faudra trois barils ; quatre jours, quatre barils, et ainsi de suite. De la sorte, on pourra battre chaque jour la crême qui en aura quatre, ou même davantage si l'on veut.

Il y a des cantons où, pour faire du beurre, on a l'habitude de battre le lait sans en avoir séparé la crême : par ce moyen, on obtient sans doute une quantité plus considérable de beurre ; mais il est d'une qualité inférieure. Cependant, avec du soin, surtout si on n'emploie que la portion de lait dernière tirée, on peut obtenir de bon beurre ; mais l'opération de le battre sera beaucoup plus laborieuse ; et, tant à cause de cet inconvénient que de beaucoup d'autres dans le détail desquels nous entrerions s'il était nécessaire, nous engageons à ne pas adopter cette méthode.

SECTION II. *Manière de battre la crême et de faire le beurre.*

Quand on bat du beurre, la plus grande régularité est nécessaire ; car quelques coups trop précipités ou trop ralentis suffisent pour faire perdre presque tout son prix

---

(1) Il est même très probable que le beurre n'en serait que meilleur.

à du beurre qui, sans cela, eût été de première qualité (1). Le propriétaire d'une laiterie importante doit donc faire à cela la plus grande attention, et avoir soin de ne confier cette besogne qu'à une personne qui s'y entende bien. Il faut qu'elle soit attentive, d'un caractère phlegmatique ; elle ne doit permettre à qui que ce soit, surtout aux personnes jeunes, de toucher à la baratte sans la précaution et la circonspection la plus grande. Mais les personnes accoutumées à voir battre de la crême qui n'est pas bien préparée trouveront peut-être que ce serait un bien fort travail pour une seule personne de battre tout le beurre d'une laiterie considérable ; mais le fait est que rien n'est plus aisé et moins fatigant que de faire du beurre quand la crême a été bien préparée.

Le meilleur moment pour battre le beurre, pendant la belle saison, est le matin de bonne heure, avant que le soleil ait beaucoup d'action ; et, si l'on se sert d'une baratte ordinaire, on peut la plonger d'un pied dans un vase d'eau froide, et l'y laisser pendant tout le temps que l'on bat : cela donnera beaucoup de consistance au beurre. Pendant l'hiver, l'égalité de la température qui doit régner dans une laiterie bien construite, si l'on y veille avec soin, devra rendre extrêmement rare, si jamais elle existe, la nécessité de battre le beurre près du feu ; et si

_____

(1) Les personnes, surtout celles qui se servent de barattes ordinaires, doivent tâcher d'avoir le coup très régulier, et ne doivent permettre à personne de les aider, à moins que ce ne soit quelqu'un qui ait la même manière de battre ; mais si la crême est bien préparée, tout aide sera inutile. Si l'on bat plus doucement qu'il n'est nécessaire, en hiver le beurre *s'en ira*, comme on dit, ou ne se fera pas ; si le coup, au contraire, est trop prompt et trop violent, en été cela occasionera une fermentation qui donnera au beurre un goût désagréable.

quelque circonstance y oblige, il faudra bien faire attention à ne pas placer la baratte assez près du feu pour que
le bois s'échauffe, car cela donnerait au beurre un goût
de rance très désagréable (1).

---

(1) *Essai sur la température la plus convenable pour battre*
le beurre.

A. EXPÉRIENCES DU DOCTEUR JOHN BARCLAY ET DE M. ALEXANDRE
ALLAN.

NUMÉROS.	DATES des EXPÉRIENCES	Nombre des gallons de crème.	Poids du gallon de crème.	TEMPÉRATURE pendant L'OPÉRATION.		Durée de l'opération.	Quantité totale de beurre obtenue.	QUANTITÉ par GALLON.
				Farenheit.	Centigr.			
			liv. o.			h. m.	liv. on.	l. onc. d.
1	18 août	15	8 4	55	12 8	4 »	29 8	1 15 7 5
2	26	15	8 2	60	15 5	3 15	29 4	1 15 3 1
3	30	15	8 2	62	16 7	3 »	28 »	1 14 2 »
4	4 sept.	15	8 1	64	18 2	3 1	27 »	1 12 12 7
5	9	15	8 »	70	21 2	2 30	25 8	1 10 10 6

(Année 1826)

Le beurre produit dans la première expérience était de la
meilleure qualité, gras, ferme et d'un goût agréable.

La seconde expérience a produit un beurre de bonne qualité, mais d'une moindre consistance.

La quatrième expérience a donné un beurre mou et spongieux.

Le beurre provenu de la cinquième expérience était décidé-
ment inférieur aux échantillons précédens.

D'après les expériences précédentes, il paraît qu'on ne peut
garder la crème à une haute température pendant qu'on la bat.
Dans la première expérience, où la température fut la plus basse,
la quantité de beurre obtenue fut dans la plus grande pro-

. Aussitôt que le beurre est fait, il faut l'ôter du lait de beurre et le mettre dans un vase propre. Si ce vase est

---

portion relativement à la quantité de crême employée ; et, dans les autres où la température augmenta, la quantité du beurre diminua proportionnellement. Dans la dernière expérience, lorsque la température moyenne de la crême fut élevée à 70° (21°,2 centig.), non seulement le beurre diminua en quantité, mais encore il se trouva très inférieur en qualité, soit pour le goût, soit pour l'apparence. Un autre résultat des précédentes expériences prouve encore que l'on doit maintenir la température la plus basse quand on bat le beurre : c'est la diminution de la pesanteur spécifique du lait battu à mesure que la température de la crême s'élève ; ce qui montre qu'aux températures basses, le beurre, qui est composé des parties les plus légères de la crême, se condense plus complétement qu'à des températures plus élevées, dans lesquelles le lait battu est d'une pesanteur spécifique plus grande.

De ces expériences, MM. *Barclay* et *Allan* tirent la conclusion que la température la plus propre pour commencer l'opération du battage de la crême est de 50 à 55° (10 à 12°,8 centig.) ; que, dans aucun moment de l'opération, elle ne doit excéder 65° (18°,3 centig.).

B. Expériences de M. John Ballantine.

La température à laquelle le beurre peut être séparé de la crême varie entre 45 et 75 (7°,9 et 23 centig.). D'après les expériences ci-jointes, il paraît que c'est à 60 (15 centig.) qu'on obtient la plus grande quantité de beurre d'une quantité donnée de crême, et la meilleure qualité à 55° (12°,8 centig.), température prise dans la baratte à l'instant où le beurre se forme : car, dans les expériences qui ont eu lieu, on a reconnu que la chaleur s'élevait de 4° pendant l'opération du battage, quoique la température de la laiterie restât la même. Des expériences répétées, faites à ce degré de chaleur, ont donné du beurre de la plus belle couleur et de la meilleure qualité ;

en bois, il faudra avoir eu la précaution d'en frotter l'intérieur avec du sel commun, pour empêcher que le

---

le lait étant bien séparé du beurre, celui-ci, après avoir été lavé et mis en mottes, s'est conservé pendant une quinzaine de jours sans prendre ni mauvais goût ni mauvaise odeur. A 60° (15°,5 centig.), la quantité est plus grande, mais la qualité est beaucoup inférieure ; le beurre est mou et spongieux, et il en sort une grande quantité de lait lorsqu'on le sale.

En préférant les températures élevées pour activer le battage, si on ne fait pas sortir le lait du beurre, on ne peut le garder ni doux ni salé. Lorsque la chaleur excédait 65° (18°,3 centig.), aucun lavage ne pouvait faire sortir le lait du beurre sans l'aide du sel; mais quand on y incorporait une portion de sel, que cette portion y demeurait pendant vingt-quatre heures, qu'on avait déposé ensuite le beurre dans de l'eau de source, et qu'on le lavait à plusieurs reprises, on en faisait sortir le lait, et le beurre était salé convenablement.

La température à laquelle la quantité du beurre produit s'allie à la meilleure qualité, c'est la moyenne indiquée entre les nos 1 et 2 ou 53 (12° centig.) observés dans la crème avant le battage, et 57° et demi (14°) mesurés dans la baratte avant que le beurre ne se forme, comme cela se voit dans le no 6. Si la laiterie est bien disposée, il est facile d'obtenir cette température toute l'année ; car quand la chaleur de l'air était de 75° dans le jour (22° centig.), elle n'était que de 50° (10° centig.) dans une laiterie couverte en chaume, à quatre heures du matin : lorsque la chaleur est moindre, on peut, au moyen de l'eau chaude, la porter au degré de chaleur dont on a besoin.

Le beurre qu'on envoie frais au marché doit être soigneusement séparé, par la pression manuelle, du lait qui y reste ; il doit ensuite être lavé dans l'eau froide, formé en rouleaux, et remis dans l'eau froide autant qu'il le faut pour le raffermir, mais non pour nuire à sa saveur et à sa couleur. Si l'on se pro-

beurre ne s'y attache. Il faut alors presser le beurre et le travailler avec une cuiller de bois plate, ou une écrémoire dont le manche soit court, de manière à faire sortir tout le lait qui pourrait être resté dans les cavités du beurre. Il faut beaucoup de dextérité et de force pour cette manipulation; car, si le lait n'est pas bien extrait, le beurre se gâtera en peu de temps; et si le beurre est trop travaillé, il deviendra mou et huileux, ce qui lui

pose de le saler, on en fait sortir le lait avec soin, et l'on y incorpore le sel avant de le déposer dans le magasin.

NUMÉROS.	DATES.	Pintes écoss. de crème.	DEGRÉS DE CHALEUR dans la crème.		DEGRÉS DE CHALEUR quand le beurre se forme.		Quantité de beurre obtenue.	Temps du battage.	Poids de la crème, 16 onces à la livre.	CHALEUR DE L'AIR.	
			Farenheit.	Centigrade.	Farenheit.	Centigrade.				Farenheit.	Centigrade.
							l. on.	heur.	l. on.		
1	13 juin.	16	56 »	13 3	60 »	15 5	16 8	1 ½	4(1) »	56	13 3
2	20. . .	16	52 »	11 1	56 »	13 3	16 »	2 »	4 »	52	11 1
3	24. . .	16	52 »	11 1	56 »	13 3	16 »	2 »	4 »	52	11 1
4	12 juill.	16	65 »	18 3	67 »	19 4	15 8	» ½	3 14	70	21 2
5	20 oct.	16	50 »	10 »	53 ½	12 »	15 12	3 »	4 1	50	10 »
6	20. . .	16	53 ½	12 »	57 ½	14 1	16 5	1 ¼	4 »		

(Dans la marge à gauche des dates : 1825.)

Le numéro 1 montre la plus grande quantité de beurre produite aux degrés de chaleur employés.

Le numéro 2, beurre de la meilleure qualité.

Le numéro 3, la saveur et la qualité de ce beurre ne peuvent être surpassées.

Le numéro 4, beurre moins blanc et laiteux.

Le numéro 5, qualité altérée par un long battage.

Le numéro 6, beurre d'une excellente qualité, d'une saveur et d'une couleur prononcées, et ferme comme de la cire.

(1) Par pinte de crème.

Prize essays and transact. of the highland Soc. of Scotland.

ôte beaucoup de sa qualité. Dans quelques endroits, on a l'habitude, pour dégager le beurre du lait de beurre, de le battre avec deux morceaux de bois plats ; ce qui peut être une bonne méthode.

Dans cette opération, quelques personnes versent de l'eau sur le beurre pour le laver : cela est non seulement inutile, puisque le beurre peut être très bien nettoyé sans être lavé, mais est très nuisible et altère la qualité du beurre. Rien n'est aussi préjudiciable dans une laiterie que d'employer l'eau mal à propos, car si on en met dans le lait, ou qu'on s'en serve pour le beurre, c'est toujours au détriment de la qualité de ce dernier.

Quand le beurre est entièrement dégagé du lait de beurre, s'il doit être vendu frais, il faut de suite lui donner la forme préférée au marché où l'on doit l'envoyer. Dans le cas où la chaleur serait très forte, et où cela rendrait le beurre trop mou pour recevoir l'impression du moule, il faudra le mettre par parties dans de petits vases que l'on mettra dans le bassin d'eau qui est sous la table; il faudra que ces vases soient assez légers pour nager sur l'eau, afin qu'elle ne touche pas au beurre. En peu de temps, le beurre acquerra un degré de fermeté suffisant pour recevoir l'impression des moules, surtout si on met un petit morceau de glace dans le bassin. Quand le beurre est moulé, il faut le placer dans des vases convenables sur le bord du bassin, où il se tiendra frais et ferme jusqu'à ce qu'on l'empaquette pour l'envoyer au marché.

Il y a des circonstances où l'on peut vendre tout ou partie de son beurre frais, mais souvent il faut le saler avant de l'envoyer au marché, et comme cette opération demande autant de soin et d'attention qu'aucune autre de celles que nous avons déjà décrites, nous allons offrir à l'attention du lecteur les observations suivantes sur la manière de saler le beurre.

Beurre salé.

Les vases de bois sont, en général, ce qu'il y a de plus convenable pour contenir du beurre salé : il faut qu'ils soient bien faits, solidement joints et fortement cerclés ; il est même bon de les faire aussi forts que possible, pour qu'ils durent long-temps. Il est si difficile, en effet, de préparer des vases neufs de manière à ce qu'ils ne communiquent pas de goût au beurre, qu'il est préférable d'employer ceux qui ont déjà servi, tant qu'ils sont bons et solides (1). Il ne faut point employer de cercles de fer, parce que la rouille qui s'y attacherait finirait, avec le temps, par pénétrer le bois, quelque épais qu'il fût, et donnerait au beurre une mauvaise teinte. Il serait cependant convenable qu'il y eût à ces vases deux cercles en fer, l'un tout au haut et l'autre tout au bas, au dessous du fond, sous lequel on laissera exprès un certain vide. Il n'y a pas pour ces vases de forme plus convenable que celle d'un baril, si ce n'est peut-être celle d'un cône tronqué, avec la pointe en haut, ce qui empêchera que le beurre ne puisse monter et surnager sur la saumure (quand il sera nécessaire qu'il y en ait) ; ce qui arrive quelquefois dans un baril. Mais on peut obvier à cet inconvénient en mettant dans le baril, avant de l'emplir, une broche de bois avec une espèce de tête, en sorte que le beurre, bien pressé autour de cette tête, reste fixé à sa place.

Pour pouvoir remettre du beurre dans un vase qui a déjà servi, il suffit de l'échauder, le rincer et le laisser sécher, comme nous avons dit. Mais la préparation d'un

---

(1) Le traducteur a passé ici la phrase suivante, qu'il n'a pas bien comprise : *For the bottom, oak is the best material : and staves and broad Dutch split hoops, are to be preferred to all others, where they can be procured.*

vase neuf exige bien plus de soin; il faut le remplir fréquemment d'eau bouillante, l'y laisser refroidir lentement.
Quelques personnes pensent qu'il est bon d'y mettre avec
l'eau du foin ou quelque autre herbe douce; mais, dans
tous les cas, de fréquentes injections d'eau bouillante
sont indispensables. Il faut beaucoup de temps pour qu'on
puisse se servir du vase : le moyen le plus prompt cependant pour le préparer est d'employer de la chaux vive
ou de l'eau, dans laquelle on a fait bouillir une grande
quantité de sel; il faut avec cela l'écurer et bien frotter
plusieurs fois, le mettre ensuite dans de l'eau froide, où
il restera jusqu'à ce qu'on en ait besoin ; il faudra ensuite
le frotter encore et le bien rincer à l'eau froide. Une
personne qui tient à la réputation de son beurre ne saurait être trop attentive à la propreté et à la bonne préparation de ses vases.

Du beurre qui a été pressé ou battu, et qui est bien
dégagé du lait de beurre, est prêt à être salé. Quand le
vase a été bien préparé comme nous l'avons dit, et qu'il
est à l'intérieur aussi poli et aussi propre que possible, il
faut le frotter partout en dedans avec du sel commun, et
verser un peu de beurre fondu dans la rainure, entre le
fond et les côtés, de manière à remplir celle-ci entièrement : on peut alors mettre le beurre. Une excellente
composition pour conserver le beurre est un mélange de
nitre et de sucre, de chacun une partie avec deux parties
de sel commun, le tout réduit en une poudre très fine. Il
faut mettre de cette composition une once par chaque
seize onces de beurre (1) aussitôt que celui-ci est dégagé

---

(1) La bonne conservation du beurre dépend de la quantité
exacte de cette composition mêlée au beurre; et comme il peut
y avoir quelques difficultés à proportionner ce sel à des poids
inégaux de beurre, nous conseillerons aux personnes qui veulent adopter nos plans avec quelque étendue, de commencer

du petit-lait, bien mêler l'un avec l'autre et mettre de suite le beurre dans le quartaut en le pressant fortement,

---

par se procurer une romaine ou peson, construite de manière à ce que seize onces dans un plateau soient exactement balancées par une once dans l'autre ; et pour qu'elles ne soient pas embarrassées de savoir comment se procurer ce simple appareil, nous leur indiquerons la manière suivante de le disposer elles-mêmes :

Prenez deux plateaux d'un poids égal ; que l'un soit en bois et [plat, pour recevoir le beurre : la matière et la forme de l'autre sont indifférentes. Prenez ensuite un morceau de bois, large de deux pouces, épais d'un demi-pouce et long de deux pieds. A chaque bout de ce morceau de bois, autant que possible à la distance d'un demi-pouce de l'extremité, on fera un trou par lequel passeront les fils de fer ou autres, auxquels les plateaux seront suspendus. Chargez les deux plateaux, l'un du poids d'une once et l'autre du poids de seize onces. Sur la face inférieure de la tige de bois qui porte les plateaux, vous aurez tracé deux lignes parallèles à un demi-pouce du bord. Pour former le support de cette espèce de balance, prenez un instrument à deux pointes d'égale hauteur, distantes l'une de l'autre de la même distance qui se trouve entre vos lignes tracées. Placez votre balance sur ces deux pointes, et cherchez l'endroit juste où les deux plateaux, chargés comme nous l'avons dit, se balanceront exactement. On trouvera promptement que cet endroit sera beaucoup plus près de l'une des extrémités du morceau de bois que de l'autre. Il faut à ce point percer un trou dans le morceau de bois avec un fer rouge rond ; passer dans ce trou une double tige de fer très forte, qui soutiendra la balance et servira de pivot. L'appareil est maintenant complet. Lorsqu'on voudra s'en servir, il suffira de mettre le beurre dans le plateau de bois et la composition dans l'autre plateau, jusqu'à ce qu'ils se balancent : l'on aura ainsi la proportion exacte d'un à seize, que nous venons d'indiquer, quel que soit le poids du beurre.

afin qu'il n'y reste ni trou ni aucune cavité dans lesquels
l'air puisse séjourner. La surface doit être bien unie, et
si l'on n'emplit pas le baril de suite, et qu'il doive se
passer un jour ou deux avant qu'on remette de nouveau
beurre sur celui-ci, il faut couvrir hermétiquement le
vase avec du linge, sur lequel ou mettra une feuille de
parchemin mouillée, ou, à défaut de parchemin, avec
un morceau de linge fin, trempé dans du beurre fondu,
qui joigne exactement les bords du vase tout autour, de
manière à empêcher autant que possible l'introduction
de l'air. Quand on veut ajouter du beurre, il faut ôter
ces couvertures, presser fortement cette seconde couche
de beurre sur la première, la bien unir et faire toujours
ainsi jusqu'à ce que le vase soit rempli. Quand il est plein,
il faut étendre les deux couvertures avec le plus grand
soin, et verser un peu de beurre fondu sur les bords,
de manière à clore hermétiquement, afin d'intercepter
l'air. On peut mettre un peu de sel sur le tout, et fixer
ensuite le couvercle.

  Le beurre ainsi préparé a peu de goût pendant une
quinzaine de jours ; mais au bout de ce temps, il acquiert
un goût excellent et se conserverait dans le climat de
l'Angleterre pendant plusieurs années. Cependant il pourrait s'altérer pendant qu'on l'emploie, faute de quelques
précautions qu'il est bon d'indiquer. Dès qu'on ouvre un
baril de beurre, il faut en lever une couche mince sur
toute la surface, surtout près des bords, crainte que l'air
n'ait pas été parfaitement intercepté ; on continue à prendre
le beurre par couches, en laissant la surface bien unie. Si
on doit consommer promptement son baril de beurre, on
peut en prendre sans autre précaution que de tenir le
beurre soigneusement couvert ; mais si, au contraire, on
ne doit employer cette provision que lentement, et si la
personne qui s'en sert n'a pas soin de bien recouvrir le
beurre chaque fois qu'elle en prend, la partie frappée

par l'air sera susceptible de contracter un petit goût de
rance. Pour prévenir cet inconvénient, on n'a qu'à verser
sur le beurre, dès qu'il est entamé, une forte saumure de
sel commun en quantité suffisante pour qu'un œuf puisse
y surnager. Il faudra, pour verser cette saumure, attendre
qu'elle soit froide, et quoique l'action de l'eau sur le
beurre en altère un peu la qualité, cependant c'est un
bien moindre mal que le goût de rance, que la saumure
empêchera (1).

Beurre fondu.

Du beurre destiné à être exposé à la chaleur d'un climat méridional doit être purifié, en le faisant fondre
avant d'être salé. Pour cela, il faut mettre le beurre dans
un vase convenable et placer ce vase dans un autre vase
où il y ait de l'eau; il faut faire chauffer cette eau jusqu'à
ce que le beurre soit tout à fait fondu, puis le laisser
pendant quelque temps dans cet état : alors les parties
impures tomberont au fond du vase, et il restera à la
superficie une huile transparente et parfaitement pure,
qui, en refroidissant, deviendra opaque et sera d'une
couleur à peu près semblable à celle du beurre frais, seulement un peu plus pâle, et sera d'une consistance plus
ferme.

Dès que ce beurre raffiné prend un peu de consistance,
mais avant qu'il ait acquis toute la fermeté qu'il doit avoir,
il faut séparer de la lie la partie qui est pure, la saler et
la mettre en pots comme nous avons indiqué pour le
beurre non fondu. Ce beurre ainsi préparé se conservera
dans les pays chauds beaucoup plus long-temps que du
beurre salé sans avoir été fondu, parce que le sel s'y incorpore et y reste mieux. On peut aussi conserver ce

(1) On peut consulter encore, à ce sujet, le *Traité sur la salaison des viandes et du beurre en Irlande,* in-8°. Paris, 1821.

beurre sans le saler, en y mêlant une certaine portion
de miel fin, à peu près une once par livre de beurre. Il
faut les bien mêler, afin qu'ils soient parfaitement incorporés ensemble. Ce mélange a un goût agréable et doux,
et se conserve pendant plusieurs années sans devenir
rance. Il n'y a pas de doute que du beurre ainsi préparé
ne puisse être transporté très loin sans se gâter.

Coloration du beurre.

Comme le beurre fait pendant l'hiver est moins bon
et qu'il est aussi plus pâle que celui que l'on fait pendant
l'été, on n'a bonne idée d'un beurre que lorsqu'on lui
voit une teinte jaune ; ce qui fait que l'on emploie diverses substances pour lui donner cette couleur. Ce que l'on
emploie le plus ordinairement, et qui est certainement le
plus sain, c'est le jus de carotte ou le jus de fleur de
souci, exprimé avec soin et passé dans un linge. Il faut
délayer dans un peu de crême une petite quantité de ce
jus : l'expérience enseigne en peu de temps la proportion.
On ajoute ce mélange au reste de la crême quand on la met
dans la baratte. Il faut si peu de l'un ou de l'autre de ces
jus pour colorer le beurre, que cela ne peut lui donner
aucun goût particulier.

La manière dont on dispose le beurre dans la vallée de
Gloucester, pour l'envoyer aux marchés, mérite d'être
décrite.

Il est en pains d'une demi-livre, rangés dans des paniers
qui sont de forme cubique. Ces paniers ont environ dix-huit
pouces sur vingt-quatre, et dix pouces de profondeur ; ils ont
une anse au milieu et deux couvercles qui tiennent à une traverse sous l'anse. Un panier de cette dimension contient
douze pains de beurre rangés trois sur quatre. Quand le
beurre est ferme, on met dans chaque panier trois couches
de pains de beurre formant dix-huit livres ; quand il est

mou, on n'en met que deux couches ou douze livres. Il y a des paniers d'une plus grande dimension, qui ont dix-huit pouces sur vingt-trois en dedans, qui contiennent vingt demi-livres de beurre ou dix livres par rang. Ce panier est mis dans une espèce de bissac, à l'autre bout duquel on place ordinairement un plus petit panier ou quelque autre chose pour servir de contre-poids. On attache ce bissac à la selle, qui est faite exprès pour cela, en plaçant le côté le plus lourd hors montoir : la fermière monte alors sur son cheval, et son poids maintient l'équilibre du panier, qui, suspendu de la sorte, n'éprouve aucune secousse pendant le chemin, et le beurre arrive sans être froissé.

En été, on met toujours le beurre dans des feuilles vertes, et l'on choisit ordinairement pour cela des feuilles d'arroche (l'*atriplex hortensis* de Linnée), que l'on appelle aussi dans quelques provinces feuilles à beurre. On sème annuellement cette plante dans les jardins, pour envelopper le beurre avec ses feuilles, qui sont grandes, fines et d'un vert pâle. A défaut de celles-ci, on se sert de feuilles de vigne ou de*** (*kidney beans*) (1).

Quand on arrange un panier de beurre, on commence par mettre au fond un linge ployé en deux ou trois. On étend dessus un linge fin et très clair, que l'on a trempé dans de l'eau froide, et c'est là dessus que l'on place les pains de beurre, avec une grande feuille dessous et une plus petite sur chacun d'eux. Quand la première couche est rangée, on étend du linge dessus, et un second rang est

(1) Dans les laiteries des environs de Naples, on enveloppe le beurre frais par livres et demi-livres avec des feuilles de roseaux cultivés exprès. On place les petits pains de beurre dans des paniers avec de la glace pilée, et on les expédie à Naples, où ils arrivent aussi frais que possible, où ils ont l'aspect le plus appétissant.

disposé de la même manière. Arrivé au marché, on lève le linge, l'on voit les pains de beurre proprement rangés et en partie couverts par les feuilles : ces feuilles sont à la fois agréables à l'œil et utiles, car on met les pains de beurre dans le panier, et on les en retire sans les toucher et sans que l'empreinte du moule soit effacée (1).

Beurre de petit-lait.

Le *beurre de petit-lait* est, ainsi que son nom l'indique, du beurre fait avec le petit-lait que l'on retire du caillé après que l'on a fait coaguler le lait pour en retirer la matière du fromage. On fait principalement de ce beurre dans les cantons où la fabrication des fromages est le principal objet des laiteries. On dit que, dans le comté de Derby, on fait plus de beurre de petit-lait que de crème ou de lait frais.

Dans les laiteries, on distingue deux espèces de petit-lait, le vert et le blanc. Le premier est celui qui s'échappe naturellement du caillé, tandis que le second est celui qu'on en retire en le pressant. Il y a plusieurs moyens d'extraire le petit-lait. Dans quelques laiteries, tout le petit-lait qu'on retire des baquets à fromage est mis dans des vases, où on le laisse pendant vingt-quatre heures ; après quoi, on l'écrème, et le petit-lait restant est donné aux veaux et aux cochons, auxquels on dit qu'il profite aussi bien après avoir été écrémé qu'auparavant. On fait ensuite bouillir dans un chaudron la crème que l'on a levée, puis on la met dans des pots, où elle reste jusqu'à ce qu'on en ait assez pour la battre ; ce qui, dans une laiterie importante, doit être au moins une fois et souvent deux fois par semaine.

---

(1) Tout cet article est extrait de l'*Economie rurale de Gloucester*, par Marshall, vol. I, page 284 et suivantes.

Mais il y a une méthode beaucoup plus en usage que celle-ci pour tirer parti du petit-lait. Presque aussitôt qu'on retire le petit-lait vert du baquet à fromage, on le met dans le chaudron sur le feu. Quand il est bouillant, on y verse de l'eau froide ou du petit-lait blanc ; ce qui fait monter une espèce d'écume épaisse et blanche, qui ressemble un peu à de la crème, et que la fille de laiterie enlève à mesure qu'elle se forme : elle la met dans des terrines, où elle reste jusqu'à ce qu'on batte. Dans les laiteries où l'on fait bouillir le petit-lait vert, tout le blanc, excepté le peu que l'on en réserve pour faire monter l'écume de celui qui bout, est mis dans des terrines comme le lait chaud de vache, pour que la crème monte ; et quand on lève cette crème, on la joint à celle qui provient de l'ébullition, et on les bat ensemble pour faire du beurre (1).

Deux expériences ont été faites sur la manière de faire du beurre de petit-lait : les résultats ont été les mêmes. Dans l'une, on n'a mis le petit-lait sur le feu que vingt-quatre heures après l'avoir retiré du caillé ; dans l'autre, on l'y a mis de suite. La qualité et la quantité du beurre obtenu par l'une et par l'autre de ces méthodes étaient égales.

Le petit-lait donne une quantité de beurre considérable. Deux expériences, auxquelles on a donné une attention particulière, ont prouvé qu'on n'obtenait pas moins d'une once et demie de beurre par gallon de petit-lait (on sait que le gallon est de cinq litres de Paris). Quant à la qualité, elle est incontestablement inférieure à celle du beurre fait avec de la crème de lait frais, ou de lait et de crème battus ensemble ; mais cette infériorité, d'après

---

(1) Nous devons la connaissance de ces faits au *Parfait fermier, ou Dictionnaire général d'Agriculture et d'Economie rurale,* vol. I, article *Beurre de petit-lait.*

ce que dit M. Marshall, dans son *Économie rurale du Gloucestershire*, n'est pas d'un tiers. Dans le *Rapport sur l'état agricole du comté de Leicester*, on observe que le beurre de petit-lait se vend neuf deniers (quatre-vingt-dix centimes) la livre; tandis que l'autre beurre se vend de dix à onze deniers (vingt à vingt-deux sous). On ajoute que dix-huit vaches produisent dix-sept livres (de seize onces chaque) de ce beurre par semaine. Cette circonstance mérite certainement l'attention de ceux qui font beaucoup de fromage.

Les montagnes du pays de Galles et de l'Écosse, les marais, les bruyères de l'Angleterre, produisent d'excellent beurre quand il est bien fait; et si l'on n'en tire pas une quantité proportionnellement égale à ce qu'en produisent les riches prairies, il est souvent d'une qualité très supérieure. Mais il arrive quelquefois que l'on accuse le terrain de la mauvaise qualité du beurre, quand on ne devrait l'attribuer qu'au défaut de soin, de propreté, et à la maladresse avec laquelle il est fait.

2°. DE LA LAITERIE A FROMAGE.

CHAPITRE VII.

BATIMENS ET USTENSILES.

Quoique une laiterie à fromage doive être, à quelques égards, différente d'une laiterie à beurre, cependant, sous les rapports de la situation et de la propreté, il est nécessaire d'y apporter toute l'attention, tous les soins que nous avons indiqués au commencement de cet ouvrage.

Nous ajouterons qu'une laiterie à fromage doit se composer de quatre pièces, qui sont : —1° la laiterie proprement dite, construite suivant la description que nous avons donnée : comme on emploie rarement à faire du fromage tout le lait des vaches, il peut être nécessaire d'avoir des réfrigérans; il sera toujours commode d'avoir des tablettes pour les vases à lait, afin de mettre plus simultanément et plus aisément tout le lait dans les baquets à fromage, ou dans le chaudron quand on le fait à chaud ; — 2° une pièce pour faire le fromage et le presser : cette pièce doit être contiguë à la laiterie ; il y faut une cheminée et autres commodités, comme dans la cuisine de la laiterie à beurre ;—3° un saloir, ou pièce où l'on sale, qui doit être dallée en pente, pour faciliter l'écoulement de l'eau quand on lave(1); il y faut une table ou appui pour poser les fromages, que l'on retourne de temps en temps jusqu'à ce qu'ils soient bons à être transportés dans la chambre à fromage ;—4° une chambre à fromage, ou magasin, dans lequel on garde les fromages jusqu'à ce qu'ils soient bons à être portés au marché. Cette dernière pièce serait convenablement placée en manière de grenier au dessus d'une des trois autres ; mais dans le Cheshire, et dans quelques autres comtés de l'Angleterre, on pratique la pièce à fromage au dessus de l'étable à vaches, dans l'idée que la chaleur du bétail échauffe cette pièce, et produit cette température uniforme et douce que l'on croit essentielle pour que le fromage se fasse. On sème le plancher de cette pièce d'herbe sèche ou de jonc, et l'on y place des planches; les murs en sont quelquefois entièrement garnis; on place même un ou deux rangs de tablettes dans le milieu, autour desquelles on laisse des passages assez larges pour circuler librement. On évite une grande

(1) Dans quelques laiteries, le sol est fait en mastic, de manière à être rendu aussi uni et aussi dur que du marbre ; et cela est, dans beaucoup d'endroits, meilleur marché que de la pierre. Dans le Sommersetshire, des tablettes de mastic préparées de la même manière, et épaisses d'environ un pouce et demi, remplacent les planches de bois et les appuis en pierre.

perte de temps en adoptant l'arrangement en usage dans quelques parties du nord de Wiltshire, où le magasin à fromages, garni de ses planches, est immédiatement au dessus de la laiterie, entre elle et des greniers au dessus, avec des trappes pratiquées dans les planchers, par lesquelles on passe les fromages de main en main (1).

Les ustensiles nécessaires dans une laiterie à fromage sont différens de ceux d'une laiterie à beurre : outre les réfrigérans pour le lait, qui sont communs à l'une et à l'autre, on a besoin des articles suivans :

1°. Un baquet à fromage : c'est dans ce vase que l'on divise et prépare le caillé pour faire le fromage ; ces baquets sont de diverses grandeurs, suivant la quantité de lait que l'on a intention d'employer en fromage, et ils sont tantôt ronds, tantôt ovales.

2°. Un couteau à fromage : c'est une espèce de grande spatule en bois, qui doit être, aux bords, aussi mince que possible ; on s'en sert dans quelques laiteries, et on doit le trouver dans toutes, pour couper ou rompre le caillé. Dans le comté de Gloucester, ces couteaux sont formés de manches de bois longs de quatre à cinq pouces, garnis de deux ou trois lames de fer longues de douze pouces, larges d'un pouce près le manche, s'amincissant vers la pointe, où elles n'ont plus que trois quarts de pouce : leurs deux bords sont mousses et se terminent en s'arrondissant à peu près comme un couteau à papier en ivoire ; ces lames sont placées à environ un pouce de distance l'une de l'autre (2).

3°. Les linges à fromages : ce sont des morceaux de linge dans lesquels on enveloppe les fromages pour les mettre à la presse. Dans le Gloucestershire, les linges à

---

(1) *Economie rurale du Gloucestershire*, par Marshall, t. II.

(2) Marshall, *Economie rurale du Gloucestershire*, t. I.

fromages sont fins et clairs comme de la gaze ; la grandeur varie suivant les laiteries ; il est convenable d'en avoir de différens degrés de finesse.

4°. Les ronds à fromages : ce sont des pièces de bois qui ne peuvent pas se déjeter, qui sont unies des deux côtés, et épaisses d'un pouce à un pouce et demi : c'est sur ces ronds que l'on place les fromages nouvellement faits et sur les tablettes du magasin à fromage ; on en fait de différentes grandeurs, mais tous semblables, de manière cependant à ce qu'ils puissent entrer dans les formes.

5°. Des formes : ce sont des espèces de forts cerceaux en bois, qui ont un fond, lequel est, aussi bien que les côtés, percé de trous pour laisser sortir le petit-lait quand on presse le fromage. M. Marshall observe avec justesse que, dans toutes les laiteries à fromage, il doit y avoir des formes de différentes grandeurs toujours prêtes ; car autrement la fille de laiterie ne pourrait choisir celles proportionnées à la quantité de caillé qui se trouve dans le baquet, ce qui peut avoir un grand inconvénient ; car si on mêle à du caillé nouveau du caillé d'une traite précédente, cela suffit souvent pour gâter tout un fromage. Quand on fait trois ou quatre fromages d'un même caillé, il se trouve beaucoup de formes employées à la fois.

6°. La presse à fromage ou l'instrument qui sert à faire sortir le petit-lait du caillé pendant qu'il est dans les formes : la bonne fabrication du fromage dépend beaucoup de l'action de la presse, par conséquent de sa construction.

« Si une presse n'est pas de niveau, dit M. Marshall, » dans son *Économie rurale du Norfolk* ; si elle a trop » de jeu, ce qui la fait pencher ou vaciller, ou peser plus » d'un côté que de l'autre ; si elle ne tombe pas perpen- » diculairement sur le rond à fromage, le fromage se » trouvera souvent plus épais d'un côté que de l'autre, » où, ce qui est encore pis, un côté sera trop pressé, tan-

» dis que l'autre restera mou et spongieux. » La presse peut recevoir son action, soit d'une vis, ce qui est maintenant le plus en usage, soit d'un levier, ce dont on se servait beaucoup autrefois, soit d'un poids mort. Mais, quelle que soit la forme de presse que l'on adopte, son action doit toujours être proportionnée à l'épaisseur du fromage. C'est d'après ces principes que M. Marshall a fait établir une presse à fromage ; elle recevait sa force d'un poids mort, de pierres contenues dans une boîte de forme cubique, qui se mouvait dans une rainure, de manière que sa face inférieure ou le fond était toujours horizontal. Le poids était augmenté ou diminué par des pierres suivant l'épaisseur qu'on voulait donner au fromage soumis à l'action de la presse. Quand dans une même laiterie on fait du beurre et du fromage, on ne doit pas établir la presse dans l'endroit où l'on met le lait et le beurre, à cause de l'acidité que le caillé et le petit-lait répandraient dans toute la pièce.

Les soins qui sont donnés aux vaches dans une laiterie à beurre doivent être donnés à ces animaux dans une laiterie à fromage : les mêmes précautions doivent être prises relativement au lait, parce que les causes qui empêchent la séparation de la crème empêchent aussi la séparation de la partie caséeuse ou de celle qui sert à faire les fromages; nous ne reviendrons donc plus sur cet objet : nous allons passer de suite à ce qui regarde spécialement la fabrication des fromages.

CHAPITRE VIII.

DE LA PRÉSURE, DIFFÉRENTES MANIÈRES DE LA PRÉPARER.

Tout acide, de quelque genre qu'il soit, fait coaguler le lait, ou en fait du caillé; mais ce qu'on emploie ordinairement pour cela, dans la fabrication du fromage, est la caillette ou quatrième estomac d'un jeune veau qui n'a encore été nourri que de lait (1). C'est cette partie d'un jeune veau, lorsqu'elle est convenablement préparée, que l'on nomme présure : comme on ne peut faire de bon fromage sans elle, il faut l'examiner avec le plus grand soin quand on l'achète du boucher, la regarder au travers du jour, et si l'on découvre dans ces estomacs des parties tachées ou d'autres décolorées, il faut les rejeter comme mauvais.

Aussitôt qu'elles ont choisi les caillettes, les filles de laiterie en retirent ordinairement tout le lait caillé qui s'y trouve, et après avoir lavé celui-ci à plusieurs eaux froides, ainsi que le sac dans lequel il était, elles l'y remettent avec beaucoup de sel. Les estomacs, avec le caillé, sont alors mis dans une cruche, et l'on verse dessus une forte saumure d'eau tiède et de sel, dans la proportion d'environ un quart de gallon (ou une pinte un quart) par chaque estomac. Au bout de quelque temps, on les retire, on y remet encore du sel, et on les étend pour sécher. Dès qu'ils sont secs, on peut s'en servir; on les suspend à l'air pour les conserver. La veille au soir du jour où l'on doit faire du fromage, on coupe un morceau de cet estomac, de la grandeur d'un ou deux pouces, et on le met infuser dans quelques cuillerées d'eau chaude; le lendemain matin, on mêle cette eau au lait, et cela le fait cailler. On dit qu'un pouce suffit pour coaguler le lait de cinq vaches.

Dans quelques laiteries, on a l'habitude de mettre des feuilles de rose et différentes sortes d'épices dans la présure en la préparant, afin qu'elle communique au fromage un goût agréable.

M. Hazard, dans son intéressant *Rapport à la Société d'agriculture de Bath et de l'ouest de l'Angleterre*, a

---

(1) La caillette d'un agneau de lait remplit, dit-on, le même objet, mais non pas celui d'un agneau nourri dans les champs.

donné la recette suivante pour faire de la présure aromatisée (1). Quand la caillette est bien préparée, il faut
verser trois pintes d'eau claire et tiède sur du sel, auquel on
aura mêlé des feuilles de rose, de la cannelle, des clous
de girofle, enfin toutes les espèces d'épices et d'aromates
que l'on pourra se procurer ; ensuite mettre le tout
sur le feu, et le laisser bouillir doucement jusqu'à ce
que cette liqueur soit un peu réduite ; il faut avoir soin
de la bien couvrir, afin qu'en bouillant elle ne s'évapore
pas trop. En retirant du feu, il faut ôter les épices, verser la liqueur sur l'estomac, couper un limon par tran-
ches, le mettre dans le vase, et laisser le tout infuser
pendant un jour ou deux, puis tirer la liqueur à clair, et
la mettre en bouteilles pour s'en servir. Si l'on a soin de
bien boucher la bouteille, la liqueur se conservera pendant un an et davantage ; une petite quantité suffira pour
présure et communiquera au fromage un goût agréable.
M. Hazard ajoute que si on ressale le sac à présure, et
qu'on le mette sécher pendant huit ou quinze jours auprès du feu, on peut s'en servir de nouveau de la même
manière.

M. Marshall, dans son *Économie rurale du Norfolk*,
donne la manière suivante de préparer la présure. « Prenez, dit-il, un estomac ou caillette de jeune veau, et
après en avoir retiré le caillé, lavez-le bien, salez-le, de
manière à ce qu'il reste en dedans et en dehors une couche de sel. Mettez cette poche à présure ainsi préparée
dans une terrine ou autre vase, et laissez-la pendant trois
ou quatre jours : au bout de ce temps, le sel et le jus de
cet estomac auront formé une saumure ; ôtez la poche de
la terrine, suspendez-la pendant deux ou trois jours pour
qu'elle sèche, ensuite ressalez-la, remettez-la dans une

(1) *Journal de Bath*, t. III, p. 150.

terrine, que vous couvrirez avec un papier piqué par une forte épingle, et laissez-la ainsi jusqu'à ce que vous en ayez besoin. Il est bon de garder cette présure un an avant de s'en servir ; cependant, en cas de besoin, on peut en faire usage peu de jours après la seconde salaison, mais elle n'aura pas autant de force que si elle avait été gardée plus long-temps. »

Pour se servir de cette présure, M. Marshall donne la recette suivante : « Prenez une poignée de feuilles d'églantier musqué (*rosa eglanteria*, Lin.), autant de feuilles de rose sauvage (*rosa canina*, Lin.), et une égale quantité de feuilles de ronce (*rubus fruticosus*, Lin.) ; mettez avec trois ou quatre poignées de sel dans cinq pintes d'eau ; faites bouillir pendant environ un quart d'heure ; tirez la liqueur à clair, laissez-la refroidir, et quand elle sera tout à fait froide, mettez-la dans un vase de terre avec l'estomac préparé comme il est indiqué ci-dessus ; ajoutez-y un gros limon coupé et une once de clous de girofle, ce qui donne à la présure un goût agréable.

La force de la présure préparée de cette manière sera proportionnée au temps que l'on aura laissé l'estomac infuser dans la liqueur. La quantité de cette liqueur qu'il faut mettre pour coaguler le lait ne peut être indiquée que par l'expérience ; cependant on peut évaluer qu'en général un peu moins d'une demi-pinte suffit pour faire cailler cinquante gallons de lait (on sait que le gallon est de cinq pintes) : dans le Gloucestershire, pour cette quantité de lait on ne met qu'un tiers de pinte de présure. »

M. Parkinson indique la méthode suivante de préparer la présure, méthode qui, dit-il, n'est pas d'un usage général, mais qui, par sa simplicité, mérite d'être connue. « Prenez, dit-il, l'estomac d'un veau de six semaines environ, ouvrez-le ; mettez-en seulement le caillé dans un vase bien propre, nettoyez celui-ci et lavez-le à plusieurs eaux jusqu'à ce qu'il soit bien blanc ; quand il sera parfaitement propre, étendez-le sur un linge bien blanc, pour qu'il sèche; remettez-le ensuite dans un vase bien propre avec une poignée de sel; prenez la poche ou l'estomac lui-même, lavez-le à plusieurs eaux, et quand il est parfaitement propre, salez-le en dedans et en dehors, remettez-y le caillé; ensuite mettez-le tout dans un pot que vous couvrirez avec un morceau de vessie, pour intercepter complétement l'air: Il est favorable à la qualité du fromage que l'on garde cette présure pendant un an avant de s'en servir, parce que le fromage est sujet à devenir mou (heary) et quelquefois creux, quand on emploie pour cailler le lait de la présure trop nouvelle. »

Quand cette présure est bonne à être employée, ouvrez le sac, dit M. Parkinson, mettez le caillé dans un mortier de pierre ou dans un bol; battez avec un pilon ou un rouleau, ajoutez-y deux ou trois jaunes d'œufs, une demi-pinte de crême douce, une petite quantité de safran bien sec et réduit en poudre impalpable, quelques clous de girofle et un peu de macis, le tout bien mêlé; remettez-le dans la poche, faites ensuite une forte saumure avec du sel et une poignée de sassafras bouilli dans l'eau; quand cette saumure est froide, tirez-la à clair dans un vase de terre bien propre, et mettez-y quatre cuillerées du caillé préparé comme nous venons de le dire; et comme cette présure est très forte, cette quantité suffira pour cailler douze gallons ou soixante pintes de lait : il faut garder cette présure pendant une quinzaine de jours avant de s'en servir (1).

En cas de besoin ou, à défaut de bonne présure, on peut avoir recours à d'autres moyens pour coaguler le lait : on peut se servir pour cela d'une petite quantité d'acide muriatique ou acide marin (esprit de sel marin);

_____

(1) Parkinson, *Treatise on live-stock*, t. I, p. 62.

mais il faut l'employer avec soin, comme on fait en Hollande : c'est ce qui donne au fromage de Hollande ce goût fort et piquant qui le fait préférer par tant de personnes. On fait aussi cailler le lait en y mettant une certaine quantité, qui ne peut être déterminée que par l'expérience, de décoction de la fleur de la plante appelée *caille-lait jaune (gallium verum)*, et qui fleurit dans les mois de juillet et d'août. C'est là ce que les Juifs emploient pour cailler le lait pour faire leur fromage, la loi de Moïse défendant de mêler le lait avec la chair; car c'est ainsi qu'ils nomment l'emploi de la présure ordinaire pour faire le fromage (1).

Dans le comté de Derby, on emploie une autre plante indigène bien connue, appelée *spear grass* ou *lesser spear' wort* (2), pour augmenter la force de la présure. Cette plante croît dans les marais, dans les prairies marécageuses et sur le bord des rivières; ses fleurs, jaunes, paraissent de juillet en septembre. La décoction de cette plante se fait de la manière suivante : mettez la plante dans un vase, et couvrez-la d'eau froide; mettez sur un feu doux, et faites bouillir pendant une heure; ajoutez du sel dans la proportion d'un demi-peck (le peck est le quart du boisseau anglais) pour six gallons d'eau; couvrez jusqu'à ce que la liqueur soit froide : alors tirez à clair, et mettez trois poches ou estomacs par gallon; après que le tout a infusé pendant neuf à dix jours, mettez la liqueur en bouteilles pour vous en servir. La proportion à em-

---

(1) M. Parmentier (dans le *Nouveau cours d'Agriculture*) dit que le caille-lait possède cette propriété de cailler le lait à un si faible degré, qu'il n'a pu opérer avec lui l'effet coagulant, quoiqu'il ait apporté dans cette expérience, faite avec M. Deyeux, toute l'atention dont ils étaient capables.

(2) L'original ne donne pas le nom botanique de la plante.

ployer est d'une cuillerée à bouche pour faire un fromage de quinze à seize livres.

Dans la préparation et la conservation de la présure, on ne saurait donner trop d'attention à la propreté et à la bonté de cet objet; car de la présure trop ancienne et qui aurait aigri ou pourri gâterait le fromage, et empêcherait de le vendre.

CHAPITRE IX.

DE LA COULEUR A DONNER AUX FROMAGES CUITS, ET DE LA MANIÈRE DE LA FAIRE.

Comme le fromage, quand il est bien fabriqué en temps opportun, avec du lait ayant le degré de chaleur convenable, et quand il a été ensuite bien pressé, salé et séché; comme le fromage, dis-je, ainsi fait a toujours une belle teinte jaune, on est porté généralement à croire le fromage meilleur, en raison que cette teinte est prononcée : c'est pour cela qu'il est devenu nécessaire, pour vendre son fromage avantageusement, de le rendre d'un beau jaune par des moyens artificiels. Autrefois, on employait, pour cela, le curcuma, la fleur de souci, les boutons d'aubépine et d'autres végétaux; mais on préfère depuis longtemps à tout cela l'annotto d'Espagne (spanish annotto), qui est sans contredit le meilleur ingrédient dont on puisse se servir pour colorer le fromage. C'est une préparation de roucou (le *bixa orellana* de Linné), arbre originaire d'Amérique. On fait cette préparation de la manière suivante : des graines de cet arbre sont suspendues dans de l'eau chaude, jusqu'à ce que la pulpe rouge qui les enveloppe s'en détache; quand cette pulpe est sèche, on en forme des gâteaux ou des boules, que l'on conserve jusqu'à ce qu'ils soient tout à fait secs et fermes. Une once de cette substance, quand elle est pure, suffit pour colorer cent livres de fromage ; c'est ce qu'on en met dans le comté de Gloucester. Dans celui de Chester, le poids d'une guinée et demie d'annotto passe pour être suffisant pour colorer soixante livres de fromage : la manière de l'employer est d'en prendre la quantité que l'on juge convenable, de la tremper dans un bol de lait, et de la frotter sur une pierre douce jusqu'à ce que le lait devienne d'un rouge foncé. Cette portion de lait, ajoutée à celle avec laquelle on doit faire le fromage, lui donne une belle couleur d'un jaune d'orange qui fonce à mesure que le fromage vieillit : cela n'influe ni sur le goût ni sur l'odeur du fromage.

Dans le Cheshire, on emploie l'annotto d'une manière différente : on enveloppe la quantité dont on croit avoir besoin dans un petit morceau de linge, que l'on met dans une demi-pinte d'eau chaude, et que l'on laisse infuser pendant une nuit. Le lendemain matin, avant de faire cailler le lait, on met cette infusion dans le baquet, avec le chiffon qui contient le reste de l'annotto, et on le frotte de temps en temps dans le creux de la main, jusqu'à ce que toute la matière colorante soit fondue et sortie. M. Parkinson indique une manière plus simple de l'employer : « Prenez, dit-il, un morceau d'annotto de la grosseur d'une noisette, mettez-le dans une pinte de lait, la veille au soir du jour où vous devez faire du fromage, cela fondra ; vous ajouterez ce lait à celui avec lequel vous voudrez faire du fromage, en y mettant la présure : cette quantité suffira pour colorer vingt livres de fromage (1). »

_____

(1) Parkinson, *on live stock,* vol. I, p. 62.

CHAPITRE X.

DU CAILLÉ, ET DE LA MANIÈRE DE LE TRAVAILLER OU DE LE CONVERTIR EN FROMAGE.

La bonne saison pour faire le fromage est depuis le commencement de mai jusqu'à la fin de septembre, ou, dans les années favorables, jusqu'au milieu d'octobre. Quoique, dans quelques laiteries importantes, on fasse du fromage pendant toute l'année, celui d'hiver passe pour être d'une qualité inférieure, et pour avoir besoin de plus de temps pour se faire, avant de pouvoir être vendu ou mangé ; cependant on peut faire de très bon fromage en hiver, si l'on a soin de bien nourrir les vaches. Sa bonté dépend presque autant de la manière de le faire que de la qualité des matières qu'on y emploie.

Du caillé.

Deux choses importantes pour la formation du caillé sont le degré de chaleur du lait et la quantité de présure. Quant à la chaleur du lait, M. Marshall est d'avis que quatre-vingt-cinq à quatre-vingt-dix degrés (vingt-deux à vingt-trois centigrades) sont la chaleur convenable, et qu'une à deux heures forment le temps nécessaire à la coagulation ; mais le climat, la saison, le temps qu'il fait, les pâturages obligent quelquefois à s'écarter de ces limites. Par exemple, le lait des vaches qui paissent dans des prairies maigres a besoin, pour se coaguler, d'un plus fort degré de chaleur que le lait des vaches nourries dans de gras pâturages. Quant à la quantité de présure à mettre dans le lait, comme on en a indiqué la proportion dans la section précédente, il suffira d'observer ici qu'il faut se garder de mettre trop de présure, parce que cela fait trop lever le fromage, ou le rend aigre ou trop fort. Le même inconvénient se fera sentir si l'on emploie de la présure gâtée ou trop forte.

. Dans quelques laiteries, on a l'habitude de chauffer le lait sur le feu, pour l'amener au degré de température nécessaire à la formation du caillé ; mais de la sorte le lait est sujet à brûler et à prendre au fond des vases, ce qui donne inévitablement un goût de brûlé au fromage : il est donc préférable de mettre dans le lait une certaine quantité d'eau bouillante, pour lui donner le degré de chaleur voulu pour le faire cailler ; cette chaleur doit être réglée au thermomètre.

Quand il fait très chaud, il arrive souvent que le lait étant très agité dans le pis des vaches, lorsqu'elles courent, ou quand on les amène de loin pour les traire, si on y met alors la présure, au lieu de prendre en une ou deux heures, il faut souvent trois, quatre et jusqu'à cinq heures pour que le fromage se forme, et il est si spongieux, si visqueux, si imparfait sous tous les rapports, que c'est tout au plus s'il vaut la peine d'être mis dans l'éclisse et sous la presse ; et quand il en sort il monte, crève et ne vaut rien. Pour remédier à cet inconvénient, quand on s'aperçoit que les vaches sont échauffées et agitées, ce qui est souvent inévitable pendant la chaleur quand les vaches paissent au loin dans les champs, et quand elles n'ont pas d'eau à leur portée ; dans ce cas, dis-je, il faudra verser un peu d'eau de source bien fraîche dans le lait, au moment où on l'apportera dans la laiterie ; la quantité se règle par l'habitude et par l'emploi du thermomètre. L'effet de l'eau froide est d'accélérer l'action de la présure, et par conséquent la coagulation du lait.

En général, il faut une à deux heures pour que le lait caille ; il faut le tenir couvert, afin qu'il ne perde, pendant cette opération, qu'environ cinq degrés de sa chaleur primitive. Pour accélérer la coagulation du lait, il faut y mettre une ou deux poignées de sel ayant d'y mêler la

présure ; mais dans toute cette opération, il faut avoir
égard à la saison, au temps, enfin à toutes les circonstances qui peuvent rendre plus lente la coagulation du lait.
Du fromage fait avec trop de précipitation est toujours
d'une qualité inférieure.

Conversion du caillé en fromage.

Quand le caillé est bien pris, on le rompt ; on suit
pour cette opération diverses méthodes, mais la manière
suivante paraît être la meilleure. On coupe le caillé en
différens sens avec le couteau à fromage ; le petit-lait sort
par ces incisions, et le caillé s'affaisse plus facilement ;
quelques momens après, on recommence les incisions en
les faisant plus nombreuses que la première fois, et on
recommence d'instant en instant jusqu'à ce que le caillé
soit divisé en très petits morceaux à peu près égaux. Cette
opération demande environ trois quarts d'heure : on recouvre alors le baquet avec un linge, et on le laisse environ autant de temps. Quand le caillé est tombé au fond du
vase, on ôte le petit-lait en le faisant couler ; on laisse
encore le caillé pendant un quart d'heure, pour qu'il se
ressuie et devienne solide, avant de le diviser de nouveau
pour le mettre dans l'éclisse. Ce temps est nécessaire pour
que le gras du caillé (la partie butireuse) ne s'échappe
pas au travers des doigts ; ce qui ôterait de la qualité au
fromage. Quelquefois, pour faire sortir le petit-lait, on
met sur le caillé un rond de bois proportionné à la grandeur du vase, et sur lequel il y a un poids ; on coupe encore
le caillé en différens sens pour faciliter l'extraction du
petit-lait, et on presse de nouveau jusqu'à ce qu'il soit
tout sorti. Il faut mettre beaucoup de soin à cette opération, et si l'on voit quelques petits morceaux de caillé
nager dans le petit-lait, il faut les ôter avec ce liquide,
car ils ne s'incorporeraient plus avec le reste du caillé ;

mais en se fondant dans le reste du fromage ils y forme-
raient des trous remplis de petit-lait, ce qui gâterait beaucoup le fromage, ainsi que nous l'avons déjà dit. Quand
le petit-lait est d'une couleur verdâtre lorsqu'il est séparé
du caillé, c'est la preuve que la coagulation a réussi; mais
quand il est blanc, c'est la preuve que la coagulation est
imparfaite : on peut être sûr alors que le fromage sera
fade, de peu de valeur, et qu'une partie de la matière
caséeuse n'a point été caillée.

Dans les comtés de Norfolk et de Suffolk, les fabricans
de fromage ont une manière différente de séparer le petit-
lait du caillé : quand le lait est coagulé, on le met dans un
tamis adapté sur une espèce de seau, et on l'y laisse pendant quelque temps avant de rompre le caillé. Quand le
caillé a rendu ainsi toute son eau ou petit-lait, on le met
dans deux ou trois vases différens, et on le casse avec la
main par morceaux aussi petits que possible; pendant cette
opération on le saupoudre de sel, que l'on y mêle le
mieux que l'on peut. La proportion de sel n'est pas exactement déterminée, on la règle par l'expérience et l'habitude.

Manière de presser le fromage et de le saler.

Après avoir ainsi rompu et salé le caillé, on étend un
linge sur l'éclisse (1), on y met le caillé, on l'enveloppe
et on le recouvre du même linge; on met dessus un rond

---

(1) Comme il est très nécessaire que le petit-lait soit extrait
jusqu'à la dernière goutte, il faut, comme nous l'avons déjà
dit, que la partie inférieure de l'éclisse soit percée de trous,
pour laisser sortir le petit-lait; et quand les fromages sont
d'une grande dimension, il faut les piquer en différens sens,
par ces trous, avec des brochettes de fer, surtout pendant le
premier jour où les fromages sont en presse : cela facilite l'extraction du restant du petit-lait.

de bois bien uni; on remplit ordinairement l'éclisse jusqu'à la hauteur d'un pouce environ au dessus du bord,
afin que le caillé ne s'affaisse pas au dessous quand tout
le petit-lait est sorti. On met alors à la presse pendant
deux heures; au bout de ce temps, on en retire le fromage
et on le met dans un vase rempli de petit-lait chaud, où
on le laisse pendant une heure ou deux, pour y former
une croûte et la durcir (1). Quand on retire le fromage,
on l'essuie; on le laisse refroidir, et quand il est froid,
on l'enveloppe d'un linge fin et bien sec, et on le met à
la presse pendant six ou huit heures (2).

On retourne alors le fromage une seconde fois,
puis on va le saler dans l'endroit destiné à cet usage,
où on l'enduit de sel de tous côtés; après quoi, on
l'enveloppe dans un autre linge bien sec et plus fin
qu'aucun des deux dont on s'est servi précédemment (3);

---

(1) Cette opération s'appelle *échauder un fromage :* elle est très
nécessaire pour les fromages qui sont destinés à être transportés
au loin par mer; mais pour ceux qui doivent être consommés
dans le pays, il vaut mieux s'en dispenser, parce que cela les
durcit extrêmement à l'extérieur. Quand il arrive que des fromages qui ont été échaudés deviennent trop fermes, le meilleur
moyen pour les faire revenir est d'en mettre cinq ou six en tas
dans un endroit frais, et de les retourner tous les jours jusqu'à
ce qu'ils soient suffisamment amollis.

(2) Dans de petites laiteries où il n'y a pas de presses à fromage, on peut remplacer celles-ci par l'opération suivante : on
a des cercles en bois que l'on place sur des ronds plats aussi en
bois et percés de trous; cette espèce de forme peut aussi être
percée de trous, pour que le petit-lait s'échappe latéralement;
on met sur le caillé un rond semblable à celui qui est dessous;
on le charge d'un poids, et on retourne le fromage deux fois par
jour jusqu'à ce qu'il ait de la consistance.

(3) La raison de ces divers degrés de finesse que l'on recom-
mande dans les linges que l'on emploie à la fabrication du fro-

puis on le remet à la presse pendant douze ou quatorze heures, et s'il ressort du fromage par quelque côté, on a soin d'enlever proprement ce qui en sort ; on met ensuite le fromage sur un rond de bois bien sec, que l'on nomme *planche à fromage,* et on le retourne tous les jours.

Quand le fromage sort de la presse pour être transporté dans l'endroit où l'on sale, il faut le tenir chaudement jusqu'à ce qu'il ait sué ou qu'il soit devenu uniformément sec et ferme ; car c'est la chaleur qui fait le fromage, qui lui donne une bonne couleur, et qui fait que, quand on le coupe, il a cette bonne mine grasse et crémeuse, signe certain de son excellente qualité.

Soins à prendre des fromages qui sont en magasin.

Après que les fromages sont salés et séchés, on les dépose dans le magasin à fromage, qui doit être un endroit sec et bien aéré. Il faut bien se garder de mettre des fromages secs et des fromages mous dans la même pièce ; car l'humidité et la moisissure provenant des derniers s'attacheraient aux autres, les amolliraient et souvent les gâteraient.

Si, malgré tous les soins apportés à la fabrication du fromage, le petit-lait n'avait pas été parfaitement extrait, ou que la présure n'eût pas été bonne, ou que le fromage n'eût pas été suffisamment salé, et si, par l'une ou l'autre de ces causes, le fromage devenait âcre ou trop fort, c'est un mal sans remède ; mais si l'extraction imparfaite du petit-lait faisait seulement lever et enfler un fromage, on aurait à craindre de le voir couler. Pour arrêter cet effet quand il a commencé, il faut mettre le fromage dans un endroit frais et sec et le retourner régulièrement tous

---

mage est pour qu'ils laissent la moindre impression possible sur la surface du fromage.

les jours. Si l'enflure était considérable, il faudrait piquer le fromage des deux côtés avec une brochette de fer, surtout dans les endroits où l'exubérance est le plus prononcée. Quoique cela ne fasse pas rentrer tout à fait un fromage dans sa dimension primitive, cependant les trous que l'on fait au fromage ouvrent un passage au gaz qui s'y trouvait renfermé; ce qui diminue le gonflement et fait disparaître presque entièrement les cavités qui se trouvaient dans le fromage. Un moyen de prévenir cet inconvénient est l'emploi d'une composition de sel de nitre et de bol d'Arménie, que l'on vend sous le nom de *poudre à fromage*. On peut la préparer soi-même en mêlant une livre de salpêtre avec une demi-once de bol d'Arménie; le tout réduit en poudre très fine. Il faut frotter le fromage avec environ deux gros de cette poudre avant de le mettre à la presse pour la seconde et la troisième fois, en étendant la moitié de la quantité ci-dessus de chaque côté du fromage. On fait cela avant que le fromage soit salé, afin que la composition pénètre bien dans l'intérieur. Cette préparation est un astringent très fort, dont l'emploi est quelquefois utile; mais le sel de nitre a l'inconvénient de pouvoir donner au fromage un goût acide : il faudra donc, quand on s'en servira, ne le faire qu'avec beaucoup de précaution.

CHAPITRE XI.

DE QUELQUES FROMAGES ANGLAIS.

Après avoir donné des notions générales sur la manière de fabriquer les fromages en Angleterre, nous allons dire un mot en particulier sur quelques uns des fromages les plus estimés.

Briquetons.

Les fromages *brick-bat* ou *briquetons* tirent leurs noms de la forme qu'on leur donne; on les fait généralement, en septembre, de la manière suivante : prenez deux gallons ou dix pintes de lait nouveau et une pinte un quart de bonne crême, que l'on a élevée à la température du lait ; mettez deux ou trois cuillerées de présure ; laissez cailler pendant au moins deux heures et même davantage, jusqu'à ce que le petit-lait ait pris une teinte verdâtre. Quand le caillé est bien formé, rompez-le et mettez-le dans des moules de bois en forme de brique ; pressez ensuite un peu et faites sécher. Ces fromages ne sont bons à manger qu'au bout d'un an.

On fabrique principalement les briquetons dans le Wiltshire ; on leur donne aussi des formes de lapins, de lièvres, de dauphins, etc.

Fromage de Cheshire (1).

Après que l'on a trait les vaches, on passe le lait au tamis et on le verse dans un réfrigérant (2), d'où il passe dans les terrines : le réfrigérant est ensuite rempli de nouveau ; quelquefois cependant les réfrigérans sont assez grands pour contenir tout le lait d'une traite. Il est nécessaire de refroidir promptement, pour empêcher que le lait ne s'aigrisse quand on garde la traite de la veille pour en employer deux ensemble ; mais cela n'est utile que pendant l'été.

Dans une ferme qui nourrit vingt-cinq vaches, on peut faire chaque jour, pendant les mois de mai, juin et juillet, un fromage de soixante livres.

---

(1) Voyez aussi, tome VII, page 307 des *Annales de l'Agriculture française*, une traduction de M. Cavoleau sur la manière de fabriquer ce fromage.

(2) Le réfrigérant est un vase de plomb d'environ neuf pouces de profondeur, cinq pieds de long sur deux et demi de large, placé sur des pieds comme une table, avec un bouchon ou un robinet pour écouler le lait. Il est à regretter qu'un métal aussi pernicieux que le plomb soit employé à cet usage.

On garde le lait de la traite du soir sans y toucher jusqu'au lendemain matin : alors on lève la crême et on la fait chauffer au bain-Marie ; ensuite on fait chauffer de la même manière un tiers du lait, qu'on amène à la température de lait qu'on viendrait de traire. Cette besogne est faite par une personne qui ne se mêle pas de la traite des vaches, qu'on fait en même temps.

On met ensemble dans un large baquet le lait tout chaud de la traite du matin, la partie de celui de la traite du soir, qu'on a fait chauffer, et la crême qu'on a enlevée de la traite du soir ; on y ajoute la portion de présure nécessaire pour coaguler le lait et que l'on avait mise la veille au soir dans de l'eau tiède. Si l'on se sert d'annotto pour colorer le fromage, on le délaie et on le mêle bien au lait en remuant : on en fait de même du jus de carotte ou de la décoction de fleur de souci, si c'est avec cela que l'on colore. Au bout d'une demi-heure, ou lorsque le caillé est formé, on le retourne avec une espèce de bol pour le séparer du petit-lait, et on le met ensuite en petits morceaux avec la main et le bol. En peu de temps le petit-lait se sépare ; on l'ôte, et le caillé tombe au fond. On rassemble alors le caillé dans une partie du baquet séparée par une rainure (1), et on met dessus une planche, que l'on charge d'un poids de soixante à cent et même cent vingts livres pour faire sortir le petit-lait. A mesure que le caillé prend de la consistance, on le divise à plusieurs reprises et assez fin pour qu'il n'y reste pas du tout de petit-lait ; puis on le charge de poids comme auparavant. Ces différentes opérations demandent environ une heure et demie ; au bout de ce temps, on retire le caillé du baquet ; on le divise en très petits morceaux

(1) The curd is then collected into a part of the tub, wich has a slip, or loose board, to cross the diameter of its bottom, for the sole purpose of separating them.

avec la main ; on le sale de la manière que nous avons déjà décrite, et on le met dans l'éclisse, sur laquelle, pour la rendre plus profonde, on a adapté un cerclé d'étain où de fer-blanc, de trois pouces environ de haut, dont le bord inférieur s'adapte au bord de l'éclisse. On presse fortement le caillé, d'abord avec la main, puis avec un rond de bois plat, chargé de poids. Des brochettes de bois sont enfoncées dans le fromage et retirées souvent. On sort ensuite le fromage de l'éclisse en le renversant dans un linge ; on le remet dans une autre éclisse ou dans la même, en ayant soin de la bien échauder. Alors on divise et on remue avec la main toute la partie devenue supérieure, jusqu'au milieu ; on la sale, on la couvre, on la charge de poids, et on y passe des brochettes de bois comme auparavant, pour en bien extraire tout le petit-lait. Cela fait, on renverse encore le fromage, après l'avoir enveloppé d'un linge, dans une autre éclisse échaudée comme la précédente. Un cercle d'étain est placé sur la partie supérieure du fromage, entre lui et l'éclisse, et sert à maintenir entre l'éclisse et le fromage les pointes et les bords du linge qui enveloppe le fromage.

Le linge dont on se sert pour cela est long d'une aune et demie (l'aune anglaise n'a que trois pieds anglais), et large d'une aune ; on le place de manière à ce qu'un bout soit au bord de l'éclisse, que l'autre bout revienne couvrir tout le fromage, et qu'au moyen du cercle d'étain on renfonce les pointes entre le fromage et l'éclisse.

Ces diverses opérations demandent à peu près depuis sept heures du matin jusqu'à une heure de l'après-midi ; il faudra ensuite huit heures pour presser le fromage : pour cela, on le met sous une presse du poids de quinze cents à deux mille, et autour de l'éclisse on pique de temps en temps des brochettes de fer très fines. Quand le fromage est resté à la presse pendant quatre heures, il faut le retourner, puis encore le presser quatre heures, en continuant de le piquer de temps en temps avec des brochettes. Le lendemain matin, il faut le retourner et le presser de nouveau et aussi le soir; vers le milieu du jour suivant, on le passe dans l'endroit où l'on sale.

Il y a deux manières de saler des fromages. Voici la première : aussitôt qu'un fromage sort de la presse, on le met dans une éclisse, enveloppé d'un linge fin, et on le plonge dans une saumure, où il reste plusieurs jours, pendant lesquels on a soin de le retourner au moins une fois par jour. Voici la seconde : pendant trois jours consécutifs, on sale le fromage sur toutes les faces chaque fois qu'on le retourne; pendant ce temps, on change deux fois le linge sur lequel il est. Après l'une ou l'autre de ces deux opérations, on retire le fromage de l'éclisse, on le place sur la planche à saler, et tous les jours on frotte de sel la superficie pendant huit ou dix jours. Si le fromage est gros, on l'entoure de cerceaux de bois ou d'un linge très clair pour l'empêcher de se fendre et de couler; ensuite on le lave dans de l'eau chaude ou dans du petit-lait chaud. On l'essuie dans un linge, et on le met sur la planche à sécher, où il reste une semaine; après quoi, on le transporte dans le magasin. La plus grande quantité de sel que l'on puisse employer pour un fromage de soixante livres est à peu près trois livres; mais ce que l'on n'a jamais évalué au juste, c'est la quantité de ce sel qui entre et demeure dans le fromage.

Il ne reste plus maintenant qu'à déposer les fromages dans le magasin : là, on les frotte de beurre frais et on les met sur le plancher ou sur des planches arrangées exprès. Pendant les dix ou quinze premiers jours, on les essuie bien tous les matins; de temps en temps on les frotte de beurre, et aussi long-temps qu'ils restent dans cet endroit on les retourne tous les jours. Généralement on les essuie trois fois par semaine pendant l'été, et deux fois pendant l'hiver. La température d'un magasin à fromage doit être modérément chaude; mais il ne faut pas que le moindre vent y pénètre, parce que cela pourrait faire fendre les fromages (1).

Fromage de Dunlop, comté d'Ayr.

On en fait d'également bons et en bien plus grande quantité dans les paroisses environnantes. Ces fromages sont de diverses grosseurs, depuis vingt jusqu'à soixante livres.

Dans le district où l'on fait le fromage de Dunlop, les vaches sont petites; elles ne pèsent que de trois à cinq cents, et l'on fait une attention particulière à leur race (2). On les nourrit dans des enclos, et depuis mai jusqu'en octobre elles ne sont jamais à l'abri, excepté pendant qu'on les trait. Le meilleur fromage sort de chez les fermiers qui ont au moins douze vaches, et qui peuvent faire un fromage chaque jour avec le lait frais trait le matin, et avec la traite du soir précédent.

La manière de faire ce fromage est très simple : après qu'on a amené autant que possible le lait de la veille à la chaleur de lait fraîchement trait (3), on le verse dans un grand vase; on y met la présure et on couvre. Quand il est coagulé (ce qui, lorsque la présure est bonne, doit

---

(1) Holland, *Rapport sur l'état de l'agriculture dans le Cheshire*, pag. 263 et 285.

(2) L'espèce des vaches de Dunlop est le produit de vaches d'Alderney et de taureaux de Fifeshire. Quoique petites, elles sont excellentes pour la laiterie, donnant une grande abondance de très bon lait. On les trait ordinairement deux fois par jour, le matin et le soir à six heures.

(3) On dit qu'en été quatre-vingt-dix degrés (Fahrenheit) suffisent, mais qu'en hiver il faut une plus forte chaleur.

être au bout de dix ou douze minutes), on remue doucement le caillé. Le petit-lait commence alors à se séparer; on le retire à mesure jusqu'à ce que le caillé ait
pris de la consistance : on le met alors dans un égouttoir
dont le fond est percé de petits trous, et on met dessus
un rond de bois avec un poids. Après que le caillé est resté
quelque temps dans cet égouttoir, et qu'il est à peu près
privé du petit-lait, on le remet dans le baquet, où on le coupe
en très petits morceaux avec une espèce de couteau à trois
ou quatre lames, et on le sale en mêlant bien le sel au caillé
avec la main. On le met ensuite dans une éclisse avec un
linge entre le caillé et l'éclisse; on le place sous la presse(1),
d'où on retire souvent le fromage pour changer le linge.
Quand il est certain qu'il ne reste plus de petit-lait, on
retire le fromage de l'éclisse, et on le met sur des planches de la largeur du fromage, ou sur le plancher; on
retourne souvent les fromages; on les frotte avec un linge
neuf et grossier, pour empêcher les mites de s'y mettre.
On ne colore pas le fromage de Dunlop (2).

Fromage de Gloucester.

On en consomme chaque année une quantité considérable; il est d'un goût agréable et doux, qui plaît à
presque tout le monde. Il y en a de deux espèces, de
double et de simple. Le bon double fromage de Gloucester se fait toujours avec du lait frais, ou (comme disent

(1) La presse à fromage dont on se sert dans l'Ayrshire est
d'une forme différente de celles que l'on voit dans les autres
parties de l'Angleterre. Elle est composée d'une grosse pierre
de forme cubique, du poids de mille à deux mille, enchâssée dans
du bois, et que l'on fait monter et descendre par le moyen d'une
vis en fer.
(2) Le *Magasin du Fermier,* vol. IV, page 381.

les habitans de ce comté et des environs) avec du lait couvert. La sorte inférieure se fait avec ce qu'on appelle le lait demi-couvert, et ceux de cette espèce qui se trouvent d'une bonté extraordinaire se vendent pour être de la première qualité. Les fabricans de bonne foi mettent l'empreinte d'un cœur sur les fromages de seconde qualité, afin qu'on puisse les reconnaître (1).

La saison où l'on fait le fromage de Gloucester est depuis avril jusqu'en novembre; mais pour faire les fromages épais ou doubles, la bonne saison est pendant les mois de mai, de juin et le commencement de juillet : ceux que l'on ferait plus tard dans l'été n'acquerraient pas le degré de fermeté nécessaire pour être vendus au printemps suivant (2).

Quand on fait un fromage à chaque traite (ce qui est toujours préférable quand on a assez de vaches pour cela), on verse le lait dans un baquet aussitôt qu'il est tiré; mais comme on pense qu'en été il est trop chaud, on le baisse au degré voulu, en y mêlant un peu de lait écrémé ou de l'eau froide. Aussitôt que le caillé est formé, on le coupe, dans la vallée de Berkeley, avec un couteau à deux ou trois lames, et on le rompt aussi avec les mains, afin de mieux faire sortir le petit-lait. L'opération se fait de la manière suivante :

On passe le couteau aussi profondément qu'il peut atteindre, deux ou trois fois au travers du caillé, et autant autour. Cinq ou dix minutes après, on recommence, et cette fois on coupe en tous sens jusqu'à ce que la superficie du caillé soit divisée en un nombre infini de petits morceaux; ensuite on retourne le caillé avec un plat que l'on tient de la main gauche, et tandis qu'il flotte en gros

---

(1) *Journal de Bath,* vol. III, page 147.
(2) Marshall, *Economie rurale de Gloucestershire,* vol. I, page 288; vol. II, page 109.

morceaux au dessus du petit-lait, on le coupe de la main droite avec le couteau. On continue à remuer et à couper le caillé jusqu'à ce qu'on n'en voie plus un morceau plus gros qu'un pois. On laisse ensuite reposer pendant une demi-heure; ce temps suffit pour que le caillé tombe au fond. On retire le petit-lait, que l'on passe au tamis, pour ne pas perdre les petits morceaux de caillé qui s'y trouvent, et que l'on réunit à la masse.

La plus grande partie du petit-lait étant ôtée, on ramasse le caillé d'un côté du baquet, et on le presse avec la main et avec le fond du plat. On coupe avec un couteau ordinaire les masses qui se forment, à mesure, et à plusieurs reprises, pour en faire sortir le plus de petit-lait possible. Quand tout le caillé est ainsi coupé et bien rassemblé, on ôte ce qu'il y a encore de petit-lait, que l'on passe aussi au tamis.

Le caillé se trouvant ainsi dégagé de la plus grande partie du petit-lait, on le met dans une éclisse; on l'y presse bien avec les mains, et on l'entasse au milieu, jusqu'au dessus du bord. On jette un linge dessus, que l'on attache autour, et on met l'éclisse ainsi arrangée à la presse, pour en faire sortir ce qui reste de petit-lait. Quand il est resté dix ou quinze minutes sous la presse, on remet le caillé dans le baquet, où on le rompt avec les mains en aussi petits morceaux que possible, et avec le couteau on le coupe encore en plus petits morceaux.

Alors on verse sur le caillé ainsi préparé une mixtion d'eau bouillante et de petit-lait, dans la proportion de trois quarts d'eau et d'un quart de petit-lait. Le degré de chaleur et la quantité de la mixtion se règlent d'après la quantité et la qualité du caillé. S'il est mou, on l'échaude avec du liquide bouillant; s'il est ferme, on verse dessus le liquide moins chaud. En général, on verse sur le caillé un seau ou davantage si cette quantité n'était pas suffisante pour qu'il nageât, et l'on remue très vite pour bien mêler le caillé avec l'eau et le petit-lait. Que le liquide soit plus ou moins chaud, on appelle toujours cela échauder le caillé. M. Marshall dit que c'est de la manière dont une fille de laiterie du Gloucestershire fait cette opération que dépend son habileté; car on peut par là réparer les fautes que l'on aurait commises dans les opérations précédentes. S'il arrive, par exemple, que le caillé soit trop mou ou trop ferme, on le ramène au point que l'on désire, par le degré de chaleur du liquide avec lequel on échaude.

La longueur du temps pendant lequel on laisse le caillé dans l'eau et le petit-lait varie suivant les laiteries. Dans quelques unes, c'est de dix à quinze minutes; dans d'autres, une demi-heure; mais, en général, quand on voit que le caillé tombe au fond, on retire l'eau et le petit-lait; on place une éclisse sur une claie à fromage placée en travers du baquet, et on y met le caillé de la manière suivante :

Une personne prend le caillé dans le baquet et en écrase avec soin tous les morceaux, en secouant le petit-lait et le faisant sortir autant que possible; une autre range ce caillé dans l'éclisse, et toutes deux le pressent fortement avec les mains pour en faire sortir l'eau autant que possible; on incline l'éclisse de temps en temps pour que l'eau s'écoule. Quand l'éclisse est à moitié pleine, on saupoudre le caillé d'une once de sel, que l'on y fait entrer le mieux possible; on achève ensuite d'emplir l'éclisse, dont on retourne deux ou trois fois le contenu, que l'on prend soin d'arrondir à chaque fois. On étend ensuite un linge sur l'éclisse, on y renverse le fromage; puis on lave l'éclisse, ou plutôt on la trempe dans le petit-lait, et l'on y remet le fromage avec le linge sur lequel il était; on prend les coins du linge; on les tire de manière à arrondir le fromage, à le faire monter au dessus du bord de l'éclisse, et à l'en envelopper entièremènt; puis le fromage ainsi arrangé dans l'éclisse est mis sous la presse.

Il est digne de remarque que, dans les laiteries du Gloucestershire, quel que soit le nombre des éclisses que l'on emploie, il n'y a jamais qu'un rond à fromage, parce que la face externe du fond des éclisses est si unie, que chaque fond sert de rond à fromage pour le fromage sur lequel il est placé : il n'y a donc jamais besoin que d'un rond pour mettre sur la dernière éclisse. On ne se sert pas non plus, dans ce comté, des planches à appuyer que l'on emploie ailleurs pour faire sortir le petit-lait. Les éclisses sont faites de manière que l'on sait par expérience qu'elles seront juste pleines quand le fromage sera suffisamment pressé.

Dans les environs de la ville de Gloucester, quand, après avoir rempli les éclisses, il reste beaucoup de caillé, quatre à cinq livres, par exemple, on en fait un petit fromage, que l'on envoie au marché de Gloucester, où l'on en trouve aisément le débit quand il a de trois semaines à deux mois. Dans les endroits où l'on n'a pas cette habitude, ou lorsqu'on a trop peu de caillé, on le presse pour en faire sortir le petit-lait; et lorsqu'il est aussi sec que possible, on le conserve de différentes manières. M. Marshall dit que, dans la vallée haute du Gloucester, on met ce caillé dans un vase de terre; qu'on le couvre d'eau froide; que, le lendemain matin, on l'échaude deux ou trois fois; qu'on le met en morceaux aussi petits que possible, et qu'on le mêle au caillé frais, ou, ce qui est moins bien, on le met au milieu d'un fromage. Quoi qu'il en soit, ces deux méthodes sont mauvaises : dans le dernier cas, cela forme au milieu d'un fromage une partie sèche, dure, sans goût, et qui s'émiette. Dans le second cas, un résultat moins visible, mais également défavorable, a lieu, même lorsque l'ancien caillé est aussi bien que possible mêlé au nouveau, les particules de cet ancien caillé se *font* plus tôt que le nouveau, ce qui nuit à la mine et au goût du fromage. Le mieux, quand il reste une petite quantité de caillé, c'est d'en faire de petits fromages pour la consommation de la maison.

Quand le caillé, dans l'éclisse, est resté deux ou trois heures à la presse, on le retire; on ôte et on lave le linge; puis on remet le caillé dans le même linge et dans la même éclisse; on arrange le linge comme la première fois, et on remet à la presse. Le soir, entre cinq et six heures, on retire de nouveau le fromage de la presse, et on le sale de la manière suivante : on abat les angles du fromage s'il est nécessaire; on place le fromage sur l'éclisse renversée, et on frotte une poignée de sel sur les côtés, en en laissant autant qu'il en peut rester. On frotte une autre poignée de sel sur le dessus du fromage, en en faisant entrer autant que possible, puis on le retourne; on le met alors à nu dans l'éclisse, c'est à dire sans linge; on frotte de sel l'autre côté, et on le remet à la presse. On l'y laisse tout le jour suivant, en le retournant dans l'éclisse matin et soir, et le matin du troisième jour on l'ôte pour la dernière fois de la presse et on le place sur une planche de la laiterie. Chaque fromage reste donc quarante-huit heures à la presse.

Pendant que les fromages restent sur les planches, on les retourne tous les jours ou tous les deux ou trois jours, suivant le temps qu'il fait ou le jugement du fabricant. Si le temps est bas et humide, on donne autant d'air que possible à la laiterie; si, au contraire, l'air est sec et vif, on en tient la fenêtre et la porte soigneusement fermées.

Quand les fromages sont restés environ dix jours dans la laiterie, on les nettoie, c'est à dire qu'on les lave et qu'on les gratte. On les plonge dans un baquet de petit-lait froid, qui est placé par terre dans la laiterie; on les y laisse pendant une heure ou même plus long-temps, jusqu'à ce que la croûte s'amollisse. On les retire ensuite avec soin un à un; on les gratte avec un couteau qui coupe peu, afin d'enlever les marques du linge et les autres aspérités sans attaquer la croûte intérieure, et pour lui donner un beau poli. Après les avoir lavés de nouveau dans du petit-lait et les avoir essuyés avec un linge, on les met en piles comme des briques, à la fenêtre de la laiterie ou dans quelque autre endroit aéré, jusqu'à ce qu'ils soient tout à fait secs, puis on les porte au magasin. Cette méthode de nettoyer les fromages est celle que l'on suit dans la vallée de Gloucester; mais dans quelques laiteries de la vallée de Berkeley, on se sert d'eau, au lieu de petit-lait, pour laver, et on la fait tiédir en automne. On dit que de l'eau chaude ne vaudrait rien, parce que cela attendrirait trop la croûte du fromage.

Il est digne de remarque qu'en lavant des fromages on peut s'assurer de leur fermeté et de leur solidité par leur pesanteur spécifique; car s'ils tombent au fond, c'est la preuve qu'ils sont d'une pâte ferme et serrée; s'ils surnagent, c'est qu'ils sont enflés, c'est à dire poreux et creux dans le milieu. M. Marshall observe que c'est une manière aussi sûre que simple et facile de s'assurer de la qualité d'un fromage.

On gouverne les fromages qui sont au magasin avec autant de soin et d'attention que nous avons vu qu'on en mettait aux opérations précédentes.

Dans quelques laiteries, le plancher du magasin ou grenier à fromages est seulement balayé et frotté avec un linge; mais en général on frotte les planches de ces endroits avec des tiges de fèves de marais, ou de pommes de terre, ou d'autres herbages verts et mous, jusqu'à ce qu'elles soient d'un noir brillant. S'il paraît quelque salissure ou tache sur les planches, aussitôt on frotte et on nettoie tout le plancher; on y place les fromages régulièrement par rangs; on les retourne deux ou trois fois par semaine, et on les essuie très rudement avec un linge, une fois par semaine dans la vallée de Gloucester, une fois tous les quinze jours dans la vallée de Berkeley. On balaie le plancher, et on le frotte avec des herbes fraîches une fois tous les quinze jours. Cette préparation que l'on donne au plancher est pour faire venir au fromage ce qu'on appelle *la chemise bleue* (1). On dit que cela entretient aussi la souplesse de la croûte, l'empêche de se fendre, tue les mites, ou du moins prévient leurs ravages. C'est pour cela que l'on ne retourne pas les fromages trop fréquemment; car la chemise bleue ne se formera qu'en proportion du temps qu'un fromage restera sur le même côté; mais si on les y laisse trop long-temps, ils seront sujets à s'attacher au plancher, ce qui nécessairement les gâte. S'il arrive, par accident ou autrement, que la chemise bleue ne vienne sur un fromage que partiellement et par places, on le gratte; mais M. Marshall dit que cela arrive rarement dans les cantons fertiles. Tout ce qu'il y a à faire, comme nous l'avons déjà dit, est de retourner les fromages deux fois par semaine, d'en frotter les bords, et de donner une préparation au plancher tous les quinze jours. Si la chambre à fromage n'était pas assez grande pour y ranger tous les fromages un à un, il faut mettre les plus anciens les uns sur les autres; on peut en empiler jusqu'à trois et même quatre rangs (2).

Le *fromage de sauge* ou *fromage vert* se fait de la manière suivante : on met le soir, dans une certaine quantité

(1) Dans le Gloucestershire, aussi bien que dans le comté de Norfolk, on entend par la chemise bleue cette bonne mine que prennent les fromages en magasin; ce qui est une preuve de leur bonne qualité et du talent de la fille de laiterie qui les a faits.

(2) Marshall, *Economie rurale du Gloucestershire*, vol. I, pag. 288 et 312; vol. II, pag. 108 et 130.

de lait, de la sauge, moitié autant de feuilles de fleur de souci, et un peu de persil, le tout haché; le lendemain matin, on passe ce lait, et on le mêle avec environ un tiers de la quantité totale de lait qu'on destine à faire du fromage. On fait cailler ce lait vert, et l'autre, chacun séparément; on ne réunit ces deux caillés qu'en les mettant dans l'éclisse. On peut les mettre par couches régulières, ou les mêler tout à fait suivant la volonté du fabricant; on fait du reste ce fromage comme le fromage ordinaire; on en fabrique dans la vallée de Gloucester et dans le Wiltshire. Deux poignées de sauge, une de souci et une de persil, préparées comme nous l'avons dit, suffisent pour un fromage de dix à douze livres (1).

Fromage de Norfolk.

Le système de fabrication du fromage adopté dans cette fertile contrée a été décrit particulièrement par M. Marshall, qui a donné le détail de la méthode suivie dans sa propre laiterie; méthode si excellente, que nous nous faisons un plaisir de la communiquer au lecteur.

Aussitôt que le caillé est formé, et qu'il a assez de consistance pour se séparer du petit-lait, la fille de laiterie relève ses manches, plonge ses mains jusqu'au fond du vase, et avec une cuiller de bois remue vivement le caillé et le petit-lait; ensuite elle quitte la cuiller, et par le mouvement circulaire de ses bras et de ses mains elle agite violemment le tout, ayant soin de diviser, avec ses doigts, jusqu'au moindre morceau de caillé, afin qu'il n'en reste pas un morceau de la grosseur d'une noisette, ou afin qu'il ne reste de petit-lait dans aucune partie du caillé; partie qui en peu de jours deviendrait d'a-

(1) Marshall, *Economie rurale du Gloucestershire*, vol. I, page 309, note.

bord livide, semblable à la gelée, puis se gâterait. L'opération que nous venons de décrire doit se faire en cinq ou dix minutes, ou, s'il y a beaucoup de caillé, en un quart d'heure.

Peu de minutes suffisent pour que le caillé tombe au fond, et que le petit-lait soit clair à la superficie. La fille de laiterie ôte ce petit-lait avec son écuelle de bois, et le met dans un seau, d'où on le verse dans les vases, où il doit rester pour que la crême monte, et qu'on la lève pour faire du beurre de petit-lait (1). Après avoir ôté autant de petit-lait que possible, on étend un linge, au travers duquel on passe le petit-lait, et on remet dans le baquet le caillé qui se trouve dans le linge; quand on a ôté tout le petit-lait qu'on a pu faire sortir, en pressant le caillé avec la main et avec le fond de l'écuelle, on coupe le caillé en petits morceaux carrés d'environ deux ou trois pouces, ce qui fait sortir encore du petit-lait, et donne plus de facilité pour ôter le caillé du baquet et le mettre dans l'éclisse, où on l'écrase.

On choisit ensuite une ou plusieurs éclisses, suivant la quantité du caillé, de manière à ce que le fromage, quand il aura été bien pressé, remplisse juste les éclisses. On étend un linge sur l'éclisse; on y écrase le caillé en le pressant et le secouant avec les deux mains, et quand l'éclisse est remplie bien au dessus du bord, on ramène le linge sur le caillé pour qu'il se trouve bien couvert, et on met à la presse.

En automne, lorsque le temps est humide et froid, on échaude le caillé pour que le fromage se fasse plus vite, c'est à dire qu'il soit plus tôt vendable, et aussi pour empêcher qu'il ne s'y forme une croûte blanche laineuse.

L'opération d'échauder se fait de la manière suivante :

_____

(1) Voyez la manière de faire le beurre de petit-lait, ci-devant décrite.

si le fromage est de lait frais, on verse l'eau bouillante (c'est à dire un mélange d'eau et d'une petite portion de petit-lait amené à l'ébullition) sur le caillé, quand il est entassé au fond du baquet; mais si l'on fait son fromage avec du lait écrémé, ou quelque autre espèce de lait de qualité inférieure, on n'échaude qu'à l'extérieur; c'est à dire qu'après que le caillé est dans l'éclisse, on jette de l'eau bouillante, d'abord sur un côté, puis on retourne le fromage et on l'échaude de l'autre côté.

Supposons, dit M. Marshall, qu'on mette le caillé dans l'éclisse le lundi à sept heures du matin, on le retire entre huit et neuf heures; on lave le linge et on remet le tout immédiatement dans l'éclisse; le lundi au soir, on sale, et s'il est besoin on le racle un peu, puis on met dans un linge sec et l'on remet à la presse. Le mardi matin, on ôte le linge, et l'on met à nu dans l'éclisse, c'est à dire sans linge, ou, si l'on veut, dans un nouveau linge; dans l'un ou l'autre cas, le fromage, ayant été retourné, est remis à la presse. Le mardi au soir, on le retourne encore, et le mercredi matin, on le retire définitivement de l'éclisse et de la presse.

Aussitôt que les fromages ont acquis assez de fermeté pour pouvoir être maniés, on les brosse avec un balai à main, et on les trempe fréquemment dans du petit-lait; quand ils sont à peu près secs, on les frotte avec un linge sur lequel on a étendu du beurre frais. Ainsi, les fromages sont lavés, brossés, essuyés, frottés et retournés tous les jours pendant plusieurs semaines, jusqu'à ce qu'ils soient bien lisses, qu'ils aient pris une belle teinte dorée, et que la chemise bleue commence à paraître. Ceci dépend de l'âge et de la qualité du fromage, et aussi du temps qu'il fait : on ne peut donc pas dire pendant combien de temps il faudra frotter les fromages. Quelquefois la chemise bleue paraît avant la fin du premier mois, quelquefois ce n'est qu'au bout de deux ou trois mois, et il faut brosser et frotter régulièrement les fromages jusqu'à ce qu'ils soient bien unis, et en attendrir la croûte avec du beurre, de peur qu'elle ne devienne sèche et dure (1).

Le *fromage mou,* ou *fromage sans croûte,* se fait de la manière suivante : prenez sept à huit pintes de lait chaud de vache, le lait dernier trait sera le meilleur ; mettez-y deux cuillerées de présure ; laissez prendre pendant trois quarts d'heure, ou jusqu'à ce que le caillé soit bien formé : mettez-le dans une éclisse avec une cuiller sans le casser, en l'appuyant sur un rond de bois ; pressez avec un poids de quatre livres, et si cela était trop lourd et devait faire le fromage trop ferme, mettez un poids plus léger ; retournez et mettez dans un linge sec toutes les heures. Quand ce fromage a pris de la consistance, il faut le mettre sur de l'herbe ou sur des feuilles fraîches, et le changer tous les jours. Il sera bon à manger au bout de dix ou quinze jours, plus tôt même si le temps est chaud. Quelques personnes font ces fromages dans des clayons au lieu d'éclisses ; mais à moins qu'on ne les porte dedans au marché, les éclisses sont préférables. La quantité de lait nécessaire pour faire une livre de beurre fait en général deux livres de fromage.

Fromage de Stilton.

Le *fromage de Stilton,* que l'on nomme le *parmesan* de l'Angleterre, à cause de sa saveur et de sa bonté, se fait de la manière suivante : on mêle la crème du lait de la veille au soir au lait de la traite du matin, et l'on y met de la présure : quand le caillé est formé, on ne l'écrase pas comme pour faire d'autre fromage ; mais on le met entier dans un tamis, où il égoutte. Quand il a égoutté, on le presse doucement, jusqu'à ce qu'il devienne ferme :

---

(1) Marshall, *Economie rurale du Norfolk,* vol. II, pag. 220 et 226.

alors on le met dans une éclisse ou espéce de boîte; ce fromage est si crémeux, que, sans cette précaution, il se fendrait et coulerait : ensuite on le met sur des ronds de bois sec; et on l'entoure de bandes de linge, que l'on serre toutes les fois que cela est utile; on le retourne tous les jours. Quand il a assez de consistance, on ôte le linge qui l'enveloppait, on le brosse tous les jours pendant deux ou trois mois, et si le temps est humide, deux fois par jour. On pratique même cette opération sur l'une et l'autre face du fromage, avant que les linges qui entourent les côtés soient ôtés.

Les fromages de Stilton tirent leur nom de la ville où ils sont exclusivement vendus ; on les fabrique principalement dans le Leicestershire, quoique l'on en fasse aussi dans les comtés de Huntingdon, Rutland et Northampton. Dans quelques endroits, on fait ces fromages dans des moules qui ont la forme du chou, ce qui leur en donne la figure; mais ils ne sont ni aussi bons ni aussi savoureux que ceux faits dans des éclisses; ils ont aussi la croûte plus épaisse et n'ont pas ce moelleux qui fait que les autres sont si recherchés (1). Les fromages de Stilton passent pour n'être bons à manger qu'au bout de deux ans; ils ne sont vendables que lorsqu'ils ont l'air de se gâter, qu'ils sont bleus et moites. Il y a beaucoup d'endroits où, pour les faire plus rapidement, on les met dans des baquets, que l'on couvre de fumier de cheval. On dit aussi que, pour accélérer la maturité de ce fromage, on mêle, en le faisant, du vin au caillé.

Le *fromage de Suffolk* ou *fromage écrémé* se fait avec du lait écrémé, et tire son nom du comté où il se fabrique principalement : du reste, il se fait par les mêmes procédés généraux que nous avons indiqués.

_____

(1) *Journal de Bath*, vol. III, pag. 152 et 153.

Les fromages écrémés font toujours partie des provisions des vaisseaux, parce qu'ils supportent mieux la chaleur que les fromages gras, et qu'ils sont moins sujets à se gâter pendant de longs voyages. Les fromages écrémés doivent être tenus chaudement, tant qu'ils sont nouveaux, et au frais quand ils sont anciens. Quoique peu d'art soit nécessaire pour la fabrication de ces fromages, il y en a dont la qualité est très différente les uns des autres, et cela dépend du degré de soin qu'on a mis à les faire.

La manière de nettoyer et soigner ces fromages varie suivant les laiteries. Dans quelques unes, on essuie seulement les bords des fromages faits l'été ; la chemise bleue se forme bientôt et couvre la croûte : dans d'autres, on les gratte, ou on les lave et les brosse sans les gratter. Des planches sur lesquelles on les a placés d'abord, on les transporte dans le magasin ou grenier, où on les dépose sur le plancher, que l'on a bien nettoyé en le frottant avec des torchons, mais que l'on n'a pas frotté avec des feuilles ou des herbes, excepté dans les endroits où l'on doit déposer les fromages volumineux et anciens ; car cette opération de frotter le plancher avec des herbes sert à détruire les mites, qui souvent abîment les fromages avant qu'ils soient assez faits pour être portés au marché. Ce que l'on emploie principalement dans ce cas, ce sont des feuilles de sureau (1).

L'ouvrage anglais est terminé par la description de la manière de fabriquer quelques fromages étrangers ; nous avons supprimé cette fin, parce que la fabrication de ces fromages est bien mieux décrite dans les mémoires qui suivent.

(1) Marshall, *Economie rurale du Gloucestershire*, vol. II, pag. 161 et 179. (Cette citation et les précédentes se rapportent aux ouvrages originaux anglais et non à la traduction française des œuvres de Marshall.)

DEUXIÈME MÉMOIRE.

FROMAGE DE HOLLANDE;

●

Par DESMARETS.

Le fromage qui ressemble le plus aux différens fromages d'Angleterre est, sans contredit, le fromage de Hollande; il est d'une excellente garde, supporte très bien la mer, et sous ce rapport c'est un de ceux dont les marins aisés font le plus de consommation ; son goût délicat le fait servir en même temps sur les tables des plus riches citadins : ce doit donc être un de ceux dont la fabrication sera la plus avantageuse. La description que nous donnons de la manière de le fabriquer est due à feu Desmarets, membre de l'Institut; elle est extraite de l'*Encyclopédie méthodique*, *Arts et Métiers*, *Mécanique*, t. 3e. C'est Desmarets que nous laissons parler.

En 1768, je visitai une laiterie située à l'extrémité du beau village de Brook, sur le chemin d'Amsterdam à Edam, et j'y observai les principaux procédés de la méthode qu'on y suivait, pour faire les fromages connus en France sous le nom de *fromages de Hollande*. Ce sont ces manipulations que je vais décrire ici.

On commence par tirer le lait et le couler à l'ordinaire. Le couloir dont on fait usage est un plat creux, percé par le fond, et garni d'un tamis de crin : on dépose ensuite le lait dans une grande tinette ; puis on y met la présure (préparée comme nous l'avons dit ailleurs), et on le laisse prendre. Lorsqu'il est bien caillé, on le rassemble en une seule masse, et on en dégage le petit-lait le plus qu'il est possible ; c'est cette masse de caillé réunie qu'on emploie aussitôt à faire le fromage.

On prend une certaine quantité de caillé, qu'on met dans une écuelle percée de trous comme une passoire ; on la pétrit en la pressant fortement, on en exprime ce qui peut rester de petit-lait : en même temps une certaine quantité de crême, entraînée par le petit-lait, s'échappe à travers les trous de l'écuelle. Cette crême est tellement abondante dans le caillé, que lorsqu'on le rompt, on en voit plusieurs filets qui en découlent ; et quoique la pâte ait été pétrie avec soin, on aperçoit encore la crême, distribuée par veines blanches au milieu des fromages lorsqu'ils ont reçu toutes ces préparations : c'est une marque non équivoque que le lait dont ils ont été faits était fort gras.

A mesure qu'on pétrit ainsi le caillé, et qu'on le réduit en grumeaux fort fins, on le met dans les formes. Ce sont des cylindres creux, dont le fond est concave et percé de quatre trous. Aussitôt que les formes sont remplies exactement de caillé bien pétri et bien tassé, on les recouvre avec un couvercle cylindrique, taillé de manière qu'il peut entrer dans l'ouverture supérieure de la forme, dès qu'il éprouve le plus petit effort de la presse. Voyez Pl. 3e, *fig.* 1re, la forme placée sur une table ayant une rigole qui est creusée tout autour ; cette forme est comprimée par une planche portée sur trois montans et chargée de pierres. La crême et le petit-lait, continuant à s'échapper par les trous du fond de la forme, coulent sur la table et vont se rendre dans un vase destiné à les recevoir.

Le pain de caillé ayant pris dans la forme et sous l'effort de la presse une certaine consistance, on le tire de la forme ; on le retourne, et l'on continue de tenir le tout sous la presse de la manière que nous l'avons expliqué ci-dessus. Dans cette situation, le petit-lait et la crême

8.

surabondante se dégagent toujours par petits filets du
pain de caillé, dont les grumeaux se rapprochent et se ser-
rent de plus en plus ; ce qu'on reconnaît aisément par la
diminution des yeux ; et lorsqu'ils sont diminués à un
certain point, on retire le pain de la forme et on l'enveloppe dans une toile fort claire, qu'on a eu soin de
faire sécher bien exactement.

On étend la toile sur une table, Pl. 4ᵉ, *fig.* 7ᵉ, et après
avoir retiré le fromage de la forme, on roule la toile par le
milieu, tout autour de la surface cylindrique du fromage ;
puis on rapproche les parties d'une lisière en les pliant
sur la base arrondie par le cul de la forme ; on remet le
fromage ainsi enveloppé dans une forme, et on finit par en
recouvrir la base supérieure avec l'autre extrémité de la
toile, dont une grosse épingle assujettit les derniers plis.

C'est alors qu'on porte cet équipage sous la presse la
plus pesante, et qu'on achève de comprimer le fromage
de manière que la crème et le petit-lait se dégagent le
plus qu'il est possible, et que les yeux disparaissent entièrement ; mais pour obtenir tous ces effets, les fromages
restent en cet état huit ou dix heures.

Je dois faire remarquer ici qu'on met d'abord les fromages sous de très petites presses, par le moyen desquelles
on peut ménager la compression du pain caillé, ainsi
que la sortie de la crème et du petit-lait ; ou bien, si l'on
emploie de grandes presses, on diminue les poids dont
on les charge, et on ne les augmente ensuite que par degrés : on a les mêmes attentions lorsqu'on a mis l'enveloppe de toile au fromage.

Les fromages étant bien égouttés et bien pressés, on
les retire de la forme et de la toile, et on les met tremper
dans une eau salée faiblement. Cette espèce de bain
communique au fromage une première pointe de sel, qui
pénètre dans toute la masse, à la faveur d'un reste d'humidité qu'elle conserve encore ; outre cela, la pâte y con-

tracte une consistance et une solidité qui contribuent à la conservation des fromages.

Après qu'ils ont trempé quelques heures dans l'eau salée, on les met dans de nouvelles formes plus petites que les premières, et percées seulement d'un trou rond au milieu du fond concave ; on répand ensuite sur leur base supérieure une couche légère de sel blanc bien pur, qui pénètre dans la pâte à mesure qu'il fond. Le surplus, coulant dans l'intervalle qu'il y a entre le fromage et les parois intérieures de la forme, humecte légèrement la surface cylindrique du fromage ; et ce qui parvient au fond s'échappe par le trou de la forme dont nous avons parlé, et arrive par les rigoles de la table dans des baquets. C'est dans cette eau salée que l'on met tremper les fromages, comme nous venons de le dire.

On retourne le fromage, et l'on couvre l'autre base d'une couche de sel blanc semblable à la première ; on le laisse en cet état jusqu'à ce que le sel soit bien fondu, et que la partie surabondante soit écoulée de même que la première.

Lorsque, par ces manipulations, les fromages ont pris suffisamment le sel, on les met tremper de nouveau dans des baquets, que l'on remplit de l'eau des canaux intérieurs, et qui n'est que faiblement saumâtre. Cette eau non seulement dissout la partie de sel qui peut être surabondante à la surface du fromage, mais encore enlève une matière butireuse, qui y forme une croûte blanchâtre. Au bout de six à sept heures, on retire de l'eau les fromages ; on les lave avec du petit-lait, et en les raclant on parvient à les dépouiller entièrement de la croûte blanchâtre.

Après toutes ces manœuvres multipliées, et qui s'exécutent avec le plus grand soin, on met en dépôt les fromages sur des planches, dans un endroit frais, où on les retourne souvent. Ils y acquièrent une couleur d'un beau jaune : c'est pour lors qu'on les porte à Purmerand ou à Edam , où ils se vendent encore frais quatre sous la livre ; c'est de ces magasins qu'ils sont transportés en France ou dans les ports de la mer Baltique.

La crême qu'on exprime du caillé ; par le moyen des presses , se met en dépôt dans des baquets en forme de petits tonneaux de deux pieds de hauteur sur un pied et demi de diamètre. Outre cela , le petit-lait qu'on a retiré du caillé se dépose dans de semblables baquets , et après un certain temps de repos , la liqueur se couvre d'une couche de crême légére, qu'on enlève et qu'on met dans les premières tinettes à la crême dont nous avons fait mention. Lorsqu'on a obtenu une certaine quantité de crême par ces différens moyens , on la met dans une baratte ordinaire, Pl. 3e, *fig.* 7e, et on en tire le beurre en la battant un certain temps.

Je remarque qu'en mettant tremper les fromages dans l'eau salée , non seulement on dispose également toute la masse à prendre la dose de sel convenablement et uniformément, mais on communique à toute la pâte une fermeté et une consistance qu'elle conserve très long-temps.

Le second bain d'eau saumâtre dans lequel on met tremper les fromages qui commencent à se couvrir d'une peau blanchâtre me paraît compléter les bons effets du premier, en ralentissant la transsudation de la partie butireuse au dehors, et donnant d'ailleurs à la croûte des fromages une fermeté considérable, qui facilite infiniment par la suite les transports de ces fromages et leur vente dans les pays étrangers.

Il m'a paru qu'en Hollande on exprimait le petit-lait du caillé avec le plus grand soin ; ce qui est une opération essentielle : car le mélange du petit-lait à la partie caséeuse contribue de mille manières à sa décomposition.

TROISIÈME MÉMOIRE.

OBSERVATIONS

SUR

LES CAVES ET LE FROMAGE DE ROQUEFORT.

Extrait du Mémoire envoyé par l'auteur à la Société royale d'Agriculture de Paris; par M. Chaptal, membre de l'Institut, pair de France.

On doit à Marcorelle un mémoire assez étendu sur le fromage de Roquefort ; mais comme j'ai été dans le cas de visiter ces caves, de suivre les diverses préparations du fromage, de vérifier quelques erreurs dans lesquelles ce naturaliste est tombé, d'observer des phénomènes nouveaux et très intéressans, j'ai cru ce sujet neuf et digne d'être offert au public.

C'est dans une des gorges du Larzac qu'est placé Roquefort ; il est assis sur une des pentes latérales, et est établi dans la ligne même qui sépare le roc calcaire de la couche de glaise pyriteuse ; sa situation est au nord ; il est composé d'une vingtaine de maisons toutes dominées par des rochers affreux ; on aperçoit même entre les caves et les maisons un roc immense, qui jadis a dû se détacher de la montagne. C'est au pied même de ces rochers, dans les crevasses qu'on a trouvées pratiquées, ou dans des grottes que l'art y a formées, qu'on a établi les caves ; c'est presqu'au milieu des précipices qu'on a créé un commerce qui fait vivre le paysan à dix ou douze lieues à la ronde ; et cette industrie, favorisée par une disposition toute particulière du sol, fondée sur un moyen simple de tirer le parti le plus avantageux d'une denrée très naturelle, paraît avoir pris son origine dans la nature même, puisque nous la tenons des peuples qui en étaient les plus voisins : aussi ce commerce n'a-t-il jamais éprouvé cette inconstance et ces vicissitudes qu'éprouvent ceux qui n'ont pour but que des objets de luxe, de goût ou de fantaisie (1).

Les fromages qu'on porte à Roquefort de toutes les communes voisines sont faits avec le lait de chèvre et de brebis. Ces animaux paissent presque tous sur le Larzac ; cet immense plateau, qui a huit à dix lieues de diamètre, est très fertile ; il donne trois ou quatre récoltes de divers grains sans interruption ; et lorsque la terre paraît épuisée et qu'on la laisse reposer, alors les champs se convertissent en vastes pâturages, et ces prairies, formées naturellement dans l'espace de quelques mois, pourraient recevoir la faux plusieurs fois dans la même année. Les plantes qui forment ces pâturages sont excellentes, et les brebis qui s'en nourrissent donnent un lait exquis, tandis que les moutons jouissent d'une réputation bien acquise.

(1) Les fromages de Roquefort étaient connus du temps de Pline. Il parle avec enthousiasme de la bonté du fromage qui était envoyé à Rome par la colonie de Nîmes, et qu'on fabriquait dans les montagnes de la Lozère, qui ne sont pas assez éloignées de Roquefort pour que le naturaliste de Rome n'ait pas pu les confondre.

M. Marcorelle est tenté de croire que les fromages jetés autrefois en offrande dans le lac du mont Helanus par les paysans du Gévaudan, alors idolâtres, et celui qu'ils employaient dans les repas superstitieux qu'ils faisaient à l'occasion de cette cérémonie, étaient des fromages de Roquefort. Cette cérémonie fut abolie par Saint-Hilaire, évêque de Mende, vers l'an 550.

Lorsque les bestiaux ont épuisé ces prairies par une dé-
paissance soutenue, et que les débris de ces végétaux,
conjointement avec le fumier de ces animaux, ont suffisamment engraissé la terre, on la soumet au labour, et
on convertit de nouveau ces vastes plaines en champs
fertiles qui produisent de suite plusieurs récoltes excellentes. Les prairies artificielles commencent à être connues dans le vallon.

. M. Delmas, administrateur de la Haute-Guienne et
propriétaire des principales caves de Roquefort, a été un
des premiers à donner l'exemple de ces ressources admi-
rables, on lui doit même plusieurs points de perfection
dans les diverses préparations des fromages ; et je me fais
un devoir de lui témoigner ici ma reconnaissance pour
tous les renseignemens qu'il a bien voulu me fournir à
cette occasion. Par le secours des prairies artificielles, on
élevera plus de bestiaux, et la vraie richesse du paysan
s'accroîtra nécessairement.

La manière de préparer les fromages qu'on porte à Roquefort est, à peu de chose près, celle qui est en usage dans
tous les pays. On le fait, comme nous l'avons dit, avec le
lait de chèvre et celui de brebis ; le premier lui donne la
blancheur, le second plus de consistance et une meilleure
qualité (1). On fait du fromage depuis la fin de juin jusqu'au
mois d'octobre ; on trait les bestiaux matin et soir : on
mêle le produit de ces deux *traites*, on le coule à travers
une étamine, et il est reçu dans un chaudron de cuivre,

---

(1) Au commencement de mai, on sèvre les agneaux et on en
fait des troupeaux séparés. Depuis ce temps jusqu'à la fin de
septembre, on travaille au fromage. Des bergers et des bergères
font la traite des brebis deux fois par jour, le matin vers les
cinq heures, et le soir vers les deux heures ; ils se servent pour
cet effet, de seaux de bois contenant environ vingt-cinq livres
de lait chacun. Pendant que ces bergers font la traite, d'autres

où on le fait cailler par le moyen de la présure. Cette présure n'est que la *caillette* qu'on retire de l'estomac des agneaux ou chevreaux, qu'on fait sécher après l'avoir légèrement salée. Lorsqu'on veut s'en servir, on fait infuser ou dissoudre, pendant vingt-quatre heures, une partie de cette caillette dans quatre parties d'eau ou de petit-lait; c'est cette dissolution qu'on appelle *présure* : on a soin de la renouveler de quinze en quinze jours, on en emploie environ une cuillerée pour cent livres de lait. Dès qu'on a introduit la présure, on agite bien le mélange à l'aide d'une écumoire à long manche, on le laisse ensuite reposer. Le lait se prend, et alors une femme le brasse fortement, le pétrit, l'exprime avec force; il en résulte une pâte, qu'on laisse reposer, laquelle se prend de nouveau et occupe le fond du chaudron : alors on l'incline, et on fait couler adroitement le petit-lait qui surnage; on met ensuite le fromage dans des formes ou *éclisses* dont la base est percée de plusieurs trous, par où le fromage s'égoutte; on a même la précaution de le brasser et de le pétrir dans la forme

---

portent les seaux pleins de lait dans les granges du Larzac et dans les maisons des particuliers où se fait le fromage : là, on coule le lait à travers une étamine; on le reçoit dans une chaudière de cuivre rouge, étamée en dedans, et on observe surtout de ne jamais se servir une seconde fois des seaux, des couloirs et des chaudières sans les avoir bien lavés. Les opérations de la laiterie exigent une grande propreté jusque dans les moindres détails : sans ce point, rien ne réussirait. (Marcorelle, *Mémoires de mathématique et de physique*, présentés à l'Académie royale des sciences, etc., tome 3, page 585.)

La nourriture des brebis est généralement assez bonne, et on sent bien que plus elle est abondante et bonne, plus le lait est abondant et bon; elle ne diffère, sous les autres rapports, de celle des troupeaux des autres parties de la France qu'en ce que les animaux reçoivent une grande quantité de sel.

pour mieux en dégager le petit-lait : quelquefois aussi on assujettit un poids sur le fromage, afin de le mieux dessécher par une pression constante. On le laisse dans la forme environ douze heures, et on a l'attention de le tourner plusieurs fois, afin que la pression se communique partout, et que toute la masse s'égoutte et se dessèche également. Lorsque les fromages paraissent avoir rendu tout leur petit-lait, on les porte au *séchoir*, et on les place sur des planches les uns à côté des autres ; on les remue et on les retourne de temps en temps, pour qu'ils se dessèchent sans s'échauffer.

C'est surtout du soin apporté dans ces premières opérations, que dépend la qualité du fromage. Il arrive souvent que des fromages apportés de diverses bergeries dans les caves de Roquefort se trouvent de nature très différente, quoique fournis par des brebis nourries de la même manière. On observe fréquemment encore que des fromages sortis de la même bergerie, traités par les mêmes personnes, avec les mêmes soins, fournissent des qualités différentes. On n'a pu jusqu'ici se faire aucun principe sur les causes de ces variétés étonnantes ; mais je pense qu'on doit les chercher dans les premières opérations de la fabrication des fromages, et je crois pouvoir en assigner quelques unes, qui doivent produire naturellement des effets semblables.

La première de toutes m'a paru consister dans la nature toujours variable du levain ou présure : en effet, cette caillette de veau, très différente par sa nature, puisqu'elle dépend de l'altération si variable du lait dans l'estomac de l'animal, doit produire par elle-même une très grande variété d'effet. Le séjour plus ou moins long du lait dans l'estomac de ces animaux ; la quantité plus ou moins considérable, le mélange plus ou moins parfait, plus ou moins exact des sucs gastriques avec cet aliment, tout cela doit en varier et en modifier la composition ;

nous pourrions même rapporter d'autres causes qui doivent y concourir, telles que l'âge de l'animal, sa constitution, la température de l'atmosphère, etc. La caillette
est donc par elle-même un réactif infidèle et un agent
que l'on doit rejeter si l'on veut avoir des effets ou des
résultats égaux, comparables et constans.

Si nous suivons à présent les diverses opérations par
lesquelles on ramène la caillette à l'état de présure, nous
verrons se multiplier les causes qui doivent l'altérer et
en varier les vertus ; la petite quantité de sel que l'on
emploie pour la saler, sa dissolution dans un liquide et
par un temps limité, quoique très variable par sa constitution, sont autant de manipulations conduites sans
principes, et conséquemment sujettes à mille inconvéniens.

Pour obvier à ces premiers défauts, il faudrait une
présure de vertu constante et invariable, et on doit la
chercher dans les acides déjà connus.

Les variétés inévitables dans la présure ne sont pas la
seule cause qui produise des variétés si étonnantes dans
les fromages. Les diverses manipulations usitées pour les
préparer me paraissent devoir influer puissamment sur le
produit.

On a vu que les femmes pétrissaient le fromage à plusieurs reprises, d'abord pour bien mêler le lait et la présure, et ensuite pour exprimer le petit-lait confondu et
interposé dans le caillé. Nous avons même observé qu'on
employait des moyens mécaniques pour presser et exprimer plus efficacement le fromage. On comprend aisément que le plus ou le moins de soin apporté dans ces
opérations doit influer sur les résultats.

Si, par exemple, on laisse du petit-lait dans le caillé
et qu'il en abreuve la masse, alors la fermentation doit
s'établir plus vite et préjudicier à la qualité du fromage;
car on sait que le petit-lait s'aigrit dans quelques heures,

surtout lorsqu'il présente beaucoup de surface, et personne n'ignore qu'un solide passe à la fermentation avec d'autant plus de promptitude, qu'il est plus abreuvé de liquide ; il doit y avoir une différence étonnante entre deux fromages de même pâte, dont l'un aura été parfaitement desséché, tandis que l'autre aura conservé une partie de son humidité. Il est donc de la dernière importance de bien exprimer le petit-lait, et pour cet effet je voudrais qu'on pratiquât des trous non seulement dans le fond des éclisses, mais même dans tout le contour, afin de faciliter l'écoulement du petit-lait à mesure qu'on le fait sortir par expression. Je désirerais encore qu'on fît construire des éclisses à double fond, l'un et l'autre mobiles, afin de pouvoir peser sur les fonds et de soumettre par là toutes les surfaces du fromage à une pression réciproque sans le sortir de la forme ; ce qui serait très avantageux. On pourrait encore substituer des moyens mécaniques au travail des mains, pour mieux pétrir le caillé. On peut aisément adopter ces réformes, que je crois d'autant plus avantageuses, qu'on ne peut rapporter qu'au défaut d'une suffisante expression du petit-lait quelques vices particuliers des fromages. Lorsque le fromage n'a pas été suffisamment exprimé, la pâte se ramollit dans les caves, les formes s'affaissent, la masse s'échauffe, et il en résulte du fromage de mauvaise qualité : la fermentation, au lieu de s'opérer sur un corps sec, s'opère sur un corps mou ; ce qui donne des principes et des effets différens.

Un excellent fromage peut encore contracter une mauvaise qualité dans le séchoir. Ici, indépendamment de quelques causes accessoires, telles que la malpropreté des planches sur lesquelles on dispose les fromages, la petitesse du lieu dans lequel on les entasse, etc., il en est une vraiment majeure, à laquelle on porte d'autant moins d'attention qu'elle est indépendante des opérations et des manipulations connues, c'est la constitution de l'atmosphère. Des fromages qui reposent, pendant quinze jours, sur une planche doivent éprouver les premiers degrés de fermentation, si on n'en écarte avec soin toutes les causes qui la favorisent. Cette fermentation, très préjudiciable lorsqu'elle s'établit ailleurs que dans les caves où elle est convenablement modérée, doit être d'autant plus difficile à arrêter que le temps est plus chaud et l'air plus humide; aussi M. Delmas a-t-il observé que l'air frais et sec du mois de mai était le plus propre au séchoir; il a même constaté, par des expériences rigoureuses et faites en grand, que les fromages desséchés à cette température étaient très supérieurs à tous les autres : il ne s'agit donc que de se ménager cette température le plus qu'il est possible, et, pour cet effet, on peut établir des séchoirs très aérés, très frais, en ouvrir les fenêtres pendant la nuit, et les garantir de l'ardeur brûlante du jour, pratiquer des courans pour déplacer l'humidité qui s'exhale des fromages, rapprocher ces fromages le moins qu'il est possible. Avec ces précautions, on s'opposera à la fermentation, et on desséchera exactement les fromages. Ces observations peuvent être appliquées dans tous les pays où l'on fait des fromages.

Les fromages se préparent de la manière que nous avons décrite dans une étendue de sept à huit lieues de rayon; l'achat s'en fait en toute saison par les propriétaires des caves, mais surtout aux mois de mars, avril, mai, aux foires de Saint-Rome-de-Tarn, Saint-Affrique, Saint-Rome-de-Sernon, Saint-Georges et Millau; le prix en est presque invariablement fixé à trente-cinq livres le quintal; et outre l'avantage inappréciable d'un débit assuré, le paysan a encore une ressource toujours ouverte chez les principaux propriétaires des caves qui lui achètent son fromage d'avance, même pour plusieurs années, et lui fournissent à médiocre intérêt tous les fonds dont il a besoin pour payer ses impositions, améliorer ses terres, faire des achats convenables, etc. Sans les caves de Roquefort, une mauvaise récolte et une mortalité de bestiaux réduiraient à la misère les communautés florissantes du voisinage.

Ces fromages se transportent à dos de mulet, dans des chisses ouvertes, jusque dans les entrepôts de Roquefort; ils sont marqués, dans les métairies, de lettres alphabétiques, de carrés, d'angles, d'étoiles, selon le caprice de chaque propriétaire : on les pèse à l'entrepôt, on les compte, on les enregistre sur le livre de recette, et on fournit un double au propriétaire. Le transport s'en fait dans les mois de mai, juin, juillet, août et septembre.

Dès que ces fromages sont reçus, on les trie dans l'entrepôt, et on les classe selon le degré de bonté qu'on croit leur reconnaître, pour être placés dans les caves selon leur qualité. Ceux qui ont la plus grande habitude de ce travail sont forcés de convenir qu'ils n'ont aucun indice assuré pour en distinguer la qualité. Le coup-d'œil, l'odeur, la consistance, la réputation du fabricant sont la seule boussole qui les guide, et leurs décisions sont très souvent contrariées par le fait. Le poids de ces fromages est ordinairement de six à huit livres, c'est même la forme qui se prépare le mieux dans les caves. Les fromages plus pesans ne se font que par commission, et les propriétaires n'approuvent point les gros volumes.

C'est ici le moment de placer la description des caves de Roquefort, puisque nous avons rendu les fromages à leurs portes. Ces caves sont adossées contre un rocher calcaire dont nous avons déjà parlé, quelques unes sont même placées dans les crevasses ou grottes qui y sont naturellement ou artificiellement pratiquées; un seul mur du côté de la rue est souvent tout ce que l'art a eu à faire : la grandeur de ces caves n'est pas énorme, il en est

même de très petites. On aperçoit dans presque toutes
des fentes de rochers par où s'introduit un courant d'air
frais, qui détermine le froid glacial qu'on y éprouve ; il
n'y a même de bonnes caves que celles dans lesquelles ce
courant se trouve établi ; ces courans se dirigent du sud
au nord : il y a un petit nombre de caves qui reçoivent
le courant de l'est ; mais les meilleurs sont ceux du sud.
On a observé que plus l'air est chaud, plus le courant
est froid et fort ; ces courans sont toujours assez sensibles
pour souffler une bougie qu'on présente à l'ouverture.
Cet air, introduit par ces veines de rochers, s'échappe
par la porte et y forme un courant très sensible. L'intérieur de ces caves est rempli de tablettes plus ou moins
larges, sur lesquelles on dispose les fromages ; ces tablettes placées contre les murs et dans le milieu, formant plusieurs étages, multiplient les surfaces et permettent d'y placer un plus grand nombre de fromages.

La fraîcheur de ces caves est ce qui frappe le plus, et
c'est en effet ce qui mérite le plus d'attention. M. Marcorelle a vu, au mois d'octobre, le thermomètre de
Réaumur descendre, dans ces caves, à cinq degrés et
demi, tandis qu'il en marquait treize en plein air, et j'ai
observé, le 21 août 1787, qu'un bon thermomètre
marquant à l'ombre, mais en plein air, vingt-trois dé-
grés, est descendu à quatre au dessus de zéro, après un
quart d'heure d'exposition dans le voisinage d'un courant
rapide. M. Delmas m'a assuré avoir vu le thermomètre
descendre à deux sur zéro à la même exposition. Le
degré de température varie dans ces caves relativement
à leur exposition, relativement à la chaleur de l'atmosphère et au vent qui souffle ; plus l'air extérieur est
chaud, plus les caves sont froides, parce que le courant
est plus fort ; le vent du sud en favorise encore la fraîcheur.

Il s'agit maintenant de faire connaître les diverses

opérations qu'on fait subir aux fromages dans l'intérieur
des caves. Lorsqu'on a classé dans l'entrepôt les divers
fromages d'après la qualité qu'on leur présume, on les
porte dans les caves, et on en fait des piles composées de
cinq, très rapprochées l'une de l'autre. La première opération qu'on fait consiste dans la salaison ; cette opération
s'exécute les mardi, jeudi et samedi de chaque semaine :
elle consiste à placer une petite pincée de sel par dessus
chaque fromage ou dans l'entre-deux des fromages qui
sont empilés ; on laisse ces fromages sans y toucher pendant trente-six heures, de sorte que le jeudi matin on
prend les fromages salés le mardi au soir, on les frotte
bien tout autour pour imprégner de sel toute la circonférence ; on les réentasse en piles jusqu'au vendredi au
soir ; on les sale de nouveau ; on les frotte encore le samedi
matin, et on les remet en piles jusqu'au mercredi :
c'est là ce qu'on peut appeler le premier mode. Après
huit nuits franches, on porte les fromages salés des
caves dans les entrepôts, on les racle, on les pèle ; la
pelure est pétrie dans le jour même avec un peu d'eau,
et on en forme des boules appelées *bolus* dans le pays ;
on les vend aux charretiers et au peuple, à raison de
quelques sous la livre. Ces raclures, qui présentent beaucoup de surfaces et contiennent une grande partie du sel
employé, s'échauffent et fermentent dans quelques heures
si on n'a pas la précaution de les pétrir, de les former en
boules, et de diminuer par là les surfaces. Le fromage
ainsi raclé est rapporté dans la cave, au même lieu qu'il
occupait, et il y reste entassé en piles pendant quinze
jours. Dans ce second mode, il reçoit de la fermeté et
de la consistance, il commence même à se couvrir de
duvet.

Après ces quinze jours, les fromages sont posés de
champ sur des tablettes, de façon qu'ils se touchent
par le moins de points possible, on les laisse dans cette

9

position pendant quinze jours : on observe que les points de contact s'échauffent, se ramollissent et se détériorent. Pendant ce temps, les fromages jettent un duvet qui a souvent six pouces de long : ce sont des filamens blancs très flexibles et très délicats, qui se réduisent presque à rien pour peu qu'on les manie dans la main ; ce duvet est légèrement salé, on racle ensuite les fromages, on les dépouille de ce duvet, et on les remet sur les mêmes tablettes, alors ils se cotonnent et se duvètent de bleu et de blanc.

Après quinze jours de séjour, ils sont raclés de nouveau et replacés sur les tablettes ; ils se recouvrent alors d'un duvet rouge et blanc, mais moins long. Le fromage est fait de ce moment, mais on a soin de le racler de quinze en quinze jours, jusqu'à ce que la vente en soit faite.

Pour juger de la qualité toujours douteuse d'un fromage, on le sonde avec une espèce de tarière, et on juge par là de sa qualité. Le coup-d'œil, l'odeur, le tact, sont des indices très incertains ; souvent on est obligé de sonder vingt fromages jugés de première qualité, pour en trouver un excellent. Les caractères de la première qualité des fromages de Roquefort sont une pâte douce, blanche, ferme, agréable au goût et marbrée de bleu. La qualité de l'excellent fromage de Roquefort s'altère en peu de temps par le changement de température et les secousses inévitables du transport. Il est malheureux d'être obligé de convenir que ce n'est qu'à Roquefort même qu'on peut prendre une idée exacte de l'excellence de son fromage. Le transport s'en fait dans les villes capitales, telles que Toulouse, Nîmes, Montpellier, etc., à dos de mulet, et même par charrettes, dans des caisses à claire-voie, dont le fond et les deux bouts roulans dans les charnières fixées sur les côtés se replient les uns sur les autres, et diminuent leur volume des dix douzièmes ; ce qui facilite le transport, en permettant aux rouliers de se charger de marchandises en retour. Ce moyen de transport, dont on est redevable à M. Delmas, a le double avantage d'économiser sur les frais par la facilité des retours, et de conserver beaucoup mieux les fromages que les anciennes corbeilles, dans lesquelles il s'en écrasait toujours un onzième, et où le reste s'échauffait prodigieusement.

On prépare encore à Roquefort une matière exquise qui est connue sous le nom de *créme de Roquefort*; elle est faite avec le lait une fois caillé et avant d'être broyé. Cet aliment délicieux ne souffre presque pas le transport; il s'altère avec beaucoup de facilité et se dénature par une fermentation très prompte.

On prépare dans les caves de Roquefort, de la manière que nous venons de décrire, environ dix mille fromages par an; ce qui fait un commerce de cinq à six cent mille fr.

Les diverses opérations par lesquelles on fait passer les fromages, et les phénomènes qu'ils nous présentent pendant leur séjour dans les caves, intéressent essentiellement et méritent une attention toute particulière.

La première de ces opérations est la salaison. On voit évidemment que la petite quantité de sel qu'on emploie ne produit d'autre effet que de faciliter et de mettre en jeu la fermentation; c'est un vrai levain fermentatif dont les opérations subséquentes corrigent l'énergie, puisqu'on racle presque coup sur coup et à plusieurs reprises la portion de fromage qui en a été la plus imprégnée, et où la fermentation se développe avec le plus d'activité.

Ce levain de la fermentation est même absolument nécessaire d'après l'expérience elle-même, puisqu'il est de fait que les fromages non salés mis dans ces caves n'éprouvent aucune des altérations par où passent les autres (1); les viandes elles-mêmes s'y conservent sans se

_____

(1) D'après cela, on pourrait essayer de retarder la fermenta-

9.

pourrir, pendant trois semaines ou un mois. Il est donc indispensable de mettre en jeu la fermentation, c'est là un premier point dont la nécessité est démontrée par expérience ; mais il est nécessaire de modérer cette fermentation, et c'est ce qui s'opère toutes les fois qu'on racle ou qu'on ratisse les fromages ; on leur enlève par ce moyen une enveloppe presque putréfiée, et on les dépouille de la majeure partie du levain de la fermentation : alors la fermentation, naturellement modérée par la fraîcheur des caves, parcourt ses périodes très insensiblement, et quinze jours de séjour dans les caves produisent moins d'effet que les premières vingt-quatre heures, lorsque la surface des fromages est imprégnée de sel.

On peut donc considérer la fermentation qui s'opère dans les caves où le courant d'air entretient la sécheresse et la fraîcheur, comme continuellement modérée par les opérations que nous avons décrites et par la température elle-même des lieux, de façon qu'elle s'exerce sur des corps desséchés, qu'aucune cause ne tend à ramollir, puisque la disposition des lieux et les soins des particuliers les écartent toutes. Cette théorie de l'action du sel dans ces circonstances, quoique admise par les savans depuis les expériences de Macbride, de Pringle et de tous les chimistes qui s'en sont occupés, peut être encore confirmée par mille faits pris sous nos yeux.

On peut poser comme un principe général et incontestable que, dans la préparation de la plupart de nos alimens et de nos boissons, nous développons un commencement de fermentation ou de putréfaction que nous

---

tion, en ne salant ces fromages qu'après l'arrivée à leur destination, pour laquelle on les ferait partir immédiatement après leur dessiccation. On pourrait peut-être ainsi les envoyer plus loin et les manger meilleurs. Ce serait une expérience à tenter.

(*Note de l'Éditeur.*)

avons l'art d'arrêter à propos pour faire servir les diverses substances à nos goûts.

Ainsi le fromage, de même que les diverses substances dont nous venons de parler, sont altérés par un commencement de fermentation, qui y développe des qualités nouvelles, agréables ou utiles. Pour bien préparer ces substances, tout l'art consiste à diriger et à maîtriser à propos cette fermentation.

Il est un point dans le travail de la préparation des fromages comme des autres substances, qu'il est important de saisir pour qu'ils possèdent de bonnes qualités ; car on sait que les premiers degrés de la fermentation lui font perdre insensiblement le goût fade de caillé, mais qu'il finit par contracter une saveur piquante et désagréable : c'est donc entre ces deux extrêmes qu'il convient d'arrêter la fermentation.

EXTRAIT D'UN MÉMOIRE SUR ROQUEFORT,

SES CAVES ET SES FROMAGES;

Par Ch. GIROU DE BUZAREINGUES,

Correspondant de l'Académie royale des Sciences, du Conseil royal et de la Société royale et centrale d'Agriculture, et membre de la Société centrale d'Agriculture du département de l'Aveyron.

Roquefort, village de l'arrondissement de Saint-Affrique, département de l'Aveyron, est situé sur le revers septentrional d'une colline, à trois lieues de Millau et deux de Saint-Affrique, et à 600 mètres environ au dessus du niveau de la mer. On y compte trois cents habitans en hiver et quatre cents dans la belle saison ou pendant la manipulation du fromage. Il y a cinquante feux et dix caves à fromages, dont cinq seulement ont des soupiraux dont elles reçoivent un air extraordinairement frais, auquel on rapporte en partie la qualité des meilleurs fromages.

On y trouve de belles maisons ; celle de M. Laumière serait belle partout ; mais c'est surtout à la température de ses caves que ce village doit sa célébrité : c'est pourquoi nous allons d'abord entrer dans des détails et présenter des considérations qui nous semblent pouvoir faciliter l'intelligence des causes de cette température, en donner une juste idée, ainsi que des caves qui la possèdent.

La colline sur le penchant de laquelle est construit Roquefort repose sur une couche d'argile ; à sa base, du côté du nord, coule en demi-cercle, de l'est à l'ouest, le ruisseau de Tournemier, qui tend à la saper, surtout dans les crues d'eau. Sur la rive droite de ce ruisseau, on aperçoit des exhaussemens qui attestent que l'argile cède à la pression de la colline qu'elle porte, et fuit sous elle dans la direction du nord au sud. Ne serait-ce pas là la cause d'un grand affaissement et du déplacement d'une moitié de la colline, qui est évidemment détachée de l'autre moitié et s'en est éloignée, vers le sommet, de plusieurs mètres dans la direction du sud au nord ?

Quoi qu'il en soit, pour avoir une connaissance suffisante des lieux, ce sont deux parties d'une même colline anciennement réunies et aujourd'hui séparées que nous ayons à examiner. J'appellerai colline sud celle qui est encore debout et qui n'a éprouvé aucun déplacement, et colline nord celle qui s'est affaissée et déplacée en partie, et sur laquelle est bâti Roquefort.

La première est couronnée par un immense rocher de calcaire coquillier, mêlé d'argile, dont la cohésion est trop faible pour empêcher la division et la chute des parties qui cessent d'être supportées par une base solide, comme le prouvent plusieurs masses prismatiques ou en pyramide tronquée et renversée, détachées du rocher principal et qui lui sont encore parallèles. Des choquards, appelés par les habitans du lieu *petites corneilles à bec rouge*, habitent ce rocher, dans l'intérieur duquel est une superbe grotte, dont les parois sont tapissées d'une grande variété de stalactites et de stalagmites. Elle a, dit-on, plus de 300 mètres de longueur. On y rencontre un réservoir d'eau, dont la température a été mesurée par mon fils Charles Girou, et s'est trouvée de 6°,50 centigrades, celle de l'air extérieur étant 16°,25. Cette eau provient de la stillation des stalactites. Le thermomètre s'est encore élevé à 8°,75 près de l'entrée de la grotte, à 7°,50 vers le milieu, et à 10° vers l'extrémité. Une cause particulière la refroidit donc spécialement vers le milieu ; et cette cause est évidemment la vaporisation et la présence, soit de l'eau du bassin, soit de celle qui tombe de la voûte.

Hors de la grotte est une fontaine formée aussi par stillation, dont l'eau est reçue dans une cavité de la surface latérale du grand rocher, et dans laquelle le thermomètre s'est fixé à 7°,50.

J'ai observé d'autres fois et ailleurs ce refroidissement de l'eau lorsqu'elle tombe goutte à goutte d'une certaine hauteur : ainsi, devant la grotte de Soulsac, la température atmosphérique étant 7°,50, celle de l'eau a été 4°75 par une chute d'environ 6 mètres.

A Salles-la-Source, j'ai eu 8° à vingt pas de la cascade et 6° près de la cascade ; tandis qu'aux sources même la température de l'eau était 11°,50. Dans la grotte de l'Estang, la chute étant très petite et la température de la grotte 11°, celle de l'eau a été de 10°.

Toute eau courante, dans des fossés souterrains, en refroidit l'air et s'y refroidit elle-même, par l'effet de sa vaporisation. J'ai vérifié ce fait plusieurs fois.

J'ai dû insister sur cette cause de refroidissement,

parce que, si je ne me trompe, elle n'est point étrangère à celui des caves.

Je passe à la colline nord. Le point culminant de celle-ci est d'environ 20 mètres plus bas que celui de la colline sud, dont elle s'est d'ailleurs éloignée, au sommet, de plus de 60 mètres vers le milieu de la ligne de leur contiguité primitive, dont la longueur totale était d'au moins 300 mètres. Cet éloignement diminue à mesure que l'on approche des extrémités de cette ligne, où il est tout à fait nul : en sorte qu'entre les deux parties séparées est un profond bassin figurant à peu près un demi-ellipsoïde dont le grand axe se dirige du sud-est au nord-ouest et le petit axe du sud-ouest au nord-est, et dont la plus grande profondeur est d'au moins 30 mètres. Nous verrons bientôt quelle part peut avoir ce grand entonnoir dans le phénomène de la fraîcheur des caves avec lesquelles il communique.

Cette colline nord est intérieurement composée d'immenses fragmens de rocher, qui dans l'affaissement se sont écartés les uns des autres. Si l'on se transporte sur le plateau qui la termine, on y voit des excavations dont la longue succession du bruit que font, en tombant, les pierres qu'on y jette atteste la grande profondeur. Ces cavités irrégulières ont encore des ouvertures à l'aspect du sud, dans le grand entonnoir dont je viens de parler, et d'autres à l'aspect du nord, vers les deux tiers de la hauteur totale de la colline : c'est de ces dernières que souffle l'air froid des caves; elles en sont les soupiraux. Un des principaux propriétaires de Roquefort m'a assuré que l'on trouvait aussi des excavations à l'exposition méridionale de l'autre colline, qui probablement correspondent avec celles-ci.

Les caves sont la plupart petites et étroites; elles ont plusieurs étages : ce ne sont point des grottes souterraines, mais des bâtisses adossées au rocher qui fournit leurs soupiraux. Elles sont divisées de bas en haut par des planches étagères destinées à recevoir les fromages, et n'ont rien de remarquable, si ce n'est leur étonnante fraîcheur.

Elles sont toutes comprises dans une bande étroite de la colline qui a éprouvé le plus de déplacement, et construites sur deux lignes parallèles à la base de la colline et sur les deux côtés d'une même rue ; ce qui est devenu possible, parce qu'un grand rocher élevé au dessus du sol et qui couronnait peut-être la colline avant son affaissement fournit les soupiraux du côté de la rue opposé à celui qui s'appuie sur le revers même de la colline.

Sur la même bande, et au dessous du village de Roquefort, est la fontaine publique, dont l'eau, assez abondante, est bien plus fraîche que celle des sources ordinaires qui sourdent à la même hauteur. On rencontre une de ces sources à côté et à peu de distance de cette fontaine ; la température en est de 11°, comme celle de presque toutes les sources du même niveau ; tandis que celle de la fontaine est ordinairement de 6 à 7°, ainsi que celles des citernes et des caves communes situées dans cette bande fraîche de la colline. Quant aux caves à soupiraux, elles sont plus fraîches encore ; mais la température en est plus variable.

On prépare annuellement, à Roquefort, de 8 à 900,000 kilogr. de fromage ; on y évalue à 8 ou 9 kilogr. la moyenne du fromage fourni par chaque brebis : d'où il suit qu'il y a au moins cent mille brebis portières sur le Larzac, grand plateau calcaire de 7 à 8 lieues de diamètre, élevé d'environ 750 mètres au dessus du niveau de la mer, et qui entoure presque Roquefort.

Cette contrée semble avoir été formée par la nature tout exprès pour y nourrir des bêtes à laine : le sol en est sec, et les pâturages excellens. Nulle part, en

France, l'éducation des moutons n'est mieux entendue, ni faite avec plus d'économie.

Avant la propagation de la culture du sainfoin et du trèfle, on y faisait à peine la moitié du fromage qu'on y fait aujourd'hui : il est des domaines où, par cette culture, on en obtient six fois plus qu'autrefois.

Un des principaux propriétaires de Roquefort m'a assuré que le lait provenant du trèfle donnait un tout aussi bon fromage que celui qui provenait des pâturages naturels ; mais ce sentiment n'est pas partagé par tous ses confrères.

Les brebis du Larzac ont la laine plus fine et plus tassée que celles des autres parties du département de l'Aveyron ; elles ont la forme et la taille des mérinos et semblent en provenir ; leur laine, en ce cas, aurait perdu beaucoup de sa finesse primitive : peut-être cette similitude de formes n'est-elle due qu'à une analogie d'habitude.

Ces brebis ont de grandes mamelles, et donnent beaucoup de lait.

Les agneaux naissent au commencement de mars, on ne garde que les agnelettes nécessaires à l'entretien des troupeaux, et un petit nombre de mâles ; le reste est vendu à Millau, pour la boucherie, à l'âge de quinze jours ou trois semaines, au prix moyen de deux francs l'agneau.

La manière de traire le lait des brebis, dans le Larzac, est remarquable ; elle est, je pense, la principale cause de l'ampleur des mamelles, et contribue spécialement à la qualité du fromage.

Quatorze ou quinze hommes sont employés, soir et matin, à traire un troupeau de quatre à cinq cents brebis ; tandis qu'ailleurs on n'emploie à ce travail que quatre personnes. Ils expriment le lait avec force, et lorsqu'ils ne peuvent plus en obtenir par la pression, ils frappent sans ménagement les mamelles du revers de la main, répétant cette opération à plusieurs reprises, jusqu'à ce qu'ils n'obtiennent plus rien. Les étrangers, témoins pour la première fois de cette vigoureuse mulsion, en sont alarmés pour la santé des brebis, qui n'en reçoit cependant aucun dommage.

Présumant que, par ce procédé, on obtenait un lait plus butireux, et qu'il devait influer sur la qualité du fromage, j'ai prié un de mes amis, et des principaux propriétaires du Larzac, de faire une expérience, dont les résultats ont pleinement confirmé ce soupçon. En voici le rapport, tel qu'il me l'a transmis lui-même :

« J'ai fait, monsieur, l'expérience que vous désiriez » sur la quantité de beurre et de fromage que peut don- » ner le lait des brebis du Larzac, et sur la différence de » qualité de la première partie de la mulsion d'avec la » dernière.

» Voici, en peu de mots, comme j'ai opéré :

» J'ai mis dans un seau 32 livres de la première par- » tie de la mulsion, et dans un autre tout autant de la » dernière. Les deux qualités ont été mises chauffer à » une même température. Le lendemain, le beurre a été » enlevé. La première qualité m'en a donné 2 livres » 5 onces, et la deuxième 3 livres 7 onces.

» Immédiatement après, la présure a été mise simul- » tanément et en même quantité dans l'un et l'autre » lait. Celui du premier seau m'a donné 6 livres 12 onces » de fromage; celui du deuxième, 7 livres 9 onces et » demie. »

Le 6 août, les deux fromages ont été envoyés à Ro- quefort, dans les caves de M. Laumière, avec recom- mandation à M. Ramonat, son commis, d'observer at- tentivement le résultat que donneraient ces deux pièces marquées l'une n° 1, l'autre n° 2. Voici ce qu'il me dit dans une lettre du 31 août :

« Votre n° 1 doit être mangé de suite; il ne peut aller

» plus loin : la qualité, sans être défectueuse, n'en
» est pas bonne. Quant au n°. 2; il demande encore
» dix-huit ou vingt jours de cave ; il a bien mieux con-
» servé la forme du moule que le premier; et la qua-
» lité, quoiqu'au dessous du premier degré, en est
» bonne : il peut passer dans un parti de seconde qualité
» pour la capitale. Il est plus blanc, plus gros, plus per-
» sillé que le premier. »

Ainsi, la quantité se trouve ici en rapport avec la qualité, et ce que l'on fait pour obtenir celle-là contribue
même au perfectionnement de celle-ci. On ne se doute
guère, sur le Larzac, que le fromage de Roquefort
doive en partie sa supériorité au procédé de battre avec
force les pis de brebis, pour en obtenir le plus possible
de lait.

D'après l'expérience que je viens de rapporter, le
lait des brebis donne à peu près 20 pour 100 de fromage.

Ce résultat a été confirmé par une seconde expérience
faite sur ma demande, chez M. Laumière, où 20 kilogr.
de lait ont donné un fromage du volume de ceux qui,
au sortir des caves, pèsent 4 kilogr.

D'après d'autres observations faites sur les montagnes
d'Aubrac, le lait de vache n'y donne que 15 pour 100
de fromage prêt à être livré au commerce.

On trait les brebis pendant quatre ou cinq mois. On
fait chauffer quelquefois le lait du soir, soit afin de l'empêcher de s'aigrir, soit afin que le fromage ne soit pas trop
gras, par excès de beurre. Dans cette opération,
en effet, le beurre se sépare du lait, et on l'enlève le
lendemain; après quoi, on confond le lait du soir de
la veille avec celui du matin, et l'on y met la présure,
dont la qualité et la quantité influent quelquefois beaucoup sur la qualité du fromage.

Après environ trois semaines, les fromages passent de

la ferme du cultivateur dans les caves de Roquefort, où d'abord, après les avoir couverts de sel, on les empile de cinq en cinq. Au bout de sept à huit jours, on les frotte et on les retourne, après y avoir mis encore un peu de sel. Le poids total du sel employé est égal à peu près à 3 pour 100 de celui du fromage.

J'ai retrouvé le même rapport dans la manipulation du fromage qu'on fait avec le lait de vache, sur les montagnes d'Aubrac.

Peu de jours après cette seconde opération, on racle les fromages; la raclure se vend, sous le nom de *rhubarbe*, à raison de 15 à 20 fr. les 50 kilogr. On en obtient 7 à 8 pour 100 du poids des fromages. On les place ensuite de champ et point contigus sur des planches étagères, où ils se couvrent d'abord d'une moisissure de plus d'un pouce de longueur; on les frotte, on les racle tous les quinze jours; la moisissure en devient de plus en plus courte, et enfin elle n'offre plus qu'un léger velouté.

Le fromage ne deviendrait de lui-même bleu et persillé qu'après cinq ou six mois de cave; mais, pour lui faire acquérir plus promptement cette couleur et cette forme, on mélange du pain moisi en poudre avec la pâte : procédé qui en altère la qualité, et dont on fait cependant un très fréquent usage.

Après quatre mois et demi de cave et un déchet de près d'un quart, dans lequel il faut comprendre la rhubarbe, le fromage est livré au commerce, à des prix différens, suivant les qualités.

La moyenne de ces prix est de 60 à 70 fr. les 50 kil., terme de six mois. Le fromage a coûté en gros, pris chez le cultivateur, 40 à 42 fr. au comptant.

Les bénéfices de ce commerce seraient très considérables, s'ils n'étaient diminués par une forte déduction pour la rente du capital employé à l'acquisition des caves,

qui se vendent à des prix énormes. Celles de MM. D***
se sont vendues 215,000 fr. ; cependant, jointes à
d'autres acquisitions qu'a faites l'acquéreur pour
135,000 fr., elles représentent à peine la moitié du total
des caves. Ce sont les soupiraux mêmes qu'on achète à
ces hauts prix ; la construction des plus belles caves et
des bâtimens communs d'habitation ne coûterait pas
12,000 fr.

Ce commerce ne doit craindre aucune concurrence étrangère ; car on ne peut espérer de trouver ailleurs réunis,
1° une montagne composée, située, formée et boulever-
sée de manière à produire le phénomène de la fraîcheur
extraordinaire des caves de Roquefort ; 2° d'immenses
pâturages d'excellente qualité, pouvant nourrir près de
deux cent mille bêtes à laine, et desquels le lait reçoit une
saveur et un parfum particuliers ; 3° de nombreux troupeaux déjà formés sous les influences d'une ancienne
industrie, et devenus capables, par le grand développement des mamelles, de donner une quantité
extraordinaire de lait ; 4° un ensemble d'habitudes coor-
données avec cette industrie et que la nécessité rend
invariables (1).

Heureusement pour les consommateurs et pour les
cultivateurs du Larzac, la concurrence est dans Roquefort même.

La brebis du Larzac rapporte un produit moyen
de 15 fr., dont 8 à 9 fr. de fromage, 4 fr. de laine et
2 fr. d'agneau.

_____

(1) Malgré cette assertion, on peut dire qu'il est presque certain que tout cultivateur intelligent pourra faire du fromage de
Roquefort partout où il voudra en faire. Ce ne sera pas la difficulté
de se procurer des magasins secs et à basse température, c'est
facile ; ce ne sera pas non plus la difficulté de fabrication : la
vraie difficulté sera d'avoir des hommes pour traire les brebis ;
elle est bien loin, du reste, d'être insurmontable.

QUATRIÈME MÉMOIRE.

MÉMOIRE

SUR

LA FABRICATION DU FROMAGE DU MONT-CÉNIS ;

PAR M. BONAFOUS.

> Ante omnia dicendum mihi est de
> operibus quæ familiam sustentant.
>
> HIEROCLES, *in œconomic.*

On croyait autrefois que les qualités particulières que possèdent quelques espèces de fromages dépendaient plutôt de l'influence des localités que des moyens de fabrication. Cette opinion s'est perpétuée jusqu'à l'époque où les vallées de la Savoie, du Jura et des Vosges ont pu produire des fromages comparables à ceux de Gruyères, dont le monopole fut long-temps réservé aux Alpes de la Suisse.

On est même parvenu à faire, en Allemagne et en France, des fromages difficiles à distinguer, à leur aspect et à leur saveur, de ceux qui nous viennent de la Hollande et du nord de l'Italie ; en sorte qu'aujourd'hui il semble démontré par l'expérience qu'en suivant les procédés en usage dans une contrée, on peut obtenir dans une autre des fromages analogues, toutes les fois que le sol et le climat ne sont point impropres à l'entretien des troupeaux. Lors même que l'on n'arriverait point à une imitation complète, il existe des localités où l'introduction de ces procédés peut accroître les ressources de l'économie rurale, tout comme on cultive avantageusement la vigne dans des sites où elle ne donne jamais que des vins d'une qualité secondaire.

C'est d'après ces vues que divers agronomes nous ont fait connaître les procédés employés à la préparation des fromages qui ont le plus de célébrité. Mais aucun auteur n'ayant encore décrit la fabrication des fromages persillés du Mont-Cénis, aussi réputés en Piémont que ceux de Sassenage et de Roquefort le sont en France, j'ai pensé qu'il ne serait pas inutile de remplir cette lacune en publiant les observations que j'ai été à même de recueillir dans mes excursions sur cette partie des Alpes.

La fabrication de ce fromage s'étend depuis le long plateau du Mont-Cénis, à mille toises environ au dessus de la mer jusqu'aux communes de Bessans et de Bonneval, situées sur le versant septentrional de cette montagne, dans une vallée qui se termine au pied du mont Iseran et qui est abritée des vents du nord par une chaîne élevée qui la sépare de la Haute-Tarentaise. Cette industrie s'est introduite également dans quelques parties de la Maurienne, et principalement dans les environs de Valloires. Les fromages qu'on y fabrique, quoique moins savoureux, en général, que ceux du Mont-Cénis, s'exportent dans le midi de la France, où ils trouvent un débouché facile.

Les vaches ne sont pas seules employées à la production du lait nécessaire à cette fabrication ; on leur associe des brebis et des chèvres dans une proportion qui n'est point fixe, mais qui est approximativement de quatre brebis pour une vache et d'une chèvre pour dix brebis : telle est la formation de plusieurs troupeaux que j'ai visités.

Ces vaches, originaires de la Tarentaise, ou tirées immédiatement de cette province, n'ont point cette perfection de formes qui caractérise les races de la Suisse ; mais elles sont généralement plus frugales ; elles ont l'encolure courte, les cornes bien ouvertes, le ventre assez gros, le pied ferme et les mamelles volumineuses. Les couleurs dominantes de leur poil sont le noir, et le gris ardoise qui est le plus estimé ; le rouge et le blanc sont des teintes peu recherchées. Les vaches toutes blanches sont ordinairement moins robustes et leur lait n'est point aussi substantiel. En général , ces animaux pèsent de quatre à cinq cents livres à l'âge de quatre ans , et se vendent alors de cent à cent cinquante francs. Les plus grosses vaches n'excèdent pas le poids de six cents livres.

Il n'est pas rare d'en trouver qui donnent huit à dix pots de lait par jour, dans la saison des pâturages ; le terme moyen est de cinq à six pots (1). Un troupeau composé de quinze vaches , soixante brebis et six chèvres , produit cinquante à cinquante-cinq formes de fromages, du poids de vingt-cinq à vingt-huit livres , non compris trois quintaux environ de beurre et une quantité plus ou moins grande de serai ou fromage secondaire que l'on retire du petit-lait, et qui ne se consomme que dans le pays.

C'est au milieu du mois de juin, lorsque les vicissitudes de la saison ne s'y opposent point, que l'on envoie les troupeaux aux pâturages ; ils paissent, jusqu'au mois de septembre , époque à laquelle on mène à la foire de Suze (23 septembre) les animaux que l'on ne veut point faire hiverner. Les autres rentrent à l'étable aussitôt que la neige commence à blanchir les prairies. Quelques propriétaires les envoient dans les plaines du Piémont, ou dans les vallées de la Savoie, à d'autres cultivateurs, qui les tiennent à *cheptel* jusqu'à la Sainte-Marguerite (le 10 juin).

Le régime des vaches, pendant l'hiver, consiste dans du foin et de la paille en quantité modérée ; on les abreuve à l'eau blanche, et après le vélage, on ajoute à leur nourriture ordinaire, pendant deux mois environ,

---

(1) Le pot pèse quatre livres et se divise en quatre quartains.

une buvée faite avec du poussier de foin et des feuilles de choux que l'on a conservées pour elles. On ne leur donne point de sel : ce n'est que dans la saison des herbes qu'on leur en distribue une once à peu près tous les jours, pour leur donner plus d'appétit. Leurs gardiens ont observé que plus ils les tiennent chaudement et à l'abri de l'humidité, moins elles consomment de nourriture.

On ne garde, en hiver, qu'un petit nombre de brebis; ces animaux s'achètent dans le Faucigny, après la tonte du mois de mai. On les paie neuf à dix francs, et après en avoir retiré deux livres environ de laine courte et grossière, on s'en défait à la foire de Suze, à un tiers ordinairement au dessous de leur prix d'achat. Leur poids, à l'âge d'un an, est de quarante à cinquante livres. Les brebis que l'on conserve ne sont tondues qu'à la Saint-André (30 novembre); elles produisent alors cinq ou six livres de laine, que l'on emploie à faire des bas ou à fabriquer un drap grossier, dont les pâtres se vêtent; on est aussi dans l'usage de placer ces animaux à *cheptel* dans les vallées subalpines.

Je ne dirai rien des chèvres, dont tout le monde connaît l'aptitude à prospérer sur les montagnes; elles sont, en général, blanches et sans cornes, comme celles que l'on nomme *muses* dans le Mont-d'Or (1). Leur poids ne diffère guère de celui des brebis; mais elles donnent jusqu'à deux pots de lait par jour, pendant que ces dernières n'en rendent qu'un seul.

Je n'énumérerai pas les plantes qui rendent les prairies alpines si favorables aux bestiaux; ces régions abondent en herbes à feuilles larges, telles que les chi-

---

(1) Les Alpicoles croient que les chèvres sans cornes donnent plus de lait. Pline était de la même opinion : *mutilum in utroque sexu utilius; mutilis lactis major ubertas.* Nat. Hist., lib. VIII, cap. 50.

coracées, les légumineuses, les polygonées, les pédicu-
laires, etc., plus mucilagineuses et plus lactifères que les
graminées, dont se composent essentiellement les pâturages de nos plaines. Leurs nombreuses variétés dans
ces sites élevés, et leurs qualités sapides et nutritives sti-
mulent les forces digestives des animaux, et augmentent
singulièrement la sécrétion du lait, favorisée encore par
l'air plus vif qu'ils respirent, et par l'influence de l'élec-
tricité que recèlent les brouillards.

Le local destiné à la fabrication des fromages est situé
au milieu des prairies, à la proximité d'une source d'eau
vive ou d'un ruisseau, tel qu'il s'en trouve fréquemment
sur les Alpes. Il consiste dans un bâtiment en pierres
sèches ou en maçonnerie, couvert de schistes assez
lourds pour résister à l'effort des vents et assez incli-
nés pour que la neige ne s'y fixe point. L'exposition que
l'on recherche est toujours celle qui abrite le mieux l'édi-
fice des vents destructeurs qui soufflent du nord-ouest au
sud-est, et en sens contraire : le premier porte, dans le
pays, le nom de *vanoise;* le second, celui de *lombarde.* Du
reste, la distribution du bâtiment est fort simple : partagé
en plusieurs parties inégales, la plus grande, au dessus
de laquelle est le fenil, sert à renfermer le bétail. Une
autre forme l'atelier où l'on manipule les fromages; celle-
ci est garnie des ustensiles nécessaires et d'une cheminée dont le manteau est assez élevé pour qu'on puisse
agir au dessous du foyer sans se baisser. La troisième division, ordinairement placée au nord et attenant à la seconde, sert à déposer le laitage. Une quatrième chambre
sert de logement aux femmes chargées de ce travail; enfin, un caveau creusé dans le sol est destiné à la salaison et
à la garde des fromages.

Si nous suivons maintenant les diverses opérations au
moyen desquelles on fabrique le fromage, nous recon-
naîtrons que ces opérations sont faciles et à la portée

de tous les cultivateurs; elles ont lieu dans l'ordre suivant :

Première opération.

Dès que la traite du soir est faite, on coule le lait à travers une passoire en bois (V. Pl. 6e, *fig.* 1re) de forme ovale et dont le fond concave est percé d'un trou que l'on garnit d'un bouchon de paille, de feuilles de mélèze ou de racines de chiendent. Cette passoire repose sur un chevalet (*fig.* 2e), placé sur un baquet, d'une capacité proportionnée, dans lequel on reçoit le lait débarrassé, par cette filtration, des poils ou autres objets étrangers qui peuvent y être tombés.

On laisse reposer ce lait douze heures environ dans un lieu frais, où il ne puisse s'altérer. Le lendemain on lève, avec une cuiller percée de trous, la crême qui est montée à sa surface, et on le réunit avec celui de la traite du matin qui a été passé de la même manière, mais auquel on laisse toute la crême qu'il renferme. Quelquefois même, on n'écrème aucune des deux traites pour préparer des fromages plus gras et d'un goût plus exquis, mais d'une conservation plus difficile. Si la température est plus froide qu'à l'ordinaire, on verse le lait du soir dans une chaudière de cuivre, et, à l'aide d'un feu modéré, on lui procure insensiblement un degré de chaleur égale à celle qu'il avait à sa sortie des mamelles (environ 20° de Réaumur). Un soin essentiel, auquel on ne manque jamais, c'est de laver le bouchon de la passoire avant de s'en servir.

Deuxième opération.

On sépare le petit-lait de la matière caséeuse au moyen d'une présure qui est préparée de la manière suivante : on prend à peu près une centaine de clous de girofle, une même quantité de grains de poivre et une livre et demie de sel; on les fait bouillir dans de l'eau pendant un quart d'heure, plus ou moins; lorsque cette saumure est refroidie, on y fait macérer deux caillettes de jeunes veaux, et l'on garde ainsi cette présure dans un pot de terre fermé, ou dans une bouteille, pendant cinq ou six semaines, avant d'en faire usage.

La dose qu'il faut en employer varie selon l'état du lait et la nature des caillettes, qui sont plus ou moins riches en principes coagulans; ou suivant la température de la saison. Trop peu de présure ne remplit point l'objet, mais son excès active trop la séparation et donne à la pâte une saveur désagréable; aussi, l'art consiste ici à employer le moins de présure possible. La proportion la plus ordinaire est d'une cuillerée à bouche pour cinquante pots de lait; mais il faut dire aussi que l'habitude et le tact de la routine sont des guides plus sûrs que les indications de la théorie.

Lorsqu'on a versé la présure dans la masse liquide que l'on veut faire cailler, on en aide le mélange en l'agitant dans tous les sens, avec une petite fourche de bois, ou une branche de sapin à laquelle on a coupé les ramifications à trois ou quatre pouces. On recouvre ensuite le baquet avec une toile étendue sur le chevalet, pour garantir le laitage de la poussière, des insectes, ou de l'influence de l'air. On laisse reposer le lait, et dans l'espace de deux heures, plus ou moins, selon la température, le sérum se sépare de la matière caséeuse.

Si la fraîcheur de l'atmosphère ralentit trop longtemps l'action de la présure, on expose le lait à une douce chaleur, en évitant avec soin la fumée du foyer, qui transmettrait un mauvais goût au fromage. C'est ordinairement dans cet intervalle que la fruitière emploie la crème, qu'elle a retirée du lait, à la fabrication du beurre. Ce beurre des Alpes, quand il est frais, exhale un arôme qui le rend délicieux.

Troisième opération.

Lorsque l'ouvrière reconnaît que le caillé a pris la consistance nécessaire, elle décante le petit-lait, ou le puise avec son écuelle de bois; si la coagulation est complète, le petit-lait offre un aspect verdâtre : dans le cas contraire, il conserve une teinte laiteuse. Elle plonge ensuite ses mains au fond du baquet; elle rassemble le caillé, le rompt en aussi petits morceaux que possible, et par le mouvement continuel, vif et pressé de ses bras, elle agite et soulève la masse, la brasse fortement, l'exprime et la pétrit jusqu'à ce qu'elle n'adhère plus aux parois du baquet. Le caillé se présente sous l'aspect de petits grumeaux, qui forment une pâte égale, tenace et élastique. Après cette manipulation, qui n'exige pas moins d'une heure environ, on incline doucement le baquet et l'on fait écouler le petit-lait.

Il paraît qu'à l'aide de ce pétrissage, non seulement on rapproche les molécules entre elles, mais qu'on incorpore aussi dans la pâte une certaine quantité d'air, et une chaleur émanée de la température du corps de l'ouvrière, lesquelles concourent vraisemblablement à opérer une bonne caséaction.

Quatrième opération.

On retire la pâte du baquet dans lequel on l'a pétrie ; on la divise en deux parties égales : l'une est aussitôt immergée dans du petit-lait, pour être réunie à la moitié de la pâte du jour suivant, et ainsi de suite, on réserve toujours une moitié de la pâte pour le lendemain (1); l'autre partie, que l'on enveloppe d'une toile légère, est déposée, ainsi emmaillottée, dans un cercle de fer très mince ou dans un cerceau très flexible, qu'on peut ouvrir ou fermer à volonté : on rétrécit ou l'on détend le cercle, afin de l'introduire dans un moule de bois, dont le fond mobile et percé de trous (*fig.* 3) laisse passer la matière séreuse.

On répartit également la pâte en ne la laissant point dépasser de plus d'un pouce le bord supérieur du cercle ; lorsqu'il n'existe plus aucune cavité, on recouvre le moule avec un plateau de la même forme (*r, fig.* 3), et d'un diamètre un peu plus grand ; on laisse égoutter la pâte pendant vingt-quatre heures, en posant le moule sur un baquet évasé (*h, fig.* 4), du fond duquel s'élève un petit support (*o, fig.* 4).

Cinquième opération.

Le jour suivant, lorsque la pâte est affaissée et bien moulée, on enlève le plateau et le cercle, on défait l'enveloppe, on en remet une autre, on renverse le fromage et on le replace dans le cercle qu'on a rétréci, proportionnellement au retrait que ce premier a éprouvé. On le soumet ensuite à une compression plus forte, en plaçant le moule sous une presse qui achève de dépurer le fromage. Cet appareil (*fig.* 4), qu'une seule personne peut faire mouvoir, consiste dans deux montans *a, a,* maintenus par une traverse supérieure *b,* lesquels soutiennent un treuil *c,* garni d'une cheville *d ;* au moyen du treuil, on soulève un coffre *e,* chargé de graviers et de blocs de pierre ; ce coffre s'abaisse sur une banquette *f,* dans laquelle sont implantés les deux montans *a, a;* et

---

(1) Les fruitières attribuent à ce mélange les veines bleuâtres que le fromage acquiert en mûrissant.

celle-ci est circonscrite par une rigole terminée en bec *g*,
pour recevoir le liquide qui découle et le conduire dans
un baquet, placé au dessous. Le fromage reste sous la
presse pendant trois jours, et quelquefois pendant cinq
ou six, lorsque l'atmosphère est froide.

Durant cet intervalle, on le retourne tous les matins,
et on le soumet chaque fois à une pression progressive, en
augmentant l'effort de la machine à chaque pressée.

On peut mettre à volonté deux fromages sous la même
presse, en les séparant l'un de l'autre par un plateau.

Sixième opération.

Lorsque le fromage a acquis le degré de siccité convenable, on le transporte à la cave pour le saler et lui faire
atteindre le point de maturité nécessaire. Le sel con-
court à modérer la fermentation, à prolonger la durée
du fromage, et à le rendre meilleur. Il est inutile de dire
que le pourtour de la cave est garni d'étagères, sur lesquelles on pose les fromages. Plus la cave est fraîche sans
être humide et la température uniforme, plus la fermentation est régulière. Quelques propriétaires introduisent
dans leurs caves un petit ruisseau d'eau vive, lequel
contribue à y entretenir une fraîcheur salutaire.

La quantité de sel que l'on consomme n'est pas toujours
la même; elle varie selon l'exposition et la température
locale, ou suivant le degré d'humidité que le fromage a
retenu. La dose moyenne est de cinq livres par fromage
du poids de vingt-cinq à vingt-huit livres. On prend de
préférence du sel gris, comme absorbant mieux l'humidité que le sel blanc, et après l'avoir broyé on saupoudre
les fromages en frottant leur surface avec la main.
Tous les deux jours, pendant environ deux mois, on répète cette opération en les retournant chaque fois : elle
n'est achevée que lorsqu'on observe une humidité sur-

abondante qui annonce que la pâte est saturée; il se forme, à l'extérieur, une croûte grisâtre qui sert de *couverte* à la pâte.

Septième opération.

Après avoir salé les fromages, il ne reste plus qu'à leur faire subir une espèce d'élaboration, qui constitue leur maturité. On les dépose, à cet effet, sur un lit de paille étendue à terre, que l'on renouvelle de temps en temps, en les posant à côté les uns des autres, sans qu'ils se touchent entre eux. Plus ils sont nombreux et mieux ils mûrissent.

On a soin de les tourner chaque jour, en les mettant de champ, ou en les changeant de face. Le fromage éprouve alors une espèce de fermentation plus ou moins lente; il se forme de l'acide acétique et de l'ammoniaque, qui lui donnent une saveur piquante et une odeur âcre, que les gourmets savent seuls apprécier. Enfin la pâte se persille, c'est à dire qu'elle se couvre intérieurement de veines d'un gris-bleuâtre, qui ne sont que le développement d'une moisissure, ou de champignons microscopiques, connus des botanistes sous le nom de *mucor mucedo, L.*

Le temps nécessaire à la maturation des fromages varie de trois à quatre mois; la manière de les apprêter, aussi bien que la nature du lait et celle des herbages, peuvent influer sur l'époque de leur maturité : celle des fromages qui ont été fabriqués sur la fin de la saison ne s'accomplit que dans cinq ou six mois.

La forme des fromages est celle d'un pain cylindrique d'environ un pied de diamètre sur cinq à sept pouces de hauteur; leur poids diffère, quand ils sont mûrs, de vingt à vingt-cinq livres, et leur prix moyen est de huit à dix sous la livre. Ceux qui ne contiennent point de lait de brebis, ou qui n'en renferment que très peu, se vendent

deux ou trois sous de moins; mais quels que soient les
soins qu'on apporte à la fabrication, il est difficile d'obtenir constamment les mêmes résultats.

Pour reconnaître si la pâte a les qualités qui constituent
les bons fromages, on la soumet à l'essai d'une sonde.
Dans les bons fromages, la pâte est d'un blanc mat jaunâtre veiné de blanc, unie, grenue, pesante, d'une saveur fraîche, délicate et un peu piquante. On recherche,
de préférence, les plus gros et ceux qui ont été fabriqués
pendant la saison des fleurs; mais on évite les produits de
quelques fabricateurs qui, ne possédant aucun troupeau,
louent, pour exploiter leurs pâturages, des bestiaux qui
appartiennent à des propriétaires des vallées subalpines :
ils leur livrent, en compensation, des fromages arides,
maigres et mal préparés, dont le lait a été appauvri par
l'extraction de la crème.

La durée des fromages ne saurait être déterminée exactement; on peut toutefois, à l'aide de quelques soins, les
conserver d'une année à l'autre. Ce terme écoulé, la pâte
devient spongieuse, elle s'émiette et répand une odeur
fétide. Les soins, qui tendent à ralentir les progrès de la
décomposition, consistent à laver, de temps à autre, les
fromages avec du vinaigre ou de l'eau de vie, ou à les
frotter avec de l'huile fine ou du beurre frais (1). Il est
surtout essentiel de les placer dans une cave fraîche et
sèche tout à la fois, où il n'y ait pas de vin en fermentation, et, autant que possible, à l'abri de la lumière et
des variations atmosphériques.

Tels sont les procédés simples et faciles à l'aide desquels d'industrieux montagnards changent l'herbe de leurs
pâturages en un comestible salubre et agréable, que l'on

(1) On peut aussi, à l'aide d'une solution de chlorure de chaux,
dont on imbibe les fromages, désinfecter ceux qui commencent
à s'altérer.

voit sur les tables somptueuses comme sur les tables les ·
plus frugales.

Cette industrie ne procure pas seulement aux habitans
du Mont-Cénis les moyens de se pourvoir des productions
étrangères à leur sol et à leur climat ; elle offre à la po-
pulation de cette partie des Alpes une nourriture, saine
et appropriée à ses besoins, dans le sérai qu'ils retirent
du petit-lait encore pourvu de matière caséeuse, et dans
les alimens qu'ils préparent avec le lait du petit nombre
d'animaux qu'ils font hiverner. Ces produits secondaires
forment la nourriture favorite des Alpicoles.

EXPLICATION DE LA PLANCHE.

Fig. 1. Passoire pour couler le lait.

    2. Chevalet que l'on place sur le baquet.

    3. Moule à fromage.

    4. Presse à fromage.

a, a, Montans.

b, Traverse servant à maintenir les deux montans.

c, Treuil garni d'une cheville *d.*

d, Cheville qui sert à élever et baisser le coffre *e.*

e, Coffre chargé de pierres.

f, Banquette dans laquelle sont implantés les montans *a, a,*
    et circonscrite par une rigole terminée en bec *g.*

h, Baquet.

o, Support qui s'élève du baquet *h.*

r, Couvercle du moule à fromage.

CINQUIÈME MÉMOIRE.

(FROMAGE CUIT.)

FROMAGE DE GRUYÈRES,

FABRIQUÉ A LA VOIVRE, PRÈS DE VAUCOULEURS,

Département de la Meuse;

PAR M. BONVIÉ.

La Société royale et centrale d'agriculture avait manifesté à M. Bonvié, son correspondant, le désir d'avoir des renseignemens sur la fabrique de fromage, façon de gruyère, qu'il a établie à la Voivre, près Vaucouleurs, département de la Meuse. M. Bonvié s'est empressé d'envoyer une notice sur cette fabrication, et M. le secrétaire perpétuel en a donné lecture à la Société.

Une notice bien détaillée et accompagnée de figures sur un sujet aussi important que la fabrication des fromages, façon de gruyère, ne pouvait manquer d'intéresser vivement la Société : aussi plusieurs membres, frappés de la clarté et de la précision des détails donnés sur cette fabrication, ont-ils demandé que ce travail fût imprimé. Il s'est alors élevé la question de savoir si les procédés développés dans le mémoire étaient nouveaux, et s'ils n'avaient point été déjà décrits dans les ouvrages qui traitent de la fabrication des fromages. La Société a chargé MM. Tessier, Huzard, Bosc et Huzard fils de lui faire un rapport à ce sujet : voici ce rapport, nous avons cru qu'il ne serait pas déplacé ici.

Dans quelques recueils d'ouvrages relatifs à l'économie rurale, on trouve en effet des détails sur la fabrication de ces sortes de fromages ; dans quelques uns , on trouve même les figures des instrumens de fabrication.

Le premier que nous avons consulté a été celui des *Mémoires de la Société* : la première série ne contient rien de relatif à la fabrication des fromages de Gruyères (1), la seconde série ne contient (année 1812) qu'un rapport d'une commission sur le concours ouvert par la Société pour le perfectionnement de la fabrication des fromages , rapport dans lequel il est dit que MM. Charles Lullin de Genève, et Lepelletier propriétaire au Tilleul, ont chacun envoyé des fromages façon de gruyère, et des mémoires relatifs à cette fabrication ; mais les mémoires ne sont point imprimés à la suite du rapport, même par extrait.

La Société économique de Berne , dans ses excellens *Mémoires*, n'a publié que des réflexions sur l'amélioration des fruiteries ; encore ces réflexions font-elles seulement partie d'un *Mémoire sur l'Économie des Alpes*, par Jacques Dick, et ne contiennent-elles aucune donnée sur la fabrication des fromages de Gruyères (2).

L'*Encyclopédie* ou *Dictionnaire raisonné des Sciences, Arts et Métiers*, in-folio, ne contient aucun détail à ce sujet (3).

Les *Annales de Chimie* (4), les *Annales de Chimie*

---

(1) On ne trouve dans ce recueil qu'un Mémoire de M. Duffours–Dupons , sur l'emploi du lait de brebis dans le Languedoc pour la fabrication des petits fromages appelés *fromageons*. Trimestre de print., 1787, p. 99.

(2) Mémoires et observations recueillis par la Société économique de Berne, 1790 à 1773.

(3) L'auteur de l'article *Lait et Fromage* s'étend principalement sur les qualités médicales et hygiéniques de ces deux alimens.

(4) On trouve dans les *Annales de Chimie*, t. IV. p. 31,

et de *Physique* (1) ne contiennent également rien sur le fromage de Gruyères.

Il en est de même des *Annales des Arts et Manufactures*, par O'Reilly (2); — des *Mémoires de Mathématiques et de Physique présentés à l'Académie royale des sciences* (3); des *Secrets concernant les Arts et Métiers* (4); de la *Feuille du Cultivateur* (5); de la *Bibliothèque bri-*

Observations sur les caves et le fromage de Roquefort. Extrait du Mémoire envoyé par l'auteur (Marcorelle) à la Société royale d'Agriculture de Paris; par M. Chaptal. — T. XXXII, p. 287, *Notice sur la fabrication du fromage de Lodésan*, connu sous le nom de *parmesan;* par Gaspard Monge. — T. L. p. 272, *Mémoire sur le lait et sur l'acide lactique;* par Bouillon-Lagrange. — T. LXXI, p. 79, *Mémoire sur l'acide saccharo-lactique et sa transformation en acide succinique;* par M. Tromsdorff.

(1) T. X, p. 29, *Recherches sur le principe qui assaisonne les fromages.* — T. X, p. 42, *Analyse de quelques fromages.* (*Clef de l'Industrie.*)

(2) T. XI, p. 96, *Fabrication du fromage de Chester.* (*Clef de l'Industrie.*)

(3) *Mémoire de M. Marcorelle sur le fromage de Roquefort,* t. III, p. 585. (*Clef de l'Industrie.*)

(4) *Amélioration et conservation des fromages,* t. IV, p. 44. (*Clef de l'industrie.*)

(5) *Introduction,* p. 151, *Mémoire sur l'emploi du lait de brebis dans le Bas-Languedoc, pour faire les fromages.* — T. Ier, p. 229, *Observations sur la conduite des laiteries et principalement sur ce qui est relatif à l'art de faire le beurre;* par Anderson. — T. IV, p. 77, *Manière de faire des fromages, façon de la ci-devant Brie;* — selon la méthode de Bresse; — et façon d'Angleterre. — T. V, p. 56, *Manière dont se fait la répartition du beurre et du fromage chez les Grisons, dont les vaches sont dans des pâturages communs.* — T. VI, p. 137, *Détails importans sur la fabrication des fromages connus sous le nom de parmesans, et sur la manière de nourrir les vaches destinées à en fournir la matière.* — T. VIII, p. 8, *Procédés*

tannique, partie des *Sciences et des Arts* ; des *Archives* des *découvertes et des inventions nouvelles faites dans les sciences*, etc. (1); de la *Correspondance rurale*, par Delabretonnerie (2) ; du *Guide du Fermier* (3) ; du *Dictionnaire de l'Industrie* (4) ; du *Journal économique* (5).

Il n'en est pas tout à fait ainsi des ouvrages suivants.

Dans le *Dictionnaire portatif des Arts et Métiers*

---

pour faire les fromages de Herve persillés ; — t. VIII, p. 15 ; *pour faire des fromages de Herve imitant ceux de Marolles* ; — t. VIII, p. 26, *pour faire des fromages de Rekem-Mersem cuits.*

(1) *Fabrication du fromage de Hollande*, t. XII, p. 402. — T. XIII, p. 419, *Fabrication du fromage de chèvre du Mont-d'Or*; par M. Grognier, (*Clef de l'Industrie.*)

(2) Trois vol. in-12, t. Ier, p. 421, *Fabrication du fromage de Brie.*

(3) Ou *Instructions pour élever, nourrir, acheter toute sorte de bétail*, 2 vol. in-12. Il est seulement parlé de la fabrication de quelques fromages d'Angleterre.

(4) Six vol. in-8°. Paris. Cet ouvrage ne contient que quelques notions insuffisantes sur la fabrication des fromages en général, et en particulier sur la fabrication du fromage du Mont-d'Or, et sur celui de pomme de terre.

(5) 1761, août, septembre et octobre, Dissertation de M. Targioni Tozetti *sur des coliques attribuées à un fromage de mauvaise qualité.* — 1763, août, septembre, *Mémoire sur la meilleure manière de gouverner les laiteries, principalement quant au commerce des beurres frais et salés.* — 1764, avril, p. 161, *De quelques façons particulières de faire les meilleurs fromages;* — *Manière de faire les fromages façon de Brie;* id. *selon la méthode de Bresse;* — id. *le fromage sec aux* orties; id. *mou aux orties;* id. *façon d'Angleterre.* (Article aussi inséré dans la feuille du *Cultivateur.*) — 1772, p. 264, *Procédé pour faire les fromages connus à Lyon sous la dénom* ination *de fromages de chèvre du Mont-d'Or.* (1751 à 1672, 21 vol. in-12 et 15 vol. gr. in-8°; fig.)

(5 vol. in-8°), on trouve, entre autres procédés de fabrication de divers fromages, celui qui est suivi pour faire le fromage de Gruyères; mais les détails sont si brefs, qu'on peut les regarder comme insuffisans; ils ne sont pas accompagnés de la figure des instrumens de manutention.

Dans le *Dictionnaire des Découvertes faites en France, de 1789 à la fin de 1820, dans les sciences, la littérature et les arts*, est inséré un extrait très étendu d'un mémoire de M. Droz sur la fabrication du fromage de Gruyères dans la Franche-Comté, mémoire qui a été inséré dans les *Annales d'Agriculture*, et sur lequel nous reviendrons plus loin (1).

La *Bibliothèque physico-économique* n'est guère plus riche. On n'y trouve qu'une note très insignifiante, de deux pages, sur différens emplois du lait et de la crème, pour obtenir des fromages de Suisse [3e série, t. IV] (2).

---

(1) On y trouve encore une *Dissertation chimique de* M. Proust *sur l'acide du fromage;* dissertation qui est aussi dans les *Bulletins de la Société philomatique* de 1819, et dans les *Annales de Chimie et de Physique,* t. X, p. 29.

(2) On trouve dans ce recueil : Année 1781, p. 336, *Méthode pour améliorer toutes sortes de fromages.* — Id., p. 371, *Moyen pour prévenir la vermification dans les fromages.*—1784, p. 362, *Manière de préparer le fromage de Sassenage.* — 1785, p. 361, *Manière de faire le fromage de chèvre dit du Mont-d'Or.* — 1787, t. Ier, p. 123, *Fromages difficiles à faire avec le lait battu en été et échauffé; moyen d'y remédier.* — Id., p. 125, *Moyen d'aider l'action de la présure pour faire les fromages.* — 1788, t. Ier, p. 127, *Manière de faire en Angleterre les fromages de Gloucester, Cheshire et Stilton.* — 1789, t. II, p. 96, *Manière de faire les fromageots ou de lait de brebis.* — 1790, t. II, p. 323, *Moyen conseillé pour préserver les fromages blancs d'être attaqués des vers en été.*—2e série, 1802, t. Ier, p. 103, *Notice sur la fabrication du fromage de Lodésan, connu sous le nom de* parmesan. (C'est un extrait du Mémoire de

Les *Annales d'Agriculture*, outre le Mémoire de M. Droz, dont nous venons de parler, sur la fabrication des fromages de Gruyères dans le Jura ou le Doubs (t. XV, p. 387), contiennent quelques autres détails : ainsi, dans le t. XXXVII, p. 145, M. J.-P. Pictet en donne de nouveaux sur la fabrication de ces fromages; seulement il s'occupe plus particulièrement des espèces de règles qui dirigent les associations connues sous le nom de *fruiteries*. — Dans le tome XLVIII, p. 122, on trouve un extrait de l'ouvrage de M. Lullin, de Genève, sur les associations rurales connues, en Suisse, sous le nom de *fruiteries*, par M. Bosc. — Enfin, dans le tome LI, p. 377, est inséré le Rapport sur le concours ouvert par la Société d'agriculture de la Seine, pour le perfectionnement de la fabrication des fromages; rapport dont nous avons déjà parlé au sujet des Mémoires publiés par la Société d'agriculture de Paris.

Cependant, ce qui est dit dans ces mémoires ou rapports est insuffisant, et celui de M. Droz, le plus étendu, est encore trop abrégé, et ne montre pas les instrumens de fabrication (1).

Monge inséré dans les *Annales de Chimie*.) — 1813, t. Ier, p. 175, *du Fromage de brebis et de l'emploi de leur lait*, par Denys Montfort; *fromage du Texel, fromage du Languedoc, fromage de Montpellier*. — 3ᵉ série, t. III, p. 112, *Recette pour faire le fromage de pomme de terre*. (Note de deux pages.) — T. V, p. 195, *Fromage gras dit de* boîte. (Note de deux pages.) — T. IX, p. 200, *Sur la fabrication des fromages de Hollande et sur les procédés à employer pour améliorer les fromages du Cantal.* (Note de trois pages.)

(1) Outre ces détails, on trouve encore dans ce recueil, t. LXII, p. 289, *Mémoire sur les moyens d'améliorer la fabrication du fromage du Cantal*; par M. Royssou. — T. LX, p. 323, *Essai sur la fabrication du fromage dit* parmesan; par M. Joseph Bayle Barelle; traduit de l'italien. — T. LXII,

Les *Bulletins* de la Société d'encouragement ne présentent (1re année, n° VIII) que l'extrait du mémoire
de M. Droz, dont nous venons de parler (1).

L'ouvrage de Parmentier et Deyeux sur le lait (2) renferme des détails très étendus sur la matière qui nous

---

p. 109, *Du fromage de parmentière ou pomme de terre.* — T.
LXIII, p. 63, *Fromages. Lettre de M. Tiolier sur les besoins
et les ressources de l'agriculture dans les départemens du Puy-
de-Dôme et du Cantal.* — Dans la 2e série, t. VII, *De la fabrication du fromage en Angleterre;* par Parkinson; traduit de
l'anglais par M. J. Cavoleau. — T. IX, p. 113, *Des montagnes, du fromage et du beurre.* Chapitre VII du Mémoire de
M. Devèze de Chabriol, relatif aux bêtes à cornes de l'arrondissement de Saint-Flour, Cantal. — T. X, p. 298, *Fabrication
des fromages de chèvres du Mont-d'Or;* par M. Grognier. —
T. XXI, p. 5, *Fabrication du fromage de Parmesan;* par
Huzard fils. — Même volume, *Observations de M. Grognier,
sur la fabrication du fromage du Cantal, dans le Mémoire intitulé :* Considérations sur la statistique bovine du Cantal. —
T. XXII, p. 262, *Fromage de Parmesan, fabriqué près Paris
par* Huzard fils. — T. XXVIII, p. 49, *Note sur le fromage de
Parmesan, fabriqué par* Huzard fils. — T. XXX, p. 363, un
Rapport de M. Coquebert-Montbret *sur un ouvrage hollandais
de* M. Lefranck de Berkley, *relatif à l'histoire naturelle des
bêtes à cornes de la Hollande,* Natuurlike Historie van Het
Rundvee in Holland, etc., *et qui traite très en détail de la fabrication des diverses espèces de fromages de Hollande.* (La Société centrale d'Agriculture donnerait très probablement un prix
à l'auteur de la traduction de cet ouvrage.)

(1) Dix-huitième année, n° 182, *Rapport sur les fromages de
Hollande,* fabriqués par M. Dumarais à Neuilly, près Isigny
(Calvados), par M. Bosc. — Dix-neuvième année, n° 192,
Note sur la fabrication des fromages des chèvres du Mont-d'Or;
par M. Grognier, déjà cité. (*Clef de l'Industrie.*)

(2) *Précis d'expériences et Observations sur différentes espèces
de lait,* in-8°, an 7.

occupe ; mais les auteurs ont traité plutôt de la théorie de la fabrication que des procédés particuliers de confection de tel ou tel fromage, et celle du fromage de Gruyères n'est enseignée que d'une manière générale avec celles des fromages de Hollande, d'Angleterre et d'Italie, dans le chapitre, ayant pour titre : *Des fromages dépouillés de la sérosité par le moyen de la compression et du feu.*

Scheuchzer est peut-être le premier qui ait donné une description détaillée de la fabrication des fromages de Gruyères. Dès 1708, dans son ouvrage intitulé : *Itinera alpina*, 1 vol. in-4, imprimé à Londres, il a publié les détails de cette fabrication, et il les a accompagnés de la figure des instrumens qui y sont employés : ce sont les mêmes qui sont encore en usage aujourd'hui, et qui sont aussi figurés dans le mémoire de M. Bonvié. Aux figures de ceux-ci Scheuchzer a joint celles de tous les instrumens qui servent dans les fruiteries à la manipulation du lait. Les procédés qu'il a décrits sont, à quelques détails près et peu importans, les mêmes que ceux de M. Bonvié ; mais sa description est intercalée de tant de citations, de digressions, qu'il devient pénible de la suivre dans une langue, dont peu d'agriculteurs ont conservé l'habitude. Les différentes éditions de l'ouvrage sont, au reste, très rares ; elles sont chères, et l'ouvrage n'est qu'en très peu de mains.

Desmarets, membre de l'Académie royale des sciences, est, après Scheuchzer, qu'il cite, celui qui a donné la description la plus étendue de la fabrication des fromages de Gruyères : c'est dans l'*Encyclopédie méthodique ou par ordre de matières (Arts et Métiers mécaniques,* t. III, p. 73, *Art de faire les fromages)*, que se trouve son travail. Comme celui de Scheuchzer, il est accompagné de la figure de tous les instrumens employés dans les fruiteries. C'est dans la Franche-Comté qu'il a observé la méthode qu'il décrit. Ce sont toujours les mêmes procédés et les mêmes instrumens; sa description est claire, et peut diriger très bien la personne qui chercherait à opérer cette fabrication.

L'un de nous, M. Bosc, a aussi donné, dans l'*Encyclopédie méthodique* (partie *Agriculture*, t. IV, p. 477) une fort bonne description de la manière de faire ces fromages, et qui, comme celle de Desmarets, peut servir de guide dans les opérations qu'elle comporte; mais il n'a pas ajouté la figure des instrumens; et, sous ce rapport, son travail peut être regardé comme moins complet.

Un autre membre de la Société, Witte, correspondant étranger à Berlin, a, comme Scheuchzer et Desmarets, donné la description des procédés de fabrication et la figure des instrumens qui y servent. C'est dans l'ouvrage qu'il avait si bien commencé et intitulé : *Les races des bêtes à cornes d'Allemagne* (3ᵉ cahier), qu'on trouve son travail à ce sujet. Ce sont encore les mêmes instrumens et les mêmes procédés; mais ces derniers sont décrits d'une manière très brève, je dirai même imparfaite, en comparaison de la description qu'en ont donnée MM. Desmarets et Bosc : l'ouvrage est d'ailleurs excessivement rare.

Rozier, dans son *Cours complet d'Agriculture* en 10 vol. in-4° (tome V, 1784) a copié ce qu'avait dit Desmarets, dans l'*Encyclopédie méthodique*, de la fabrication du fromage de Gruyères; il a pris jusqu'aux figures qui y sont gravées.

Dans l'espèce d'extrait de l'ouvrage de Rozier, intitulé : *Cours complet d'Agriculture pratique*, d'*Économie rurale et domestique*, etc., 7 vol. in-8°, notre collègue, M. Cadet de Vaux, en 1809, n'a donné sur la fabrication du fromage de Gruyères, à l'article *Lait*, qu'un extrait de ce que MM. Desmarets et Bosc en avaient dit dans l'*Encyclopédie méthodique*.

Dans le *Nouveau Cours complet d'Agriculture théori-*

que et pratique, en 13 volumes, Parmentier a donné un extrait de l'ouvrage qu'il avait fait conjointement avec M. Deyeux, et dont nous avons déjà parlé.

Dans la seconde édition en 16 volumes de ce même *Cours complet d'Agriculture*, M. Bosc a reporté à l'article *Fromage* ce qu'il avait dit de la fabrication du fromage de Gruyères dans la partie de l'*Agriculture de l'Encyclopédie méthodique*; il n'a pu encore y joindre les instrumens de fabrication.

M. Charles Lullin, de Genève, s'est occupé d'une manière spéciale de la fabrication du fromage de Gruyères; son ouvrage, intitulé : *Des associations rurales pour la fabrication du lait, connues en Suisse sous le nom de fruiteries*, in-8°, 1811, est, sans contredit, ce qu'il y a de mieux sous ce rapport. Si les instrumens de fabrication ne sont pas aussi bien figurés que dans l'ouvrage de Scheuchzer et de Desmarets, tous ceux employés en Suisse aux fruiteries y sont également figurés, et la description des procédés de fabrication est bien détaillée et accompagnée d'un grand nombre de bonnes observations et réflexions. Son ouvrage est, sous le rapport de la pratique de la fabrication du gruyère, ce que celui de MM. Parmentier et Deyeux est sous le rapport de la théorie, c'est à dire le plus complet (1).

En 1822, M. Guyétant a de nouveau parlé de cette fabrication dans son ouvrage intitulé : *Essai sur l'état actuel de l'Agriculture dans le Jura*; Lons-le-Saulnier. Quoique le fromage ait le nom de *vachelin* dans les châlets et les fruitiers du pays, il porte celui de *gruyère* dans le commerce et est vendu comme tel. Les procédés pour le faire sont les mêmes, et ils sont suffisamment décrits

---

(1) Nous pensons bien fermement que la description donnée par M. Bonvié un peu plus loin ne laissera aucune difficulté sur cette manipulation.

dans l'ouvrage de M. Guyétant; ils ne sont pas aussi détaillés cependant que dans ceux de Desmarets et de M. Lullin, et l'ouvrage ne contient pas de figures.

Enfin, le dernier ouvrage publié sur cet objet est celui intitulé : *La Laiterie*, ou *Art de traiter le laitage, de faire le beurre et de fabriquer les diverses sortes de fromages*, in-12, Paris, 1823, sans nom d'auteur. Mais cet ouvrage, sans figures, qui traite de tout ce qui a rapport à l'emploi du lait, est très abrégé et est loin de valoir ceux cités de MM. Desmarets, Bosc et Lullin, sous le rapport de la fabrication des fromages de Gruyères; il est bien loin de celui de Parmentier, sous le rapport de la théorie.

Il résulte, Messieurs, des recherches que nous avons faites, et que nous venons de mettre sous vos yeux, que l'objet dont s'occupe M. Bonvié a été traité déjà au long et très bien par cinq auteurs, Scheuchzer, Desmarets, Rozier, Bosc et Lullin; que quatre de ces écrivains ont joint à leur travail, comme M. Bonvié au sien, les figures des instrumens qui servent à la fabrication dont il s'agit; qu'ils ont même représenté un beaucoup plus grand nombre d'instrumens; que le travail de M. Bonvié n'est donc pas le plus complet sur cette matière.

Mais, Messieurs, vous vous rappellerez que la Société n'a point demandé à M. Bonvié un travail complet; qu'elle l'a prié de lui donner seulement la description des procédés suivis dans sa fabrique de la Voivre.

C'est à cette demande seule que notre correspondant a eu l'intention de répondre, et il a rempli parfaitement cet objet. Vous savez tous combien son Mémoire est clair, précis, et avec quel soin sont figurés les instrumens employés dans sa fromagerie.

Si l'on fait maintenant attention que la consommation des fromages cuits est plus grande en France que la fabrication de ces fromages, et par suite de cet état de choses, qu'il y a importation de ce produit, tandis qu'un grand

nombre de nos cantons pourraient le fabriquer avec avantage ; si l'on considère que l'industrie agricole est la dernière à laquelle on se livre, et celle sur laquelle il est le
plus nécessaire de rappeler l'attention des capitalistes en
leur faisant voir un bénéfice dans une nouvelle branche
de travaux ; qu'il faut souvent même attirer vingt fois l'attention sur le même objet, pour parvenir à l'y fixer, il
vous paraîtra peut-être utile de faire imprimer le mémoire de M. Bonvié, comme un travail qui lui a été demandé par la Société, et comme l'exposé pur et simple des
procédés qui sont suivis dans sa fabrique de fromages, façon de gruyère, à la Voivre.

·Dans tous les cas, la Société lui doit des remercîmens
pour les renseignemens qu'il lui a donnés et pour la clarté
·et la précision de son travail (1).

Fabrication du fromage de Gruyères, telle qu'elle a lieu à la Voivre.

Lorsque l'on veut fabriquer du fromage, façon de
gruyère, on commence par faire construire une laiterie
en un lieu où la fraîcheur soit toujours la même. Cet endroit doit être pavé, un peu en pente du côté où les eaux
de lavage doivent s'écouler en dehors. Il est bon qu'il
soit voûté et aéré par de petites fenêtres, pour y maintenir
·toujours un courant d'air, qui renouvelle celui de l'intérieur, lequel se charge promptement des émanations du
lait, d'un acide particulier et de gaz acide carbonique.

Cette laiterie est garnie, dans son pourtour, de ta-

---

(1) La Société royale et centrale d'Agriculture a décidé que
le travail de M. Bonvié, ainsi que ce rapport, seraient insérés
dans le recueil de ses *Mémoires*, et dans les *Annales d'Agri-*
culture.

blettes qui s'élèvent les unes sur les autres à une certaine distance, pour pouvoir y placer les baquets, dans
lesquels on met le premier lait; je dis premier lait, parce
qu'on verra dans la suite qu'un fromage se compose de
deux traites de vache, c'est à dire d'une traite de la veille
au soir, et d'une seconde, celle du matin.

Lorsque cette laiterie est ainsi disposée, on fait traire
les vaches vers les trois ou quatre heures du soir : on
porte le lait dans les baquets, construits en bois de sapin,
tels qu'il en est représenté un, Pl. 2ᵉ, *fig.* 1ʳᵉ; on les place
l'un à côté de l'autre dans la laiterie sur les tablettes dont
il a été parlé ci-dessus. Pour remplir les baquets, on
aura attention d'y verser le lait doucement, afin d'exciter
le moins de mousse possible, et pendant que ce lait est
encore chaud on enlève de cette mousse le plus que l'on
peut, parce qu'on a observé que sa présence s'opposait à
l'élévation de la crême à la surface : ce dépôt reste ainsi
jusqu'au lendemain matin, et c'est ce que l'on appelle *le
premier lait.*

Le lendemain, vers les six heures du matin, on trait
de nouveau les vaches, et le lait de cette traite est porté immédiatement dans la chaudière, représentée Pl. 2ᵉ, *fig.* 2ᵉ,
et qui sert à faire cailler le lait. Pour le verser dans cette
chaudière, on a soin de le couler à travers une espèce
d'étamine, afin qu'il tombe dans la chaudière avec le
moins de mousse possible. Pour cet effet, on pose sur la
chaudière un petit chevalet, dépeint Pl. 2ᵉ, *fig.* 3ᵉ et 4ᵉ.
Ce chevalet soutient un entonnoir, qui est garni à son orifice inférieur d'un bouchon de paille. Lorsque tout le lait
est passé dans la chaudière, on va à la laiterie chercher
celui qui y est déposé de la veille : avant de l'enlever, on
l'examine et on remarque s'il est gras; alors on l'écrème,
et on réserve cette crême à d'autres usages. Si l'on trouve
que le lait n'est pas suffisamment gras, on laisse deux ou
trois baquets, suivant le nombre que l'on en a, sans les

écrémer. La quantité ou l'épaisseur de la crême venue à la surface indique la qualité du lait. Lorsque cette opération est faite, on enlève le lait ; on le verse dans la chaudière en le mêlant avec celui de la traite du matin.

Ce mélange étant fini et la chaudière remplie, on l'amène sur un bon feu clair ; on laisse chauffer jusqu'à ce que tout le liquide ait atteint un degré de chaleur égal à celui qu'a le lait sorti de la mamelle de la vache, qui est à peu près de vingt-cinq degrés au thermomètre centigrade ; l'habitude et le tact indiquent ce degré de température. Alors on retire la chaudière de dessus le feu et on met toute la masse en présure pour le caillage : cette opération n'est pas la moins difficile de la manipulation, et pour être sûr de ne pas la manquer, on se sert d'un lait d'essai.

Ce lait d'essai se compose de deux cuillerées de lait et d'une d'eau de caillette de veau ou de présure. On donnera à la fin la manière de faire cette présure.

Lorsque le mélange caille promptement, et qu'en le remuant ce même mélange se remet en lait, on a la certitude que la présure est bonne : alors on procède au caillage.

Dans une chaudière remplie de lait, que l'habitude vous fait juger pouvoir donner un fromage de trente kilogrammes, on emploie deux litres de présure. On mêle le tout et on laisse ainsi la masse se prendre ; ce qui dure environ une demi-heure ou trois quarts d'heure, selon le degré de température de l'atelier.

Lorsque le lait est caillé suffisamment, ce que l'expérience apprend, on le coupe en plusieurs sens, de manière à former de petites masses de la grosseur d'une fève. Ces petites masses ou grains étant bien formés ou bien préparés, on commence à travailler la masse entière en la remuant constamment avec un bâton armé de petites broches, qui le traversent de distance en distance, Pl. 5ᵉ, *fig.* 3ᵉ.

Ce travail dure environ dix minutes. On remet la chaudière sur un petit feu, que l'on entretient et que l'on
augmente peu à peu, jusqu'à donner à cette masse une
chaleur telle que l'on ne puisse y tenir le bras. Cette
chaleur marque quarante degrés au thermomètre centigrade. Pendant ce temps, le même travail a lieu, c'est à
dire que l'on brasse long-temps la masse avec le bâton à
broches. Il est à observer que ce degré de chaleur a besoin souvent d'être porté plus haut, et on remarque que la
qualité de la nourriture des vaches exige cette élévation.
Cela a lieu lorsque les vaches mangent de l'herbe nouvelle, ou la seconde herbe, nouvellement crue après la
première fauchaison.

Quand on a travaillé ainsi, pendant le temps nécessaire,
la masse qui est sur le feu, et qu'on lui a donné le degré
de chaleur qu'indique la saison ou la nature des herbes
dont les vaches se sont nourries, on retire la chaudière
de dessus le feu, sans discontinuer néanmoins de travailler et d'agiter la masse : ce qui dure environ trois quarts
d'heure, ou jusqu'à ce qu'enfin la masse se soit rappro-
chée et ait acquis une espèce d'élasticité que l'on reconnaît en pressant le grain entre les doigts. Dans cet état,
l'ouvrier ou le fromager passe en dessous de toute la masse,
dans la chaudière même, une étamine faite de toile claire;
il enlève cette masse, qui prend alors le nom de *fromage*,
et la porte de suite sous la presse représentée Pl. 2ᵉ,
fig. 5ᵉ, 6ᵉ et 7ᵉ : il le met dans un cercle de bois de sapin,
qui pose sur un plateau; il recouvre le cercle d'un autre
plateau et abat la presse dessus.

Le fromage reste comprimé ainsi pendant un quart
d'heure, après lequel on retire l'étamine ; on en met une
autre, et cela se fait plusieurs fois successivement, jusqu'à ce qu'enfin le fromage soit dépouillé de son petit-
lait. A chaque changement d'étamine, on resserre le
cercle d'autant que le fromage a diminué ; le cercle,

étant mobile dans le jeu de sa circónférence, est main-
tenu dans son pourtour extérieur avec un lien.

Quand on juge que le fromage est dépouillé de son
petit-lait, on serre la presse et on le laisse en cet état pendant vingt-quatre heures. Après ce temps, le fromage est
confectionné, a pris sa forme ; on le retire et on le porte
à la cave sur des tablettes dressées à cet effet ; ensuite on
procède à la salaison.

Le fromage placé dans la cave sur les tablettes, on
prend du sel marin que l'on a écrasé, on le met dans un
tamis, et on agite le tamis au dessus pour y répandre le
sel ; on retourne le fromage, et on fait la même opération
sur l'autre surface : tous les jours on réitère cette opération pendant l'espace de quatre à cinq mois ; et chaque
fois, avant de verser de nouveau sel, on aura soin d'es-
suyer celui de la veille et de l'enlever ; on aura soin également de nettoyer les tablettes sur lesquelles les fromages
reposent. Pendant les chaleurs de l'été, cette opération
doit se faire plus fréquemment, afin de rafraîchir le fromage par de fortes salaisons, et afin d'empêcher un mouvement de fermentation qui passerait promptement à la
putridité.

En général, la plus grande propreté pour la fabrication
doit être observée. Tous les ustensiles, faits en bois de
sapin, seront nettoyés et lavés dans du petit-lait bouillant ;
ils seront égouttés promptement, afin d'empêcher ces
vases de contracter des odeurs désagréables.

Manière de faire la présure.

Lorsque la matière caséeuse a été retirée de la chaudière, il reste le petit-lait ; on en prend une certaine
quantité, on la fait bouillir, on y ajoute un peu d'eau
d'une autre part, on a du petit-lait aigre, conservé à cet
effet dans un petit tonneau, où il fermente. On en prend

une quantité égale à celle de l'eau qu'on a mise précédemment dans la chaudière ; on laisse sur le feu, et dans cet état le petit-lait se clarifie, en portant à sa surface une certaine quantité de matière caséeuse qu'il avait conservée et qu'on appelle *braote;* on enlève cette matière caséeuse ; on écume ; on continue toujours le feu, et on maintient la chaleur égale à celle que peut supporter la main en s'y plongeant : alors on ajoute une caillette de veau, dans laquelle on aura introduit une petite poignée de sel ; on laisse refroidir, et cette liqueur forme la présure. On en prépare environ trois pots à la fois de la contenance de deux litres chacun, et à mesure que l'on s'en sert, on a soin d'en préparer de nouvelle.

Observation.

Il y a plus de bénéfice pour le fabricant de faire les fromages les plus gras possible ; mais ces fromages ne se conservent pas aussi bien, et le travail de la cave se fait plus difficilement ; les yeux, dans la plupart, s'aplatissent lorsque la pâte se rabaisse après s'être soulevée par la fermentation. En vieillissant, ils deviennent forts, à cause de la grande quantité de partie butireuse. Un fromage de trente kilogrammes, fait avec toute la crème, a pesé trois kilogrammes et demi de plus que s'il avait été écrémé ; ce fromage écrémé n'aurait donné qu'un kilogramme et demi de beurre.

FABRICATION

DU FROMAGE DE GRUYÈRES;

Par DESMARETS.

———————

Il s'en fait en Suisse, dans la Savoie, en Franche-Comté et dans les Vosges. J'exposerai ici les détails qui concernent cet objet curieux d'économie rurale, tels que je les ai observés et recueillis dans les Vosges : ils sont assez semblables, quant au fond, à ceux que Scheuchzer a publiés dans ses *Itinera alpina,* etc. Je me suis cependant attaché à rendre la description de tous les procédés plus précise et plus pratique que celle du naturaliste suisse, laquelle est toujours vague et souvent incomplète. J'ai suivi avec scrupule les manipulations les plus délicates, lorsqu'elles m'ont paru contribuer au succès de l'opération ou à l'éclaircissement de la théorie.

On fait le *fromage cuit* ou de *Gruyères* dans des *chaumes* construits sur les sommets aplatis des plus hautes montagnes des Vosges, pendant tout le temps qu'ils sont accessibles et habitables, c'est à dire depuis la fonte des neiges, en mai, jusqu'à la fin de septembre, où les neiges commencent à couvrir ces montagnes. Une chaumière, destinée au logement des *markaires* et de leurs vaches, et placée au milieu d'un district affecté pour les pâturages, a donné le nom à ces *chaumes*. Le terme de *markaire* est consacré pour indiquer les pâtres qui ont soin des vaches et qui préparent le fromage, ainsi que ceux qui sont à la tête de ces établissemens économiques. De *markaire* on a formé *markairerie*, qui signifie également et la chaumière où se font les fromages cuits et la science de les faire. Dans les cantons de la Suisse française, on les appelle *fruiteries*.

Ces habitations ou *markaireries* sont composées d'un logement pour les markaires, d'une laiterie et d'une écurie pour les vaches; le plus souvent la laiterie n'est pas distinguée du logement des markaires; mais il y a toujours à part une petite galerie destinée à placer sur des tablettes de sapin fort larges les fromages que l'on sale.

Le corps de ces constructions est fait de madriers de sapin placés horizontalement les uns sur les autres et maintenus par de gros piquets. L'intervalle des madriers est rempli de mousse et d'argile, ou scellé de planches; toute cette cage, qui n'a pas plus de sept pieds d'élévation, est surmontée par une charpente fort légère en comble, couverte de planches.

L'écurie est le plus souvent un bâtiment séparé de l'habitation des markaires; on a soin de la placer au dessous d'une petite source, telle qu'il s'en trouve fréquemment sur ces montagnes élevées. L'eau, conservée d'abord dans un réservoir qui domine ces habitations, est conduite par des tuyaux de sapin mis bout à bout dans le logement des markaires et surtout dans l'écurie. La construction de l'intérieur de l'écurie paraît avoir été arrangée dans une intention bien décidée de tirer parti de cette eau. Le sol de l'écurie est garni des deux côtés de deux espèces d'estrades faites de planches de sapin, et élevées d'un pied au dessus du canal, qui les sépare et qui occupe le milieu de l'écurie. Chacune de ces estrades n'a que la largeur nécessaire pour que les vaches puissent s'y reposer ou s'y tenir debout en rang. De cette manière, les planches ne sont que très peu salies par la fiente des vaches, et seulement à l'extrémité qui avoisine le canal. La fiente tombe presque directement, pour la plus grande partie, dans ce canal : les markaires ont grand soin, le matin et sur les deux heures, lorsqu'ils ont *lâché* les vaches, de nettoyer les planches; ensuite ils font couler l'eau, qui traverse le canal et entraîne au dehors tout le fumier qui s'y était amassé. Par ce moyen, les vaches se passent de litière, ce qui est un grand objet d'économie; car la paille est très chère et très rare dans tout le canton.

On lie les vaches par le cou, à l'aide d'un cercle en bois qui s'adapte dans une autre pièce de bois fourchue ; les markaires ne veillent que très peu sur elles pendant qu'elles sont répandues dans les pâturages. Une des plus vigoureuses porte une sonnette, qui rassemble les autres autour d'elle ; d'ailleurs, comme elles sont d'une forte espèce et un peu sauvages, elles se défendent contre les attaques des loups en s'attroupant.

Dans le logement des markaires, qui est aussi leur laiterie, on remarque d'abord le foyer, placé à un des angles du bâtiment, sans tuyau de cheminée. Quatre ou cinq assises de granit ou de pierres de sable, disposées en forme circulaire, composent toute la maçonnerie de ce foyer, Pl. 5ᵉ, *fig.* 1ʳᵉ. D'un côté, on aperçoit un baril où l'on conserve du petit-lait aigri, et qu'on tient toujours exposé à l'action modérée du feu ; de l'autre, est une potence mobile, Pl. 2ᵉ, *fig.* 2ᵉ, à laquelle on suspend une chaudière, Pl. 2ᵉ, *fig.* 2ᵉ, pleine de lait, qu'on place sur le feu et qu'on retire à volonté; la forme circulaire du foyer est destinée à recevoir la chaudière.

Les autres meubles de la laiterie sont : 1° un couloir, Pl. 3ᵉ, *fig.* 5ᵉ, et son support, Pl. 3ᵉ, *fig.* 6ᵉ; ce couloir est un vaisseau de sapin en forme de cône tronqué, dont l'ouverture inférieure est garnie d'un tampon fait de l'écorce intérieure du tilleul ou d'une plante qu'on nomme *jalousie*, et qui est une espèce de *lycopodium* ou pied-de-loup : ces différens corps servent, en laissant passer le lait, à retenir au passage toutes les ordures qui peuvent s'y trouver ; 2° différens baquets, Pl. 4ᵉ, *fig.* 1ʳᵉ, 3ᵉ, 4ᵉ, dont les uns sont plus larges que profonds, et d'autres plus profonds que larges : quelques uns de ces derniers ont des douves qui excèdent, dans lesquelles on a pratiqué des

entailles pour s'en servir à transporter de l'eau ou du petit-lait; 3° des moules ou formes, Pl. 4ᵉ, *fig.* 2ᵉ; ce sont
des cercles de sapin ou de hêtre, qui ont cinq à six pouces
de largeur; une extrémité rentre sous l'autre d'environ
un sixième de toute la circonférence. A cette extrémité,
qui glisse sous l'autre, on a fixé par le milieu un morceau
de bois, qu'une rainure ou gouttière traverse dans les
deux tiers de sa longueur. Cette gouttière sert à y passer
la corde qui tient à l'autre extrémité extérieure du cercle,
et par le moyen de laquelle on resserre ou on lâche cette
extrémité suivant le besoin, et on maintient le tout en place
en liant au morceau de bois, par un simple nœud, le bout
de la corde qui glisse dans la gouttière : ce moule est préférable à celui que l'on trouve gravé dans Scheuchzer,
et qui est un simple cercle dont la circonférence est ar-
rêtée; 4° deux écuelles, l'une plate et l'autre plus creuse,
Pl. 4ᵉ, *fig.* 5ᵉ et 6ᵉ; 5° trois espèces de moussoirs, pour diviser le caillé : l'un a la forme d'une épée de bois, Pl. 3ᵉ,
fig. 3ᵉ; le second est garni de deux rangs de quatre demi-
cercles chacun, disposés à angles droits, Pl. 3ᵉ, *fig.* 4ᵉ;
le troisième est une branche de sapin, Pl. 5ᵉ, *fig.* 3ᵉ, dont
on a coupé les ramifications à trois ou quatre pouces de
la tige, et dans la moitié de la longueur; l'autre partie
est tout unie; 6° une table avec un espace suffisant pour
y placer le fromage lorsqu'il est dans sa forme : cet espace est circonscrit par une rigole, qui porte le petit-lait
dans un baquet, Pl. 4ᵉ, *fig.* 7ᵉ.

C'est un contraste assez étonnant que la figure dégoûtante des markaires, la plupart anabaptistes, et portant
une longue barbe, avec la propreté de l'ameublement de
leur laiterie, dont toutes les pièces sont de sapin; cette
propreté, qui est très essentielle en markairerie, est en-
tretenue par l'attention scrupuleuse qu'ont les markaires,
pendant les intervalles des différentes manipulations
qu'exige la préparation de leurs fromages, de laver avec

le petit-lait chaud toutes les pièces dont ils ne doivent plus faire usage, de les passer ensuite à l'eau froide en les essuyant. Ils se gardent bien d'y laisser le moindre vestige de petit-lait; il leur communiquerait, en s'aigrissant, un mauvais goût, qui rendrait leur usage très pernicieux.

On a coutume de traire les vaches deux fois par jour, le matin vers les quatre heures, et le soir sur les cinq heures. Les markaires se servent, pour cette opération, de baquets profonds; ils s'aident très bien d'une espèce de selle, Pl. 3e, *fig.* 2e, qui n'a qu'un pied, lequel est armé à l'extrémité d'une pointe de fer : cette pointe entre dans le plancher dont est recouvert le sol de l'écurie, et donne une certaine assiette à la selle; elle est d'ailleurs attachée au markaire avec deux courroies de cuir qui viennent se boucler par devant, en sorte que le markaire porte cette selle avec lui lorsqu'il se lève, sans que ses mains en soient embarrassées, et qu'il la trouve toute prête à l'appuyer dès qu'il veut se mettre en situation de traire une vache.

Lorsqu'on a tiré tout le lait qu'on destine à faire un fromage, on commence à placer sur la potence mobile la chaudière qui doit le contenir : on a eu soin de l'écurer auparavant avec une petite chaîne de fer qu'on y ballotte en tous sens, de telle sorte que ce frottement réitéré emporte toutes les parties de la crème, du fromage et des cristaux qui s'attachent aux parois de la chaudière lors de la préparation du fromage.

On place ensuite sur la chaudière le *couloir* avec son support, et on y fait passer tout le lait qui tombe dans la chaudière : c'est ce qu'on appelle *couler le lait.* Cette opération se réduit à arrêter au passage d'un filtre les impuretés que le lait reçoit pendant qu'on le tire.

Avant de mettre la présure, on expose la chaudière pleine de lait à l'action d'un feu modéré; ensuite on enduit de présure les surfaces intérieure et extérieure de

l'écuelle plate, Pl. 4ᵉ, *fig.* 5ᵈ, et on la passe dans le lait,
en la plongeant dans tous les sens : cette présure, à l'aide
de la chaleur communiquée, s'y mêle aisément, et produit son effet d'une manière plus prompte et plus complète.

Dès que la présure commence à faire sentir son action,
on retire tout l'équipage du feu, et on laisse le lait dans
un état de tranquillité, à la faveur de laquelle il se caille
en peu de temps. Le lait étant bien complétement caillé,
et toute cette masse ayant acquis une certaine consistance,
on la coupe et on la divise avec une épée de bois fort tran-
chante, Pl. 3ᵉ, *fig.* 3ᵉ, suivant des lignes parallèles tirées à un pouce de distance et traversées à angles droits
par d'autres lignes parallèles tirées aussi à la même distance. On sépare avec le même instrument les petites portions de caillé qui se trouvent dans les intersections des
parallèles; on pousse ces divisions à la plus grande profondeur, de telle sorte que la masse du caillé soit réduite
en gros *matons*. Le markaire les soulève ensuite avec son
écuelle plate, et les laisse tomber entre ses doigts pour les
diviser davantage; il emploie à différentes reprises son
épée de bois pour couper le caillé, qui, par le repos, se
réunit dans une masse : ces repos ont pour objet de laisser prendre un certain degré de cuisson au caillé, qu'on
expose à différentes reprises à l'action du feu; ils favorisent aussi la précipitation du caillé au fond de la chaudière, et sa séparation d'avec le petit-lait qui surnage.
Le markaire puise le petit-lait, d'abord avec son écuelle
plate; ensuite, lorsque le caillé, plus divisé, occupe moins
de place, par le rapprochement de ses parties, et par l'extraction du petit-lait qui était dispersé dans sa masse, le
markaire emploie une écuelle creuse, Pl. 4ᵉ, *fig.* 6ᵉ, avec
laquelle il puise une plus grande quantité de petit-lait,
qu'il verse dans ses baquets plats, Pl. 4ᵉ, *fig.* 1ʳᵉ.

Il juge qu'il a puisé assez de petit-lait lorsqu'il en reste

une quantité suffisante pour cuire la pâte du caillé divisée
en petits grumeaux et pour l'agiter continuellement avec
les mains, avec les moussoirs et avec l'écuelle, Pl. 3ᵉ,
fig. 4ᵉ, et Pl. 5ᵉ, *fig.* 3ᵉ, dont il se sert pour le
brasser.

Lorsqu'on est parvenu à donner à la pâte la plus grande
division possible, afin de lui faire présenter plus de surface à l'action du feu, on l'agite toujours, et on en ménage la cuisson en exposant la chaudière sur le feu, et en
la retirant par le moyen de la potence mobile. La pâte est
assez cuite lorsque les grumeaux qui nagent dans le petit-
lait ont pris une consistance un peu ferme, qu'ils font
ressort sous les doigts, et qu'ils ont un œil un peu jaune.
C'est là le point que saisit le markaire : il retire la chaudière de dessus le feu, agite toujours et rapproche en
différentes masses les grumeaux, ayant attention d'en exprimer le plus exactement qu'il peut le petit-lait; enfin,
il forme une masse totale des masses particulières, et la
retire de la chaudière pour la mettre en dépôt dans un
baquet plat, Pl. 4ᵉ, *fig.* 1ʳᵉ.

Il a eu soin de préparer le moule, de placer et d'étendre sur la table une toile à claire-voie; il y comprime à
toute force la pâte, en s'aidant de la toile, dont il rapproche les extrémités, et couvre le tout d'une planche,
qu'il charge de grosses pierres pour que le petit-lait s'é-
goutte, que la pâte se moule, et acquière, par ce rapprochement forcé, une certaine consistance. Le fromage
reste comprimé du matin au soir, ou du soir au matin;
on resserre seulement à différentes reprises le moule, en
tirant la corde qui est fixée à l'extrémité extérieure; enfin, on retourne le fromage et on lui donne une autre
forme moins large que celle où il s'est moulé d'abord. Il
reste dans cette seconde forme pendant trois semaines ou
un mois sans être comprimé par ses bases, on se contente
de le maintenir dans son contour. On le sale tous les jours

en frottant de sel ses deux bases et une partie de son contour; et chaque fois qu'on le sale, on resserre le moule. Les markaires ont pour principe que ces sortes de fromages cuits ne peuvent prendre trop de sel; aussi ils y en mettent abondamment, en frottant pour le faire fondre et le faire pénétrer : lorsqu'ils s'aperçoivent que les surfaces n'absorbent plus de sel, ce qui s'annonce par une humidité surabondante qui y règne, ils cessent d'y en mettre; ils retirent le fromage du moule, et le mettent en réserve dans un souterrain. Plusieurs circonstances s'opposent à ce que ces fromages prennent un degré de sel suffisant : 1° lorsque la pâte n'a pas été assez ouverte par le ferment ou la présure, ces fromages n'ont pour lors ni trous ni consistance; 2° lorsque le sel qu'on emploie a retenu un principe gypseux, qui forme sur le fromage une croûte impénétrable aux principes salins; 3° lorsque la pâte n'a pas eu une cuisson ménagée et une division assez grande, etc.

Au contraire, ils prennent trop de sel lorsque le ferment, ayant trop ouvert la pâte, a détruit l'union des principes et les a réduits en grumeaux qui s'émiettent.

Reprenons la suite de nos opérations. Les markaires, après avoir mis leur fromage dans la forme, ramassent exactement le petit-lait qu'ils ont tiré de la chaudière et qu'ils ont mis en dépôt dans des baquets, et le versent dans la chaudière; ils exposent la chaudière sur le feu, qu'ils ne ménagent plus jusqu'à ce que le petit-lait bouille; ils ont mis en réserve une certaine quantité de petit-lait froid, qu'ils versent à plusieurs reprises sur le petit-lait bouillant. Ce mélange produit une écume blanche : dès qu'ils la voient paraître, ils versent du petit-lait aigri, qu'ils gardent dans le baril dont j'ai déjà fait mention, et qu'ils nomment *case melich*. L'effet de cet acide est prompt; on voit une infinité de petits points blancs qui s'accumulent en masses capables de surnager le petit-lait;

et qu'on enlève avec une écumoire. On nomme cette partie caséeuse *brocotte* dans les Vosges, *ricotta* en Italie,
et *céracée* dans la Savoie : c'est la nourriture ordinaire
des markaires, et le régal de ceux qui vont les visiter ;
elle est d'un goût fort agréable.

On reconnaît qu'on a tiré du petit-lait toute la brocotte
qui peut s'en dégager, et qu'on y a versé assez d'*aigre*,
lorsqu'il ne se forme plus sur les bouillons une écume
blanche. On donne aux cochons le petit-lait pur, après
en avoir remis dans le baril une quantité égale à celle
qu'on en a prise, afin qu'elle s'aigrisse avec l'autre. Les
markaires accommodent des truites et font de la salade
avec cet aigre ; ils en boivent même, pendant la préparation du fromage, pour se rafraîchir, et ils le font avec un
certain plaisir. Le petit-lait non aigri et dépouillé de tout
caillé se nomme *puron* ou *spuron*.

La brocotte qu'on ne peut pas consommer sur-le-champ
se met sur une serviette, qu'on noue par les quatre coins
et qu'on suspend ; elle s'égoutte et forme des fromages
qu'on nomme *schigres* ; on les vend et on les consomme
dans les environs : c'est proprement un *fromage secondaire* précipité du petit-lait par le moyen d'un acide.

Cette opération revient assez à la manière dont les apo-
thicaires éclaircissent leur petit-lait, en y mêlant de la
crème de tartre, qui, agissant comme acide, dégage la
partie caséeuse, qui y est comme dissoute. La quantité de
cette partie, qui reste encore dans une espèce de combi-
naison avec le petit-lait, m'a paru être environ le dixième
de celle qu'on en a tirée d'abord : ainsi, du petit-lait,
dont on a tiré un fromage de quarante livres, on déga-
gera encore quatre livres de brocotte. Il paraît étonnant
qu'on perde cette quantité de partie caséeuse dans la plupart des provinces de France, où l'on abandonne aux cochons le petit-lait qui a donné le premier fromage, sans le
dépouiller du fromage secondaire : il est vrai que le petit-

lait chargé de cette partie caséeuse en est plus nourrissant; mais ne vaudrait-il pas mieux y suppléer par une nourriture moins agréable?

Nota. Pour fabriquer le fromage de Gruyères avec le lait d'une vacherie, il faudrait que cette vacherie contînt une soixantaine de vaches au moins, parce qu'il n'y a point d'avantage à fabriquer des fromages de moins de 25 kilogrammes; mais comme il est rare de trouver des exploitations qui contiennent autant de vaches laitières, il faut réunir deux traites au moins, celle du soir et celle du lendemain matin, pour faire un seul fromage d'une seule cuite.

Dans certains villages, où les petits cultivateurs n'ont chacun que quelques vaches, il serait impossible de fabriquer ces fromages, si les habitans n'étaient parvenus à s'entendre entre eux pour réunir le lait de toutes leurs vaches, et faire fabriquer en commun : ces associations ont reçu le nom de *fruiteries* ou *fruitières*.

Elles se sont formées de différentes manières, et elles ne sont pas aussi difficiles à organiser qu'on pourrait le penser d'abord, puisqu'on est parvenu à en mettre en activité dans quelques contrées de l'Italie, dans toute la Suisse et dans quelques provinces de la France limitrophes, où les paysans ne savent même pas lire. Si donc un particulier ne pouvait pas organiser dans son exploitation une fabrique de fromage de Gruyères, faute d'une quantité suffisante de vaches laitières, et faute de pouvoir acheter à assez bon marché le lait de ses environs, il pourrait encore chercher à organiser une *fruiterie* ou association agricole pour l'emploi du lait.

Un des mémoires suivans contiendra l'acte constitutif d'une association formée en France pour la fabrication du fromage façon de gruyère; on pourra y puiser les bases de toute association semblable; on pourrait encore consulter, à cet égard, l'ouvrage de M. Charles Lullin, de Genève, intitulé : *Des associations rurales pour la fabrication du lait, connues en Suisse sous le nom de fruiteries*, in-8°, chez madame Huzard. Prix, 2 fr. 25 c.

EXCURSION
Dans le pays de Gruyères, ou Mémoire sur les Fromages de cette contrée ;

Par M. BONAFOUS.

> Il est des personnes qui, étant peu au fait des bases fondamentales qui constituent la force et la richesse des États, croient que c'est faire un tort irréparable à un pays que de communiquer aux autres les procédés de quelques arts exclusifs, ou les méthodes de cultures particulières mieux connues d'une nation que d'une autre ; mais qu'il me soit permis de ranger ce préjugé parmi ceux qui avilissent l'homme et le dégradent aux yeux du sage.
>
> *Lettres du comte de Borch*. Milan, 1780.

Si l'on considère que la fabrication des fromages cuits ne suffit pas, en France, à la consommation intérieure, et que, chaque année, on est forcé d'en importer de l'étranger pour des sommes considérables, tandis que, dans plusieurs localités, on pourrait en fabriquer avec avantage, il ne paraîtra pas inutile d'appeler l'attention des cultivateurs sur ce besoin de l'agriculture française, en leur offrant l'esquisse rapide d'une excursion que j'ai faite dans le pays de Gruyères, pour connaître cette branche importante de l'industrie agricole de ses habitans.

Les Alpes du canton de Fribourg, auquel le pays de

Gruyères appartient, sont de nature différente. Les premières, appelées Hautes-Alpes, sont assises sur des rochers calcaires; elles sont en général plus élevées, bornent l'horizon au sud, et se distinguent de la première lisière par l'âpreté du sol et les pics sans végétation qui les couronnent. Sur les flancs, on aperçoit des brins d'herbe qui se glissent entre les joints inégaux d'énormes amas de cailloux, lesquels, en réfractant les rayons du soleil, réchauffent la terre et favorisent la germination. On croit communément que c'est l'influence végétative de la roche calcaire, réunie à l'élasticité de l'air, qui donne aux fromages de ces régions alpines la saveur et la délicatesse qui les distinguent.

La roche calcaire se produit aux environs de la Chartreuse de la *Part-Dieu*, parcourt une courbe horizontale et embrasse les flancs des montagnes jusqu'à la Dent-de-Jaman, située aux limites du canton de Fribourg et du pays de Vaud; elle se prolonge de là, au midi vers Château-d'Oez, et suit, au levant, les chaînes des Alpes depuis la Tinna jusqu'au *Lac-Noir*.

D'autres montagnes disputent aux Hautes-Alpes quelques avantages; elles les doivent aux soins de la manipulation et aux demandes multipliées du commerce. Le sol de celles-ci se compose de grès plus ou moins friable, d'argile et de schistes alumineux; elles s'étendent de Châtel-Saint-Denis à Gruyères et de Brox à Planfayon. Le terrain y est souvent rempli de tourbe et de marécages.

Les prairies de cette partie de la Suisse peuvent être divisées en trois classes :

1°. Les prairies proprement dites, dont on fauche l'herbe chaque fois qu'elle a acquis la maturité nécessaire;

2°. Les pâturages, ou celles dont l'herbe est consommée sur place;

3°. Les prairies mixtes, dont la première pousse est livrée à la pâture; la seconde, récoltée pour la nourriture hivernale des bestiaux ; et la troisième, broutée sur les lieux. Mais quelles sont les plantes qui rendent ces prairies si adaptées aux vaches laitières ? Le temps que j'ai employé à visiter la contrée m'a seulement permis d'en observer quelques unes dont les bestiaux paraissent fort avides, telles que la livèche pourprée (*phellandrium mutellina*, L.), l'épervière dorée (*hieracium aureum*, WILLD.), l'alchemille argentée (*alchemilla alpina*, L.), l'alchemille commune ou pied-de-lion (*alchemilla vulgaris*, L.), le plantain des Alpes (*plantago alpina*, L.), la renouée vivipare (*polygonum viviparum*, L.), la bistorte (*polygonum bistorta*, L.), le trèfle châtain (*trifolium badium*, SCHREB.) ; quelques autres espèces de ce dernier genre, et plusieurs espèces de paturins, de fétuques et autres graminées.

Dans les vallées inférieures, les pâturages, composés de plantes moins aromatiques, et de quelques légumineuses, telles que le sainfoin, le trèfle, la luzerne et la vesce, que l'on y cultive, donnent un produit plus considérable, mais influent moins avantageusement sur la qualité du lait. Dans ces localités on a établi des fruitières, où chaque cultivateur apporte le lait de ses vaches, et le fromage qu'on en retire se partage à proportion de la mise que chacun a faite (1). Les fromages qui en proviennent, quoique moins réputés, entrent en concurrence avec ceux des Alpes, principalement depuis que les agriculteurs ont substitué, dans beaucoup d'endroits, la culture de la vesce (*vicia sativa*, L.) à celle du trèfle, auquel on reproche de donner de l'âpreté au lait.

Dans ces établissemens, on peut diviser le travail et assujettir la manipulation des fromages à des règles fixes,

(1) Voyez l'ouvrage de M. Charles Lullin, intitulé : *Des Associations rurales pour la fabrication du lait, connues en Suisse sous le nom de* fruitières. In-8°, 1811.

tandis que, dans les châlets des Alpes, aucun système de manipulation ne peut être suivi régulièrement; le tact et le coup-d'œil des fruitiers, formés par une expérience journalière, peuvent seuls y suppléer : aussi me paraît-il impossible de réduire en formules leurs manières d'opérer. Je me bornerai à exposer clairement ce que j'ai vu pratiquer dans les châlets que j'ai visités au milieu des pâturages du Molesson, un des sites les plus renommés du pays de Gruyères par la prééminence de ses produits.

L'extérieur de ces châlets ou fromageries présente un toit en bardeaux assujettis à la sablière par des chevilles de bois et surchargés de quelques blocs de pierre pour les faire résister à la violence des vents. Sous ce toit, qui n'a point de cheminée, s'élèvent quatre parois formées de solives qui sont disposées transversalement et assez mal assemblées, pour que l'air se renouvelle et que la fumée trouve une issue lorsque la porte est fermée.

Sur le devant du bâtiment, le toit déborde de six à dix pieds, et repose sur deux piliers de bois; ce qui forme une espèce de péristyle, terminé par deux portes à claire-voie, et fermé, sur le devant, à un tiers de son élévation, par un lambris d'ais épais, qui donne assez d'espace pour laisser pénétrer le jour. Quelquefois, ce péristyle est ouvert de toutes parts, et l'on entre directement par la porte, située vers le milieu. C'est sous cet abri que l'on trait les vaches lorsqu'il fait mauvais temps.

D'autres châlets ont, du côté opposé, une étable plus ou moins spacieuse, avec deux portes latérales qui servent au passage des bestiaux. On introduit dans l'intérieur des châlets, lorsque la localité le permet, un ruisseau, dirigé de manière à y entretenir toute la propreté convenable. Cet intérieur ne forme souvent qu'une seule chambre, qui, d'ordinaire, n'est point pavée. La couche des fruitiers (nom que l'on donne aux gens qui manipulent le fromage) est disposée dans un espace fort étroit, et entourée d'une cloison au dessus de la galerie.

Dans la partie inférieure, on distingue, en premier lieu, le foyer au centre ou à l'extrémité; il est creusé à très peu de profondeur, et entouré de pierres rangées circulairement, qui ne laissent qu'un intervalle au devant pour mettre le bois. A l'extrémité du foyer, s'élève une poutre, traversée en haut par une autre plus petite, à laquelle on suspend la chaudière dans laquelle on fait le fromage. Dans un des angles, se trouve une presse en bois, et tout autour règnent des rayons en planches, sur lesquels on entrepose les baquets et les autres ustensiles employés à la fabrication. On se sert pour siéges de gros troncs d'arbres ou de petites escabelles rondes portées sur un seul pied, terminé par une pointe armée de fer. Lorsque le fruitier trait ses vaches, il se sert de ces escabelles, qui, au moyen d'une courroie, s'attachent à la ceinture. Un seul homme peut en traire trente par jour, quinze le matin et autant le soir.

Aussitôt qu'une traite est faite, on débarrasse le lait des corps étrangers qui peuvent s'y trouver mêlés, en le faisant passer par une passoire en bois, de forme conique, dont l'orifice inférieur est bouché avec des feuilles de sapin. Le lait, en sortant de cette passoire supportée par un cadre de bois, tombe dans de grands baquets circulaires qu'on a lavés auparavant; un vaisseau qui aurait contracté quelque âcreté altérerait toute la traite : on réunit le lait des deux traites en le versant dans une grande chaudière en cuivre, suspendue au bras de la poutre tournante, à l'aide de laquelle on peut l'amener sur le foyer ou l'éloigner à volonté.

La quantité de lait nécessaire à la formation d'un fromage n'est point toujours la même; elle dépend de la qualité des herbages et de la complexion des animaux qui sécrètent un lait plus ou moins riche : on calcule, par

approximation, qu'il faut cent vingt pots de lait (1) pour
obtenir un fromage de cinquante livres (poids de dix-
sept onces).

Lorsque le fruitier a reconnu, en plongeant le bras
dans la chaudière, que le lait a acquis la chaleur convenable (environ vingt-cinq degrés de Réaumur), il de-
tourne la chaudière du feu, essaie la force de la présure
sur une petite quantité de lait chaud ; il en met ensuite
dans une grande cuiller de bois la dose qu'il croit nécessaire pour précipiter son lait, et promène celle-ci
dans toute la chaudière pour disperser la présure également.

Il y a différentes manières de préparer la présure : cette
substance, comme tout le monde le sait, n'est autre chose
que la portion de lait caillé qu'on trouve dans la caillette
ou le quatrième estomac des veaux qui étaient encore à la
mamelle. Les uns ouvrent ce corps membraneux, y introduisent du sel en petite quantité, et le déposent dans un
vaisseau de bois rempli de petit-lait. Les autres coupent
la caillette en morceaux, la saupoudrent de sel et la mettent
dans un vase plein d'eau. Quelques fruitiers, après avoir
ouvert l'estomac du jeune animal, en détachent les grumeaux, les lavent, les salent, et les remettent dans la
membrane d'où ils sont extraits ; ils suspendent cette
poche dans un lieu sec, et lorsqu'ils veulent employer la
présure, ils en délaient dans du lait la quantité dont ils
ont besoin. Mais si la préparation de la caillette n'est pas
difficile, son emploi demande une longue habitude ; elle
abonde plus ou moins en principe coagulant, et son
effet dépend de la température de l'atmosphère, qui, selon qu'elle est chaude ou froide, facilite plus ou moins sa
dissolution. L'excès de présure donne au fromage une sa-

---

(1) Un pot du pays de Gruyères équivaut à 1^{litre},563.

veur désagréable : l'habileté du fruitier consiste à l'épar-
gner autant que possible.

La coagulation du lait s'opère, à peu près, en douze
minutes ; aussitôt le fruitier agite le caillé avec le bras-
soir, espèce de moulinet fait avec un bâton de bois écorcé,
garni de dix à douze chevilles qui le traversent dans son
extrémité inférieure ; tandis que, de l'autre bras, il im-
prime au liquide un mouvement moins rapide qui réduit le caillé en grains jaunâtres, que l'on sent crier sous
la dent lorsqu'on les mâche.

Il ramène la chaudière sur le feu en continuant à brasser la matière caséeuse et en élevant insensiblement la température jusqu'à ce que toute la masse atteigne le degré de coagulation convenable. Il faut à peu près une
demi-heure pour arriver à ce terme, où la chaleur est
d'environ trente-cinq degrés. Parvenu à ce point, on éloigne la chaudière du feu sans discontinuer de brasser la
masse pendant douze à quinze minutes. La matière se
précipite au fond de la chaudière, on la rassemble avec
les mains, et l'on introduit au dessous de toute la masse,
dans la chaudière même, une toile que deux hommes
tiennent par les quatre coins : ils soulèvent la pâte et
la font entrer, avec cette enveloppe, dans le moule, où
elle doit recevoir la forme et le volume sous lesquels on
débite le fromage de Gruyères.

Ce moule consiste en une planche de sapin d'environ
cinq lignes d'épaisseur, large de cinq à six pouces et longue
de cinq pieds, contournée en cercle, et dont on peut, à volonté, agrandir ou diminuer le diamètre, les extrémités
n'étant point fixées l'une à l'autre. Deux plateaux ou dis-
ques de bois, dont le diamètre dépasse un peu celui du
cercle, recouvrent ce dernier de part et d'autre. On place
ce moule sur une table inclinée, pour que la pâte s'égoutte
insensiblement, et, à l'aide d'une presse à levier que
l'on fait agir fortement sur le plateau, on exerce une

pression continue. Demi-heure après, on relâche la presse, on détend le cercle, on retourne la pâte, qui reçoit alors le nom de fromage ; on met celui-ci dans une nouvelle toile et on le replace ainsi dans le même moule ; on resserre le cercle d'autant que le fromage s'est rétréci, on abat la presse dessus et l'on répète cette manœuvre pendant plusieurs heures jusqu'à ce que le fromage, en se dépouillant de son petit-lait, arrive au degré de fermeté et d'affaissement nécessaire.

On transporte le fromage, sous cette forme, dans le grenier, nom sous lequel on désigne le local où l'on procède à la salaison. On peut dire que ce grenier, ou chambre à fromages, sert de boussole aux opérations du fruitier. Selon que ce local est sec ou humide, exposé au nord ou aux ardeurs du soleil, étouffé ou aéré, le procédé de la salaison varie, ainsi que la durée du temps nécessaire à la parfaite confection de la pâte.

Le grenier consiste dans un bâtiment recouvert en bardeaux et formé de quatre parois en solives transversales parfaitement jointes. Il est quelquefois détaché du sol au moyen d'un plancher soutenu par quatre piliers en bois lisse de trois pieds environ de hauteur, pour empêcher les eaux pluviales ou les souris de s'y introduire. Ce plancher, débordant de deux pieds à peu près, présente, à l'entrée du grenier, une longue plate-forme, sur laquelle on monte par une échelle mobile. Son intérieur n'a qu'une porte pour toute ouverture, et son pourtour est garni de tablettes, sur lesquelles on place les fromages que l'on veut saler : cette opération tend, comme tout le monde le sait, à favoriser leur conservation et à améliorer leur saveur.

La quantité ordinaire de sel que l'on consomme est de quatre livres par quintal de fromage (poids de dix-sept onces). On prend du sel broyé et purgé de toute substance étrangère, et, à l'aide d'une cuiller de fer-blanc criblée de petits trous, on saupoudre chaque fromage de part et d'autre. Tous les jours, on répète cette opération pendant deux ou trois mois, en le retournant chaque fois pour en imprégner aussi la surface inférieure. La salaison n'est achevée que lorsqu'on aperçoit une humidité surabondante, qui annonce que la pâte est saturée de sel ; sa couleur devient plus intense, et il se forme, à l'extérieur, une couche qui a plus de consistance que le centre.

Lorsque la pâte a ainsi absorbé environ quatre pour cent de son poids de sel, on l'humecte deux ou trois fois par semaine avec un morceau de drap imbibé de vin blanc ou d'eau salée. On peut même procurer au fromage un degré de bonté supérieur en continuant cette sorte de lavage une ou deux années, et finissant, dans ce dernier cas, par ne faire l'opération qu'une fois par semaine pendant la seconde. On obtient, par là, des fromages plus fermes, d'une saveur exquise, et qui résistent mieux à une longue navigation.

Pour reconnaître si la pâte a subi une fermentation suffisante, on la soumet à l'essai d'une sonde, et c'est ici que se distingue le bon fromage ; ses yeux ou pores sont clair-semés ; le sondage ne doit en présenter que trois ou quatre au plus du volume et de la forme d'un gros pois. La pâte riche en principes nutritifs est d'un blanc jaunâtre ; elle est moelleuse, délicate, et se fond dans la bouche sans effort.

Ces fromages ne sont pas les seuls produits de l'industrie des fruitiers : ils font en outre une espèce de fromage mou avec le peu de matière caséeuse que le *serum* ou petit-lait tient encore en dissolution après la cuite. La préparation de celui-ci, que l'on nomme le *sérai*, est prompte et facile. On remet sur le feu le petit-lait dont on vient d'ôter le fromage ; on y ajoute environ un quart d'eau, et dès qu'il arrive au degré d'ébullition, on y verse *l'aisy*, nom que porte le petit-lait qu'on a laissé aigrir pour servir de présure. Bientôt il se forme à la surface une écume blanchâtre, qui acquiert, par la cuisson, une consistance pâteuse. On retire la chaudière du feu, on enlève cette matière avec une pelle de bois à manche court, et on la verse dans un moule, dont le pourtour forme un cercle fixe et se trouve revêtu intérieurement d'une toile claire. On fait égoutter, et, en refroidissant, le *sérai* s'affaisse et forme une masse cohérente, qui retient la forme que le moule lui a donnée.

Le *sérai* frais est une substance très saine, dont les Alpicoles font leur nourriture journalière. Ils sont aussi dans l'usage de le saler, en le recouvrant de sel des deux côtés, à la dose de cinq à six pour cent, et par ce moyen ils le conservent plusieurs mois ou même d'une année à l'autre. Il ne reste, après cette manipulation, qu'un petit-lait très clair, qui ne renferme plus de *caseum*, et qu'on emploie à la nourriture des cochons.

La vente des fromages se fait ordinairement pendant les mois de septembre et octobre; le maximum de leur prix a été de 42 francs le quintal, et le minimum de 20 fr.

On porte à quinze mille *pâquiers* les pâturages de la chaîne des Alpes du pays de Gruyères. On nomme *pâquier* l'étendue de terrain qui fournit à l'estivage d'une mère vache, ce qui porte à quinze mille vaches l'alpage annuel : or, prenant deux cents livres de fromages pour le produit moyen de chacune, on obtient une quantité de trente mille quintaux; calculant ensuite leur valeur sur la moyenne des prix ordinaires, on aura près d'un million de francs, sans y comprendre le produit des fruitières des vallées inférieures.

Vingt à vingt-deux mille quintaux passent annuellement en Italie et dans le midi de la France ; le nord et l'intérieur de ce royaume n'importent que quatre à cinq mille quintaux ; le canton de Berne enlève le produit des Alpes

septentrionales; le sud de l'Allemagne et la Suisse orientale
se partagent le surplus.

On croyait autrefois que la qualité de ces fromages était
inhérente au sol et aux pâturages, et la petite ville de
Gruyères était alors le seul dépôt des fromages de toute
la contrée environnante ; elle les marquait de son blason,
c'est à dire de la grue, et percevait, en échange, un droit
de balance ; mais depuis que l'expérience a fait connaître
qu'avec de bons pâturages, et en suivant les mêmes procédés, il était possible de fabriquer ailleurs des fromages,
que l'on distingue difficilement de ceux du pays de
Gruyères, ses industrieux habitans ont une double concurrence à soutenir : la première, dans les cantons de
Berne et de Lucerne, qui font passer leurs produits en
Allemagne, sous le nom de fromages de l'Ementhol ou
fromages suisses ; et la seconde, dans le nombre toujours
croissant des fruitières dans les vallées du Léman, du
Jura, des Vosges, la Savoie et autres contrées, dont les
productions sont confondues, sur les marchés étrangers,
avec celles du pays de Gruyères.

Ici se terminent les notions que je dois à l'expérience
des fruitiers, aux renseignemens que la Société économique de Fribourg m'a procurés, et aux observations que
j'ai faites en parcourant les Alpes des Gruyères : puissent-
elles exciter l'attention des cultivateurs sur une des branches les plus productives de l'agriculture pastorale! Outre
les bénéfices qui dérivent de cette industrie, on doit considérer comme un avantage précieux la multiplication des
fumiers, et par conséquent l'amélioration du sol et l'augmentation progressive de toutes sortes de denrées (1).

_____

(1) Depuis la publication de ce mémoire, la ferme-modèle de
Grignon, dont M. Bonafous est un des fondateurs, a établi une
fruiterie pour fabriquer des fromages-gruyères et servir essentiellement à l'instruction des élèves.

SIXIÈME MÉMOIRE.

(FROMAGE CUIT.)

FABRICATION

DU

FROMAGE-PARMESAN;

Par M. HUZARD Fils,
MEMBRE DE LA SOCIÉTÉ ROYALE ET CENTRALE D'AGRICULTURE.

Mon travail sera divisé en deux articles : le premier traitera de la fabrication du fromage ; le second, du régime auquel les vaches sont soumises, et de la manière dont on exploite les prairies appelées *marcite*.

La fabrication des fromages, qui est simple lorsqu'il ne s'agit pas de fromages cuits, est difficile lorsqu'il s'agit de ces derniers. Sur plusieurs cuites, il est rare d'en trouver deux qui soient parfaitement semblables, malgré la grande habitude des faiseurs. Ce qui se passe pendant la cuisson est une action très complexe, que la température de l'atmosphère plus ou moins élevée, l'air humide ou sec, le feu plus ou moins vif, la qualité du lait aussi variable que les différentes fois qu'on trait les vaches, modifient continuellement : aussi tous les fromages ne sont-ils pas d'égale qualité, et tandis que les meilleurs s'exportent pour les autres contrées, les moins bons servent à la consommation journalière dans le pays qui les fabrique.

Pour parvenir à les faire, il faudra donc s'attendre à quelques premières tentatives infructueuses, qui feront perdre le lait employé; mais on finira néanmoins par réussir, je n'en doute pas, en exécutant avec soin toutes

les opérations nécessaires à la bonne confection du fromage. Je vais les détailler telles que je les ai vu pratiquer
plusieurs fois devant moi ; il ne faudra pas s'étonner si,
dans le but de me faire mieux comprendre, je reviens
quelquefois sur le même sujet.

Je préviendrai d'abord qu'il n'y aurait pas d'avantage,
ni même d'espérance de réussite à fabriquer de petits fromages. Le fromage, quand il est achevé, n'est pas encore
bon à manger ; il faut *qu'il se fasse*, c'est à dire qu'il devienne bon avec le temps : cela arrive par un travail intérieur lent, qui n'aurait pas lieu dans des fromages d'une
trop petite dimension. Pour fabriquer du parmesan, il
faut donc avoir une quantité de vaches assez considérable,
ou au moins pouvoir réunir le lait d'une grande quantité
de ces animaux : sinon il ne faut pas l'entreprendre. Dans
le Lodésan, il se fait dans les fermes qui ont le nombre
suffisant de vaches, ou il se fait par la réunion de différens petits cultivateurs qui apportent en commun chaque
jour le lait de leurs vaches, et qui, au bout d'un laps de
temps fixé, reçoivent un certain nombre de livres de fromages en raison de la quantité de lait qu'ils ont fournie.
Pour ce cas, il y a des usages qui ont force de loi, en sorte
que les contestations sont très rares et sont bientôt terminées. De pareilles associations ont lieu en Suisse pour la
fabrication des fromages de Gruyères ; il serait possible
d'en créer chez nous : nous donnerons dans un des suivans
mémoires une copie d'acte d'une association semblable en
France ; il serait au moins très facile de s'assurer le lait
des vaches de presque tout un village moyennant un prix
convenu, dans le cas où l'on n'aurait pas dans la ferme
le nombre suffisant de vaches. Deux cents litres de lait
suffiront pour chaque chaudronnée, pour chaque cuite ;
et il est peu de grands villages où, en été, on ne puisse
se procurer cette quantité de lait. Des villages trouveront
un grand avantage à se réunir pour employer ainsi le pro-

duit de leurs vaches : un cultivateur aisé trouvera plus d'avantage encore à faire l'entreprise à son compte.

ARTICLE PREMIER.

FABRICATION.

1°. *On laisse reposer le lait nouvellement trait, afin d'en séparer toute la crême par le repos.*

Cette opération est extrêmement simple ; c'est cependant, de toutes, celle qui exige la plus grande mise de fonds dehors. En effet, comme la séparation de la crême du lait se fait d'autant plus vîte, que le lait présente une plus grande surface à l'air libre, et comme il est avantageux d'accélérer cette opération, afin de ne pas donner au lait le temps de s'aigrir en se séparant de la crême, on est obligé d'avoir un grand nombre de vases ou bassins (dans le Lodésan ils sont en cuivre étamé) très larges, peu profonds, pour recevoir le lait et le laisser reposer.

Je dis un grand nombre de vases, puisqu'il faut en avoir assez pour contenir environ deux cents litres de lait. M. Joseph Bayle Barelle, déjà cité, dit que ces vases de cuivre étamés pourraient être remplacés par des vases en bois vernissés, ou par des vases de terre aussi vernissés. M. Lullin dit qu'en Suisse on se sert des uns et des autres, suivant les divers cantons ; je n'en ai point vu employer dans le Lodésan : ceux de cuivre, dont on se sert, ont quinze à dix-huit pouces de diamètre sur quatre pouces de profondeur ; ils sont moins larges à la partie inférieure. On fait le fond de ces vases très arrondi, sans angles, et ils sont alors faciles à tenir propres.

Ce n'est pas tout : le lait s'aigrirait encore en très peu de temps, sans avoir même celui de se séparer de la crême, s'il n'était pas placé dans une laiterie fraîche, c'est à dire dans une laiterie où la température se conserverait peu élevée en été, et peu basse en hiver. On a remarqué que la température de dix degrés du thermomètre de Réaumur était celle dans laquelle le lait se conservait le plus long-temps, et à laquelle la crême se séparait bien ; à quelques degrés plus bas, cette dernière substance ne se sépare pas complétement, et c'est un inconvénient et même une perte dans les lieux où le beurre est d'un bon débit : c'est donc à peu près ce degré de température que la laiterie doit avoir en été comme en hiver.

Comme, en été, il n'est pas toujours facile, dans la province de Lodi, d'avoir des laiteries aussi fraîches que l'on voudrait, les exploitations où l'on fabrique le fromage sont souvent pourvues d'une glacière, dont la glace, placée dans la laiterie, sert à maintenir la température au degré que l'on veut.

La laiterie, lorsqu'on la construit, doit donc être placée au nord, et percée de plusieurs ouvertures à cette exposition ; d'autres ouvertures seront pratiquées au levant et au couchant, de manière, néanmoins, que les rayons du soleil ne puissent pas pénétrer dans l'intérieur. Elle sera soigneusement fermée au midi et, s'il est possible, à l'abri du soleil, de ce côté : elle doit être encore d'une extrême propreté, dallée, s'il est possible, et en pierre, afin qu'on puisse la laver facilement et souvent ; enfin, placée loin de tout ce qui peut donner de l'odeur, comme écurie, vacherie, et surtout porcherie et poulailler.

Elle doit être aussi loin des grandes routes : la commotion produite aux bâtimens par les lourdes voitures et la poussière sont encore des causes qui font tourner le lait à l'aigre subitement, pour peu qu'il y soit déjà disposé par d'autres circonstances.

2°. *On écrème le lait.*

Pour faire le fromage - parmesan de première qualité, il faut que tout le lait employé soit écrémé : ce sera donc toujours du lait de la veille dont on se servira, ou au moins du lait qui aura reposé assez long-temps pour que la crême ait eu le temps de se former et puisse être enlevée.

En pratiquant cette opération, il faudra avoir l'attention de remuer le lait le moins possible : dans cette vue, on se sert de larges cuillers en bois, de différentes formes.

Quand l'on a assez de vaches pour faire une cuite ou un fromage du lait recueilli d'une seule fois, ou au moins du lait recueilli dans un seul jour, le fromage n'en est que meilleur. Le lait le plus vieux n'a que douze heures, et c'est la méthode la plus avantageuse : quand on est obligé d'avoir du lait de deux jours, on a plus de chances d'en avoir d'aigre ; il faut alors avoir le soin de le goûter avant de l'employer, afin de rejeter celui qui serait déjà sûr au goût.

Avec la crême enlevée on fait du beurre.

3°. *On rassemble le lait écrémé de tous les différens vases dans une grande chaudière, et on le fait chauffer.*

Le degré de chaleur que l'on doit donner au lait dans cette première opération varie presque à chaque fois, parce que les faiseurs n'ont aucun moyen de reconnaître ce degré : ils jugent avec la main si le lait est assez chaud; ils le jugent encore par la quantité de bois qu'ils emploient à l'opération, quantité qui est triple en hiver de ce qu'elle est en été, à cause de la différence de température de l'air. On sent combien ce mode de juger est incertain. Il m'a paru que la température que le lait devait avoir dans ce cas était celle de vingt à vingt-cinq degrés. Un thermomètre employé à cette opération sera le guide le meilleur à mettre entre les mains de l'ouvrier, et aura bientôt indiqué le degré de température qui convient.

Comme le lait s'échaufferait beaucoup plus dans la partie inférieure de la chaudière que dans la partie supérieure, on a soin de le remuer, de l'agiter de temps en temps pendant qu'il chauffe, avec un bâton garni au bout d'une petite plaque de bois ronde, Pl. 5ᵉ, *fig.* 4ᵉ.

Les chaudières en cuivre ne sont pas toutes de même grandeur, et elles peuvent tenir depuis deux jusqu'à quatre cents litres de lait : elles sont plus évasées supérieurement et rétrécies inférieurement, Pl. 5ᵉ, *fig.* 2ᵉ, et placées dans un fourneau de maçonnerie, même planche, *fig.* 1ʳᵉ.

4ᵉ. *Quand le lait est parvenu à la température nécessaire, on y met la présure, on agite bien quelques secondes pour la mêler également dans toute la masse du lait; on retire du feu, on laisse le lait se cailler.*

La quantité de présure à mettre dans le lait doit être strictement mesurée : s'il y en a trop, elle donne un mauvais goût au fromage, et ensuite l'empêche de se conserver aussi long-temps; s'il n'y en a pas assez, le lait se caille mal, ne se prend pas bien; il reste mêlé de trop de *serum*, et le fromage n'est également pas de garde.

La qualité de la présure ou sa force est donc un objet qu'il importe de bien connaître, puisque de là dépend la quantité qu'il faut en mettre. Dans la province de Lodi, on est dans l'habitude de l'acheter toute faite; mais comme sa qualité et sa force varient suivant les différens faiseurs, il vaut beaucoup mieux que chaque fromager la fasse lui-même; elle est toujours alors à peu près de même force, et il est beaucoup plus facile de connaître la quantité qu'il faut employer. Voici comment on m'a dit qu'on la faisait.

On prend la caillette d'un jeune veau qui n'a encore fait que téter; on met dedans, avec ce qu'elle contient déjà, un peu de vinaigre; ensuite on la sale très fortement à l'extérieur, et après on la suspend dans la cheminée : là, elle se dessèche avec tout ce qu'elle contient, et on peut la garder plusieurs années et même l'expédier à des distances assez grandes.

Pour l'employer, on commence par broyer le tout ensemble avec un peu d'eau, et par en faire ainsi une pâte filandreuse ; *ensuite on en met dans un linge la quantité qu'on croit nécessaire pour cailler toute la chaudronnée ; on trempe ce linge dans le lait chaud ; la présure s'imbibe, se gonfle de lait ; on la retire, on la presse entre les mains pour en faire tomber le jus dans le lait ; on la retrempe dans le lait, on la presse de nouveau, et cela autant de fois qu'on le juge nécessaire pour bien faire cailler le lait. Il ne faut pas oublier de remuer en même temps la chaudronnée, pour disséminer la présure également dans toute la masse.*

D'autres personnes emploient le caille-lait en place de la présure ; mais comme cette plante a plus ou moins de vertu suivant la saison pendant laquelle elle a acquis sa croissance et suivant la manière dont elle a été conservée, il est mieux d'employer de la présure, et encore mieux d'en faire soi-même : on est ainsi beaucoup plus vite et beaucoup mieux au fait de la quantité qu'on doit employer.

Comme le lait a des qualités bien différentes suivant les saisons, il exige pour se cailler tantôt plus, tantôt moins de présure. Ainsi, dans l'été, où les bêtes sont mieux nourries, et où par suite le lait est plus abondant en matière caséeuse, il faut plus de présure que dans l'hiver.

La raison principale de ce besoin est que le lait ayant plus de propension à s'aigrir en été, on cherche à prévenir cet accident en accélérant la précipitation de la matière caséeuse par une plus grande quantité de présure. En fabriquant, on s'habituera à connaître la quantité qu'il aut employer dans chaque saison, et en cherchant à se rendre compte de ce que l'on fait, on saura bientôt mieux faire que le meilleur faiseur du Lodésan (1) ; mais il faut s'attendre à des écoles, et il faut persévérer dans cette entreprise comme dans toutes celles où l'on a des chances à courir.

5°. *Lorsque le lait est bien caillé, on rompt le caillé en parcelles aussi petites que l'on peut.*

Mieux cette opération est faite, plus on est sûr d'avoir un bon fromage, surtout un fromage de longue conservation : on emploie, pour la pratiquer, un bâton fait exprès, traversé dans son axe par d'autres petits bâtons, Pl. 5°, *fig.* 3°; on se sert même de la main pour diviser, écraser les morceaux qui échappent en trop grosse masse à l'action du bâton. La matière caséeuse, en se caillant, renferme dans son intérieur des parties de matière séreuse ; cette opération sert à la débarrasser de cette petite quantité de sérosité, et l'on sent que plus le caillé sera divisé, moins il restera de sérosité dans son intérieur ; elle sert aussi à le débarrasser d'un petit goût sûr que lui a communiqué la présure : c'est une espèce de lavage qu'on fait subir au *caseum* dans le petit-lait et qui n'est jamais trop bien fait.

6°. *On remet le tout sur le feu, on chauffe doucement, et on agite la masse continuellement pendant cette seconde cuisson avec un des deux bâtons, Pl. 5°, fig.* 3° *et* 4°.

Nous avons déjà dit qu'à cause de la forme du vase, la partie inférieure de la masse s'échaufferait davantage que la partie supérieure : ici, il y aurait un grand inconvénient. La matière caséeuse, séparée du petit-lait par

(1) Le fromage dit *parmesan* se fabrique dans la province de Lodi et non dans les États de Parme.

la présure, se précipiterait au fond de la chaudière, et la couche inférieure se brûlerait, tandis que les couches supérieures se cuiraient toutes inégalement. Pour prévenir cet inconvénient, on remue la masse du liquide assez fortement et continuellement pendant tout le temps qu'elle reste sur le feu. Le fourneau qui entoure l'âtre, en même temps qu'il réfléchit la chaleur d'une manière plus égale sur la chaudière et qu'il diminue la quantité de combustible à employer, sert à préserver l'ouvrier de l'action du feu : c'est cette opération qu'on appelle *cuire le fromage.*

Pendant cette cuisson et le mouvement qui est donné à la cuite, toutes les fois qu'il paraît quelques grumeaux à la surface du liquide, les fromagers ont soin de les prendre et de les écraser avec la main.

Cette méthode d'écraser le caillé avec la main, outre l'avantage de faciliter la cuisson du caillé et de la rendre plus égale, en a encore un autre, celui de donner au fromager l'habitude de reconnaître les changemens que le caillé éprouve en cuisant, et l'époque où le safran qu'on emploie pour colorer la masse en jaune doit être ajouté; cette époque est celle où le caillé paraît ne plus former qu'une bouillie visqueuse au toucher.

7°. *Quand le caillé ou la matière caséeuse ne paraît plus former qu'une bouillie visqueuse au toucher, on ajoute la poudre de safran en la versant petit à petit dans la chaudière, et en remuant vivement le liquide en tous sens.*

La quantité de safran à ajouter varie suivant les différens faiseurs, et elle importe peu; cependant il est inutile d'en mettre trop, le fromage serait trop coloré et contracterait un petit goût qui pourrait nuire à la vente. L'expérience a bientôt indiqué la quantité qu'il faut

mettre ; elle n'est pas assez considérable pour que le caillé
prenne beaucoup de couleur dans la chaudière, il suffit
que la masse du liquide ait une teinte un peu plus foncée,
apercevable seulement.

8°. *Quand le safran est bien mêlé, on augmente subite-*
ment la température de quelques degrés (on donne un
petit coup de feu), toujours en agitant la masse vive-
ment.

Dans cette dernière opération, le fromager *trempe à*
chaque instant ses doigts dans la chaudière pour juger
lorsque le caillé aura acquis toute la cuisson nécessaire.
Le degré de chaleur à donner au liquide n'est pas bien
fixé ; il varie suivant les différens ouvriers, et peut-être
suivant les saisons, suivant même la nature du lait ; le
seul guide que les ouvriers reconnaissent est le tact et
l'habitude : c'est par eux qu'ils reconnaissent que le caillé
a perdu toute cette espèce d'élasticité propre au lait qui
vient de se cailler, et qu'il a acquis une viscosité et une
propension à s'agglutiner rapidement en masse, que le
caillé nouveau et divisé n'a point.

Il faut prendre garde de trop élever la température ; il
paraît qu'elle ne dépasse jamais quarante à quarante-cinq
degrés, et que, plus élevée, elle produit un mauvais
effet. En se servant du thermomètre, on saurait, je crois,
bientôt à quel degré il faut élever la masse sous telle température de l'atmosphère.

9°. *Dès que le caillé a acquis cette propension à s'agglu-*
tiner dont nous venons de parler, on retire la chau-
dière du feu, on cesse d'agiter le liquide.

Le caillé s'agglutine alors presque aussitôt et se précipite en masse au fond de la chaudière. Quelques fromagers, pour accélérer cette précipitation, versent dans

la masse un peu de petit-lait, qu'ils ont conservé à cet
effet à une basse température lorsque le lait s'est caillé la
première fois (*voyez* 5°); cette température ne doit cependant pas être au dessous de dix degrés.

10°. *Quand le fromage s'est précipité au fond de la chaudière, pour le retirer on le place dans une toile grossière, qui sert à l'enlever de la chaudière et à le transporter dans le moule.*

L'opération d'enlever le fromage n'est pas trop facile et
mérite d'être détaillée. D'abord on ôte de la chaudière
une partie du petit-lait, les deux tiers environ seulement, et si le tiers qui reste est trop chaud pour qu'un
homme puisse aisément y laisser ses bras nus, on verse doucement un peu d'eau tiède dans le petit-lait, pour abais-
ser sa température : alors un homme ayant les bras nus
forme dans le fond de la chaudière une seule masse
de tout le caillé; il passe doucement par dessous une
pièce de toile forte et grossière, et place bien au milieu le
fromage, en le soulevant et le tournant avec précaution.

Si l'on avait ôté tout le petit-lait, le mouvement imprimé au fromage dans cette opération le crevasserait, le
déchirerait, pourrait même le séparer en plusieurs parties, ce qu'il faut éviter avec le plus grand soin, parce
que le fromage ne se *ferait* plus bien : l'homme qui pratique cette opération, en appuyant son corps sur un des
bords de la chaudière, la fait tourner sur l'anse, l'incline
vers lui, et peut facilement alors remuer avec ses bras et
ses mains le fromage qui se trouve au fond.

Comme le fromage est pesant, et qu'un homme seul
pourrait ne pas avoir assez de force pour l'enlever aisément, malgré le secours de la toile où il est placé, on
met de nouveau dans la chaudière le petit-lait qu'on en
avait retiré : de cette manière, le fromage est amené fa-

cilément au haut de la chaudière, d'où deux hommes l'enlèvent dans la toile qui le contient et le placent dans le moule cylindrique disposé pour le recevoir.

Quelquefois, avant de le mettre dans le moule, on le place un quart d'heure dans un des baquets qui servent à recevoir le lait des vaches lorsqu'on les trait, et qui sont de la grandeur des moules ; là, le fromage s'égoutte bien, et c'est ensuite qu'on le place dans le moule : alors on le recouvre d'un plateau de bois, qu'on charge de quelques pierres pour opérer sur lui une assez forte pression.

Ces moules sont simplement des ronds de bois de différentes grandeurs, parce que le lait, étant, suivant les saisons, plus ou moins abondant en matière caséeuse, ne donne pas toujours, quoique remplissant la chaudière, la même quantité de fromage. Dans ces moules, le fromage achève de s'égoutter, c'est à dire de perdre tout le *serum* surabondant dont l'action de l'air et le poids surtout peuvent le débarrasser : c'est l'affaire de quelques jours. Dans certains endroits, ces moules sont, comme dans la Suisse, composés d'une volige de bois flexible, qui se tourne en rond, et dont on peut diminuer le diamètre selon le volume du fromage qu'on a eu de la chaudronnée. Quelques fromagers le laissent dans la toile qui a servi à le tirer de la chaudière, en changeant cette toile de temps en temps, pour qu'elle ne sente pas l'aigre et qu'elle n'en donne pas le goût au fromage ; d'autres le laissent égoutter sans être enveloppé de la toile.

11°. *Quand le fromage s'est égoutté, trois, même cinq ou six jours après qu'il a été placé dans le moule, on le sale.*

L'époque à laquelle on sale le fromage après sa confection complète paraît varier ; des fromagers m'ont dit qu'ils salaient trois jours après, d'autres m'ont dit cinq ou six jours. Quelle est l'époque la plus convenable? Je l'ignore.

C'est ordinairement dans les magasins où les fromages sont conservés que se pratique cette dernière opération. On met du sel sur chacune des faces du fromage, et aussi sur tout le contour extérieur, entre le moule et lui. M. Joseph Bayle Barelle dit que l'on en met à peu près la quantité de quatorze onces sur le contour du fromage, et de deux onces sur chaque face : cette quantité m'a paru très variable. Les dépressions que les gros plis de la toile ont faites sur la face du fromage retiennent bien le sel ; ce condiment sert à soutirer du fromage le reste d'humidité qu'il peut contenir; plus il est pur et bon, meilleur il est pour cette opération : on le renouvelle tous les deux ou trois jours, en ayant le soin de retourner le fromage et de le poser sur la face opposée. Afin de faciliter cette opération, on a soin de ne mettre que deux ou trois fromages au plus l'un sur l'autre : on continue cette salure environ quarante jours; à cette époque, le fromage est achevé, il n'y a plus qu'à l'huiler de temps en temps pour l'empêcher de se trop dessécher et pour faciliter sa conservation; on racle sa couche extérieure les premières fois qu'on l'huile : dans ce cas, l'huile d'olive serait fort bonne. Dans le Lodésan, où elle est un peu chère, on cultive toujours quelques terres en navette ou en colza, dont le produit est employé à cet usage, ainsi qu'aux autres besoins de la ferme.

On range isolément les fromages dans les magasins, par rang d'ancienneté, sur des cases de bois, où ils se conservent et s'améliorent quand ils ont été bien faits. On peut les faire voyager au bout de six mois, mais ce n'est qu'à deux ans qu'ils sont bien faits; les meilleurs même peuvent se manger encore plus tard.

Il est inutile de dire que le magasin où on les conserve

doit être frais, que sa température ne doit s'élever qu'à quinze degrés, que l'air doit s'y renouveler petit à petit d'une manière insensible, parce qu'autrement les fromages s'y dessécheraient trop; qu'il ne doit y avoir aucune humidité dans le local, et qu'enfin la place doit être à l'abri de la mauvaise odeur, à l'abri des rats, et que la lumière y est très peu nécessaire.

Le magasin exige donc, pour sa construction, une mise-dehors de fonds assez considérable; mais il est indispensable : sans lui, les autres dépenses seraient perdues, à moins qu'on ne trouve à vendre les fromages, aussitôt après leur confection, à des hommes qui les salent, les emmagasinent, et en font le commerce. Comme ce n'est que dans un pays de grande fabrication qu'on peut trouver de pareils négocians, si on entreprend cette fabrication autre part, il sera nécessaire d'avoir un bon magasin.

Pour ne pas interrompre la description du procédé de fabrication, je n'ai pas parlé de l'emploi du petit-lait; on en tire cependant un léger produit qu'il ne faut pas oublier. Ainsi, quand le fromage est cuit et retiré de la chaudière, on remet le petit-lait sur le feu et on pousse le feu. Bientôt le liquide bout, et il se forme à sa surface une mousse épaisse, blanche, qu'on enlève pour en former un petit fromage blanc, pas désagréable quand il est nouveau : ce petit fromage, après s'être égoutté, se distribue aux ouvriers et aux gens de la ferme, pour être consommé immédiatement. En le laissant bien égoutter, et en le mettant un peu en presse, on en fait des fromages qu'on peut conserver quelques jours; le reste du liquide est donné aux cochons.

Nota. Pour m'assurer si le procédé indiqué dans les pages précédentes donnerait la possibilité de fabriquer du fromage semblable à celui de Parmesan, j'ai essayé, en avril 1823, d'en fabriquer moi-même auprès de Paris.

Dans ma première tentative, où j'avais opéré sur qua-
rante-deux livres de lait, j'ai poussé trop vite le feu lors de
la seconde cuisson (*voyez* 6°), et j'ai fait trop cuire la
pâte; elle s'est prise trop vite, et quoique assez semblable
à celle du fromage - parmesan, elle était plus ferme et
plus sèche. Une seconde tentative m'a mieux réussi : cin-
quante-huit livres de lait, en partie de la veille au soir et
écrémé, et en partie du matin et non écrémé, m'ont donné
près de six livres d'une pâte bien semblable à celle du
parmesan au moment où elle sort de la chaudière. La
température que j'ai donnée à la cuite, dans cette seconde
opération, était celle de cinquante degrés (centigrades).

Dans ma première tentative, le caillé s'est rassemblé
très vite et s'est pris en espèce de filamens; dans la seconde, il s'est doucement formé en petits grains, qui ont
commencé à s'agglutiner en masse au moment où la tém-
pérature est arrivée à quarante-cinq degrés. Je répète que
la pâte était parfaitement semblable, pour la consistance
et l'apparence, à celle du fromage-parmesan au moment
où elle sort de la chaudière.

Sans avoir l'espérance de faire bien raffiner une aussi
petite masse de fromage que celle de cinq et de six livres,
surtout dans un local autre qu'un magasin à fromages,
j'ai essayé de le faire, pour en voir le résultat. Ces deux
fromages ont été serrés dans un garde-manger et assez mal
soignés : ils ont été salés plusieurs fois, et huilés une ou
deux dans les commencemens, on les a ensuite abandon-
nés sur une assiette.

Le premier fabriqué, celui dont la cuisson a été la moins
bien dirigée, a été entamé à la fin de la même année, sept
mois environ après sa fabrication : la pâte en était ferme,
elle avait peu de goût, elle se râpait facilement. Évidemment ce fromage était encore trop nouveau, il paraissait
aussi trop sec. Il fut employé à faire du macaroni, comme
on le fait communément à Paris, c'est à dire en mêlant

le parmesan avec moitié de fromage de Gruyères. Le macaroni était très bon , filant, aussi bon que le macaroni fait avec le parmesan acheté dans le commerce.

Le second fromage a été entamé dans le mois de mai de l'année suivante; plus d'une année après sa fabrication. Sa pâte avait tout à fait la même apparence que celle du parmesan. Sa consistance était la même, la couleur seule était moins foncée (on se rappellera que je n'avais pas de safran pour donner la couleur). Le fromage était bon à manger; il était cependant d'une qualité inférieure aux bons fromages que j'ai goûtés à Milan. Il était égal en qualité à ceux que l'on trouve ici dans le commerce, et je suis porté à croire que si j'avais attendu plus long-temps, il se serait affiné davantage, et aurait acquis bien plus de qualité : il en aurait eu beaucoup plus évidemment à cette époque, si j'avais conservé la crême de tout le lait.

Le macaroni qu'il a servi à confectionner s'est trouvé aussi bon que les meilleurs macaronis ; il a été très bon dans la préparation de quelques autres mets où l'on emploie cette sorte de fromage.

Je ne doute donc pas qu'on ne puisse fabriquer en France d'excellens fromages-parmesans quand on voudra se donner, dans les commencemens, quelque peine pour diriger cette fabrication.

Déjà l'on y fabrique du fromage de Gruyères sur plusieurs points, et si l'on a bien suivi les travaux de l'une et l'autre opération, on doit voir qu'il n'y a que peu de différence. La principale est que la cuite du fromage de Parmesan se fait à une température plus élevée et que, par la forme de la chaudière, une beaucoup plus grande quantité du caillé et du petit-lait se trouve en contact avec l'air atmosphérique pendant la cuisson ; cette circonstance doit amener une différence dans le produit, et je lui attribue en grande partie celle que l'on rencontre entre l'un et l'autre.

ARTICLE SECOND.

On a prétendu que, pour faire du fromage-parmesan dans un autre pays, il faudrait en même temps y transporter les procédés, les animaux qui fournissent le lait, et les pâturages où ces animaux paissent; on avait prétendu d'abord la même chose pour les fromages de Suisse et de Hollande : déjà, cependant, on fabrique du gruyère ou d'autres espèces de fromages suisses dans beaucoup d'endroits de la Franche-Comté et du Dauphiné; dans le midi même de la France, cette fabrication a commencé à s'introduire, et je citerai pour exemple la fabrique de fromage qui a été en activité quelque temps à la Grave, près Libourne, chez et par les soins de M. le duc Decazes; déjà aussi nous avons possédé une très grande fabrique de fromage de Hollande à Varaville, dans le département du Calvados, formée par MM. Scribe et compagnie. (*Voyez* le rapport fait à la Société d'agriculture et de commerce de Caen, dans sa séance du 16 juillet 1822.) Déjà, en 1819, M. Dumarais, à l'Exposition des produits de l'industrie française, avait présenté des échantillons de cette espèce de fromage fabriqué à Isigny. On voit que pour tous ces fromages il n'a pas été nécessaire d'avoir les vaches et les pâturages du pays où la fabrication a pris naissance; qu'il a suffi d'avoir de bon lait. Nous en avons dans beaucoup de départemens d'aussi bon que dans la Suisse, la Hollande et le Lodésan, et il arrivera à l'égard du fromage - parmesan ce qui est arrivé à l'égard des autres; on en fabriquera dès qu'on aura essayé d'en fabriquer. On va voir que les vaches qui fournissent le lait nécessaire à cette fabrication ne sont pas en grande partie du pays où elle a lieu.

VACHES.

Dans le Piémont et le Milanais, on trouve deux races de vaches : l'une du pays, de couleur fauve clair ; l'autre, étrangère, de couleur brune-foncée, quelquefois marquée de blanc.

Peu de vaches de la race du pays sont employées comme laitières ; on ne conserve en général dans les exploitations rurales que le nombre de ces vaches dont on a besoin pour renouveler les bœufs de travail, et pour avoir de beaux veaux, dont la viande est préférée en grande partie, dans la consommation, à celle du bœuf. Les vacheries, surtout celles où l'on fabrique le fromage, sont, au contraire, peuplées par des animaux de l'autre race, particulièrement dans le Milanais et le Lodésan. Ces vaches y sont amenées tous les ans de la Suisse, des cantons d'Uri, d'Underwald, de Schwitz et des cantons des Grisons. C'est un des principaux objets d'échange que ces cantons envoient dans le Milanais, pour le riz, le vin, le chanvre, et quelques autres objets qu'ils en tirent.

Cette race de vaches est d'une assez bonne taille sans être très haute ; elle a un coffre bien fait et très ample en hauteur, en largeur ; elle a les extrémités courtes, un peu fortes, bien placées, écartées, d'à-plomb ; le bassin large, ouvert, bien conformé ; la peau épaisse ; le poil long et fort ; la tête forte, les cornes pas grandes, mais assez bien faites : elle paraît rustique, d'une forte constitution (1).

_____

(1) La race du pays, au contraire, est plus grande ; le corps ou le coffre est moins ample, en sorte que la hauteur n'est due qu'à la longueur des jambes ; celles-ci sont plus minces néanmoins, moins écartées, moins d'à-plomb ; le bassin est plus étroit, la peau est plus fine ; le poil est plus doux, plus ras ; la tête est beaucoup plus petite, les yeux sont grands, l'oreille grande et bien placée, le mufle petit ; la corne enfin est petite, grêle, mal faite.

Ces vaches sont amenées après qu'elles ont fait leur premier veau. Transportées de pays montueux, élevés, où les variations de l'air sont très communes, et où les races sont accoutumées à supporter ces variations, dans un climat chaud une partie de l'année, doux pendant l'autre partie, où une excellente nourriture verte leur est presque constamment et abondamment donnée : ces bêtes, dis-je, d'une constitution robuste, et placées dans les circonstances les plus favorables à la sécrétion du lait, en fournissent un abondant et en même temps riche en principes butireux et caséeux, beaucoup plus riche que celui des bêtes du pays, dont la race, sous un climat toujours doux et un peu humide, accoutumée à une nourriture constamment abondante, est d'une constitution moins robuste, et fournit un lait plus aqueux, moins riche, quoique souvent aussi abondant : aussi cette race du pays a-t-elle une chair plus tendre, plus délicate, et est-elle préférée pour la boucherie.

Les habitans, les fromagers surtout, connaissent si bien la supériorité des produits des animaux de la Suisse, et l'espèce de changement, de dégénération que le climat du Milanais fait éprouver aux animaux nés dans le pays, qu'ils ont soin de renouveler souvent leurs étables par des vaches venues de la Suisse, et qu'ils conservent peu des jeunes animaux qu'elles donnent. Ces veaux sont en général envoyés le plus tôt possible à la boucherie. On ne conserve que les plus beaux, et encore seulement quand on ne peut pas s'en défaire avec quelque avantage.

Comme les bêtes en chaleur ne donnent pas un aussi bon lait que celui qu'elles donnent quand elles ne sont pas dans cet état, on les fait saillir aussitôt qu'elles y viennent ; pendant tout le temps qu'il dure, on n'emploie pas, dans les bonnes fromageries, leur lait à faire des fromages. Comme aussi les bêtes qui sont sur le point de mettre bas n'ont un lait que bien inférieur en quantité et surtout en qualité, souvent on ne les trait pas, ou bien l'on n'emploie pas leur lait dans la fabrication du parmesan : dans tous les cas , à cette époque, elles restent une quarantaine de jours au moins sans être traites, partie avant, partie après le vêlage. Comme aussi le lait que les vaches donnent quelque temps après avoir vêlé est le meilleur, il est d'usage de leur faire faire un veau tous les ans pour renouveler leur lait. Il est, je pense, inutile de dire que le lait des bêtes malades n'est point employé. A ce régime , les vaches durent quatre à cinq ans en plein rapport. Aussitôt qu'on s'aperçoit que leur lait diminue, on les engraisse et on les vend pour les remplacer.

ÉTABLES.

Dans la belle saison , c'est à dire pendant huit mois de l'année, dans les grandes fromageries, les bêtes logent sous des hangars ouverts souvent de tous côtés. Elles y demeurent presque constamment, excepté pour aller boire dans un endroit voisin du hangar. La mangeoire de l'étable est en briques et en bois ; le sol est en briques. Immédiatement derrière les vaches, il y a une gouttière de six pouces en profondeur et en largeur. Les excrémens tombent dans cette gouttière presque directement , ou y sont balayés : de là ils sont poussés aussi par le balai dans un trou à fumier placé non loin du hangar. L'auge étant libre par devant, on distribue le fourrage de ce côté ; une voiture chargée de la quantité nécessaire d'herbes fraîchement coupées passe devant l'auge , et le conducteur distribue le fourrage dans toute la longueur. Dans les hangars à doubles rangs , le passage pour la voiture est pratiqué au milieu, entre les deux auges ; souvent même il est de niveau avec le bord supérieur des auges , en sorte qu'en passant on puisse distribuer le fourrage dans toute la longueur et dans les deux auges directement.

Cette construction économise beaucoup de temps et de bras, par la facilité du travail ; un homme a ensuite le soin de passer entre les vaches pour ramasser le fourrage qu'elles ont fait tomber entre elles, et qui peut être encore bon à manger.

Une pareille étable, dans un climat chaud ou très doux, est bien combinée pour avoir du lait de la meilleure qualité et dans la plus grande quantité. En effet, les vaches laissées très tranquilles, recevant à la fois peu de nourriture, mais en recevant souvent et d'une très bonne qualité, étant presque en plein air, à l'abri néanmoins de la pluie et du soleil, se trouvent dans les meilleures circonstances pour sécréter abondamment de bon lait. Si l'on pouvait les garantir des attaques des mouches dans les grandes chaleurs, leur position serait aussi bonne que possible. Dans ce but, on a, dans quelques endroits, de grands paillassons ou de grandes claies, qui servent à fermer l'étable du côté du soleil dans les grandes chaleurs du jour : ces paillassons servent à un second usage, celui de garantir les animaux du vent lorsque accidentellement il vient à s'élever d'un côté ou à fraîchir.

Dans quelques circonstances, cependant, ces vaches sont envoyées aux pâturages ; mais ce sont des circonstances particulières qui ne se présentent pas souvent, et dont je dirai la raison à l'article PRAIRIES. Ce déplacement occasione un dérangement dans les habitudes des animaux, dérangement que les fromagers croient un peu contraire à la sécrétion du lait.

Dans l'hiver, les animaux sont dans des étables ; mais comme ce temps est de courte durée, l'on n'a point perfectionné les étables d'hiver comme celles d'été, et elles ne sont pas aussi bien calculées pour la santé des vaches, et par conséquent pour une si bonne sécrétion du lait. Comme l'on y fait rentrer les animaux, parce que le froid diminue considérablement cette sécrétion, on a cru que la température des étables d'hiver devait être celle de l'air atmosphérique en été, et les malheureux animaux y sont tenus entassés au milieu d'un air chaud et saturé d'humidité, si contraire à celui qu'ils devraient respirer : aussi je n'en parle que pour dire que le sol est néanmoins encore en briques, que le canal pour les excrémens existe toujours derrière les vaches ; ce qui rend ces étables beaucoup plus belles et plus propres, et par conséquent plus saines encore que celles que nous voyons communément en France. Comme les animaux sont réduits en même temps au régime presque sec, le lait est d'une qualité bien inférieure; les fromages d'hiver s'en ressentent, et sont d'une défaite moins avantageuse.

Quoique les vaches suisses soient préférées comme laitières, quoique ce soient elles qui fournissent la plus grande quantité du lait dont on fabrique les fromages-parmesans, cependant elles ne sont pas employées exclusivement ; les vaches du pays en fournissent aussi une certaine quantité, et dans les endroits où le fromage est fabriqué avec le lait fourni par vingt petits cultivateurs, il se trouve autant de lait de vaches du pays que de lait de vaches suisses.

Je crois que ces notions doivent faire conclure que l'objet le plus important est du bon lait, et que partout où l'on pourra en avoir, il sera possible, en employant les mêmes procédés, de fabriquer du fromage-parmesan.

Plus les vaches seront en bon état, c'est à dire dans un état florissant de santé, meilleur sera le lait. (Joseph Bayle Barelle, *Annales d'Agriculture*, 1re série, t. LX, p. 323.) C'est donc vers ce but qu'il faut tourner ses principaux efforts. Comme aussi la nourriture verte fournie par les prés est là meilleure pour la santé de ces animaux, et en même temps celle qui donne au lait les meilleures qualités, c'est cette nourriture qu'il faut avoir et qu'il faut donner *pendant le plus de temps possible* de l'année, afin d'avoir pendant ce temps la première qualité de fromage. Les habitans du Milanais, auxquels la chaleur du climat semblait devoir interdire des pâturages de longue durée, ont su au contraire, au moyen des irrigations, créer de ces pâturages, que l'on peut faucher pendant neuf mois, et qui donnent jusqu'à six et sept coupes. J'en vais dire un mot.

PRAIRIES ARROSÉES.

Les prairies arrosées se divisent en deux sortes : 1° celles que l'on ne peut arroser qu'à leur tour, c'est à dire quand c'est au tour du propriétaire à jouir d'un ruisseau d'eau qui sert à arroser plusieurs héritages; 2° celles que l'on peut arroser continuellement à volonté pendant toute l'année, ou *marcite*. Les premières fournissent d'excellens herbages quand elles sont bien entretenues et fumées de temps en temps; mais elles ne peuvent être coupées que trois ou quatre fois. Les secondes sont sans comparaison beaucoup plus productives.

Elles sont presque toujours sous l'eau; cependant elles ne sont point marécageuses, parce que l'eau s'y renouvelle sans cesse et s'en retire à volonté. Le terrain est disposé par larges planches en dos-d'âne. Sur la partie la plus élevée des planches sont de petites fosses ou rigoles qui reçoivent l'eau d'un canal principal, et qui l'apportent dans la prairie. Ces fosses ou rigoles se terminent en cul-de-sac, pour que l'eau ne puisse pas avoir de courant, et cela dans le but de la faire échapper par dessus les bords, le long de toute la rigole en même temps, et de la répandre également en nappes légères sur toute la surface du champ : le niveau de ces rigoles doit donc être bien pris, et dans les grandes exploitations où il existe beaucoup de ces *marcite* il y a un homme employé à les maintenir en bon état, comme dans les rizières il y en a un employé à conduire les irrigations. Entre les planches, dans la partie la plus basse, il existe d'autres rigoles moins profondes, qui reçoivent l'eau qui sort du champ, et qui la rassemblent pour la conduire sur d'autres champs qu'elle va fertiliser de nouveau.

Tant que l'herbe n'est pas bonne à couper, on y laisse courir l'eau; on ne retire celle-ci que pour faucher le champ, quelques jours avant la coupe seulement, et dans le but de laisser au terrain le temps de se raffermir et de sécher, soit pour les faucheurs, soit pour que l'herbe coupée ne se mouille pas en tombant sous la faux. Comme cette herbe est donnée en vert, on l'enlève à mesure qu'on la coupe, et le lendemain du jour où l'on a coupé la dernière partie du champ et où l'on a enlevé l'herbe, l'eau est remise sur le sol.

Si ces champs n'étaient qu'arrosés, ils se détérioreraient, en se couvrant de joncs et d'herbes aquatiques, mauvaises pour de bons prés : en les fumant, on prévient cette détérioration. Comme il est avantageux d'avoir une coupe de très bonne heure, c'est en hiver qu'on les fume. Au mois de novembre, on porte dans le champ le fumier assez consommé (le plus consommé, m'a-t-on dit, est le meilleur); on ne le répand pas sur le champ, mais on le place le long des rigoles d'irrigation de manière que l'eau, en sortant de ces rigoles, passe sur le fumier et va distribuer ses sucs dans toutes les parties du champ. Plus on met de fumier avant l'hiver, plus on est sûr de récolter de bonne heure. L'eau chargée de principes fertilisans préserve très bien la terre de la gelée, tient les plantes en végétation, et quand l'hiver est doux, on a quelquefois, dès le mois de février, une première coupe de vert sur les *marcite* : on est sûr, dans tous les cas, d'en avoir une au mois de *mars*, et c'est, m'a-t-on dit, de cette circonstance que ces prairies ont reçu le nom qui les distingue (1).

Comme le fumier qu'on répand sur ces *marcite* est un fumier provenant en plus grande partie de vaches, et encore de vaches nourries presque continuellement au vert, ce fumier se fait très facilement, et il est aisément dissous et entraîné par l'eau; aussi son effet dure-t-il moins, et est-il nécessaire de fumer souvent; quand on peut le faire un peu tous les ans, les prairies n'en sont que meilleures.

Ces prairies, bien aménagées, donnent ordinairement cinq à six coupes de mars en novembre; quelques unes des meilleures en donnent jusqu'à sept et huit. En été, la chaleur et l'eau; en hiver, une eau courante et du fumier, sont la cause de cette grande végétation. Le terrain y est pour peu de chose; une grande partie de celui des environs de Milan, sur lequel ces prairies ont été formées, est peu profonde, placée sur une couche de gravier mêlé de sable gris siliceux presque pur, et très bon pour le ciment, auquel on l'emploie. La couche végétale, cependant, engraissée par une longue culture, est grasse et très fertile.

L'herbe de ces prairies ne pourrait pas donner un foin de bonne qualité; aussi ne l'emploie-t-on pas à cet usage, presque tout est consommé en vert; on n'en fait du foin que quand on ne peut pas faire autrement : ce foin est d'une qualité très médiocre et presque sans valeur.

On trouve la surface de quelques unes de ces *marcite* disposée très régulièrement; on voit qu'elle était plane

---

(1) D'autres personnes disent que le mot *marcite* vient de *marcire* (se gâter), et qu'il signifie *prairies pourries*, de ce qu'elles sont continuellement sous l'eau.

autrefois, et qu'elle a été arrangée exprès. Cette surface ressemble assez à nos terres labourées en larges plates-bandes en dos-d'âne, avec cette différence que le sommet des plates-bandes est aussi élevé à la partie inférieure du champ, pour que les rigoles d'irrigation conservent leur niveau. Dans d'autres endroits, on s'est contenté de profiter de l'inclinaison du sol en dirigeant les rigoles sur les points les plus saillans. Ce sont des mouvemens de terrain que la charrue peut exécuter facilement dans la plupart des localités.

Les *marcite*, au moyen des engrais, peuvent rester toujours en prairies fauchées, et dans cet état il paraît qu'elles donnent un revenu plus considérable que toutes les espèces de terres cultivées; cependant il est bon de temps en temps d'y mettre les animaux à la pâture, au lieu d'en enlever l'herbe pour la donner à l'étable. Les excrémens presque liquides que les animaux répandent ont bientôt couvert presque tout le champ, et c'est un moyen de fumer que quelques agriculteurs emploient pour éviter les charriages. C'est immédiatement après la dernière coupe qu'on veut faire, qu'on emploie ce moyen : c'est presque la seule occasion que l'on ait, dans les grandes fromageries, d'ôter les vaches du hangar pendant l'automne; on ne le fait encore que pour économiser des charriages, et parce que le piétinement des animaux paraît produire un très bon effet sur les prairies.

Quelques agriculteurs ont défriché ces *marcite* à des époques très éloignées, et ils disent s'être très bien trouvés de cette opération. Ils ont fait quelques récoltes de céréales, et ensuite ont remis les terres en prairies. C'est une opération qui ne s'est pas pratiquée souvent, mais que la théorie d'une bonne culture ne réprouve pas.

CONCLUSIONS.

En lisant cet article, on aura vu que j'étais persuadé que, pour faire du fromage-parmesan, il n'était pas nécessaire d'avoir les pâturages et les animaux du pays de Lodi; qu'il était seulement indispensable de savoir faire le fromage d'abord, ensuite d'avoir de bon lait en abondance, et que pour parvenir à ce dernier but il suffisait d'entretenir les vaches en très bonne santé, avec des fourrages verts de bonne qualité, pendant l'espace de l'année le plus long possible.

Je crois que les *marcite* du Milanais et du Lodésan fournissent une nourriture très avantageuse sous ce rapport; mais je pense aussi qu'il n'est pas difficile d'imiter ces *marcite*, et que, dans beaucoup d'endroits de la France où les pâturages sont excellens, il n'en serait même pas besoin. C'est ma propre conviction que j'ai tâché de faire partager à mes lecteurs, parce que je crois que des efforts suivis avec discernement obtiendraient d'abord du succès, et seraient ensuite très avantageux dans certaines localités.

ACTE DE LA SOCIÉTÉ DE LA FRUITIÈRE

DE LOMPNÈS,

Du 4 novembre 1828, pour la fabrication des fromage.

L'an dix-huit cent vingt-huit et le quatre novembre, pardevant Mᵉ Fabius Tendret, notaire royal, soussigné, à la résidence de Belley, département de l'Ain.

Sont comparus les sieurs Guillaume Benot, Pierre-Joseph Dumarest, Félix Dumarest, Claude-Antoine Sublet, André Dumarest, Jean-Pierre Dumarest, Joseph-Marie Dumarest, Claude Poncet, Claude-Marie Hugon, Jean-Marie Niogret, Adolphe d'Angeville, Jean-Joseph Dumarest, Jean-Baptiste Jacquet, Philibert Grange, Gaspard Corbet, Philibert Corbet, Alexandre Dumarest, Jean-Baptiste Grange, Pierre-Joseph Guy, Jean-Louis Dumarest, François Tronchon, François Dumarest, Claude-Joseph Sublet, Jérôme Hugon, Jean-Joseph Sublet, fils de François, Pierre-Martin Sublet, Jean-Baptiste Hugon, Jean-François Brunier, Claude Sorlin, Claude Rolland, Isidore Derminon, Julien Pernon, Jean Joseph Sublet, fils de Joseph-Guillaume Michaud, Jean-François Grange, Paul Guy, Jérôme Sublet, Jean-Corbet, Pierre-Joseph Garin, Jean-Pierre Combet, tous propriétaires-cultivateurs, demeurant en la commune de Lompnès, et les nommées Marie-Josephe Sublet, veuve de Jean Dumarest, Euphrosine Dumarest, veuve de Cyprien Dumarest, enfin Claudine Toussaint-la-Fontaine, veuve de Claude-Antoine Corbet, toutes trois propriétaires, demeurant en ladite commune de Lompnès ; tous lesquels comparans ont déclaré former entre eux une Société pour la fabrication des fromages façon de gruyère, dont ils ont arrêté les bases fondamentales et réglementaires de la manière suivante :

BASES FONDAMENTALES DE LA SOCIÉTÉ.

Art. 1er. Il est fondé dans la commune de Lompnès une Société entre tous les susnommés propriétaires de vaches, et le but de cette Société est de continuer la fabrication des fromages dits de Gruyères.

Art. 2. Ladite Société durera autant et aussi long-temps que vingt de ses membres voudront rester dans l'association ; au renouvellement de chaque année de fruitière, celui qui, dix jours après l'ouverture de la fabrication, n'aura pas apporté le produit de ses vaches, sera censé avoir renoncé à la Société, et dans ce cas, comme dommages-intérêts, il perdra la part lui revenant dans le mobilier de la fruitière. Ce mobilier sera licité entre les sociétaires restans, aussitôt que leur nombre sera au dessous de vingt.

Art. 3. Les intérêts de la Société seront gérés par une commission de quatre membres et un président, qui tous seront élus pour trois ans par la majorité des associés, et ladite commission se choisira parmi les sociétaires un trésorier remplissant les fonctions de secrétaire.

Art. 4. En cas d'absence ou de récusation du président, il sera remplacé par le premier membre nommé de la commission, et ainsi de suite jusqu'au quatrième : alors le membre de la commission, ou les membres, s'il en manquait plusieurs, seront remplacés par le président ordinaire ou temporaire, qui fera prévenir, par un sociétaire quelconque, celui ou ceux des associés qui feront momentanément partie de la commission, de telle sorte qu'elle soit toujours complète, au nombre de cinq.

Art. 5. Toutefois, pour toute décision de la commission qui n'entraînerait pas plus de 15 francs de dommages et intérêts envers la Société, il sera suffisant que ladite commission soit réunie au nombre de trois membres; si l'on était quatre, et qu'il y eût partage d'avis, il serait nécessaire de compléter le nombre de cinq.

Art. 6. En cas de démission du président ou des commissaires, ils seront tenus de continuer leurs fonctions, pendant un mois, à moins de remplacement immédiat : ce remplacement se fera à la pluralité des voix de la commission réunie aux dix plus forts sociétaires.

Art. 7. Le secrétaire-trésorier n'aura pas voix délibérative; il agira sous la surveillance du président, qui lui fournira deux registres : l'un pour la police, et l'autre pour les intérêts de la Société.

Art. 8. Les fonctions des membres de la commission sont gratuites; celles du trésorier-secrétaire seront rétribuées chaque année, ainsi que le réglera la commission, et selon les écritures qui auront été faites pendant l'année.

Art. 9. La commission prononcera entre les co-associés sur toutes les discussions relatives à leurs intérêts dans la fruitière.

Art. 10. La commission surveillera l'exécution des clauses de la présente association, et prononcera comme tribunal arbitral sur les violations du réglement; elle prononcera aussi sur les dommages-intérêts dont pourront être passibles ceux qui y contreviendraient.

Art. 11. Ces dommages-intérêts sont prononcés contre tout sociétaire qui se rendra coupable, soit de négligence, soit de fraude.

Art. 12. Les dommages et intérêts qui résulteront du fait de négligence s'éleveront à 3 francs au moins, et 50 francs au plus.

Art. 13. Les dommages et intérêts qui résulteront du

fait de fraude seront de 20 francs au moins, et de 100 fr. au plus, sauf l'exception suivante.

ART. 14. Néanmoins, comme la fraude qui consisterait à augmenter la quantité de son lait par un mélange d'eau a le double effet de voler la Société et de discréditer ses produits, les dommages et intérêts pourront, dans ce cas, être portés à toute la valeur des fromages que le délinquant aurait à la fruitière, et cette valeur sera calculée à raison de 80 francs les 100 kilogrammes.

Pourra, en outre, le délinquant être chassé de la Société, temporairement ou pour toujours, sans que pour cela il puisse prétendre à aucune indemnité pour la part à lui afférente dans le mobilier de la fruitière.

ART. 15. Tout autre genre de fraude pourra donner lieu aux condamnations portées en l'article précédent, lorsqu'elle aura été commise en récidive.

ART. 16. Tout sociétaire qui, par suite d'un jugement rendu contre lui, insulterait la commission ou l'un de ses membres, pourra être chassé de la Société par décision de la commission, et ce sans indemnité pour la part à lui afférente dans le mobilier de la fruitière.

ART. 17. Les jugemens de la commission seront sans appel, ils seront prononcés à la simple majorité; les sociétaires renoncent, par le présent acte, à toute plainte et tout recours aux tribunaux; ils reconnaissent et acceptent la commission pour arbitre sans appel, dans toute discussion relative à la police de la Société ou aux intérêts de chaque sociétaire.

ART. 18. Les décisions ou jugemens rendus par la commission seront couchés sur le registre de police tenu par le secrétaire-trésorier; ils seront signés par tous les commissaires; un extrait, signé du président, sera affiché, pendant huit jours, dans un lieu appartenant à la fruitière, afin que le délinquant et aucun sociétaire ne puissent en prétendre cause d'ignorance.

Art. 19. Toute action judiciaire, soit comme deman-
deur, soit comme défendeur, ne sera suivie qu'après au-
torisation préalable de la commission réunie à son complet, et alors le président suivra l'instance pour et au
nom des sociétaires.

Art. 20. Le président convoquera, soit la commission,
soit les sociétaires ou seulement quelques uns d'eux,
toutes les fois qu'il le jugera nécessaire.

Art. 21. Le président est chargé d'ordonner les dépenses courantes qu'il croira utiles à la Société ; les grosses
dépenses seront votées par la commission.

Art. 22. Sont considérées comme grosses dépenses
celles qui excèdent la somme de 30 francs.

Art. 23. La commission est autorisée à agréer, au
commencement de chaque année, les habitans de la commune de Lompnès qui voudraient faire partie de la Société. Dans ce cas, elle exigera du nouveau sociétaire un
acte d'adhésion aux statuts et réglemens arrêtés par le
présent, auxquels il promettra de se conformer en tout
point.

Art. 24. Jusqu'au 1er août de chaque année, la commission a le droit de vendre en gros tous les fromages
qui se fabriqueront dans l'année, moins toutefois la quantité nécessaire à l'usage de chaque ménage : la commission
sera juge de cette quantité.

Art. 25. La commission est spécialement chargée de
traiter avec le fruitier; elle lui imposera le réglement de
police particulier, qui lui paraîtra le plus convenable
dans l'intérêt de la Société.

Art. 26. Toutes les années, à la clôture de la fruitière, les sociétaires de l'année se réuniront pour entendre le rapport sur l'état de la Société que fera le président. Ce rapport sera suivi du détail des dépenses de
l'année courante.

Art. 27. La commission devant être renouvelée tous

les trois ans, a partir de l'automne 1828, on profitera de la réunion qui aura lieu à la fin de la fruitière de l'année 1831, pour désigner le président et les membres qui entreront en exercice au printemps suivant, et il en sera de même pour les renouvellemens subséquens.

ART. 28. La commission, pour les années 1829, 1830 et 1831, sera composée ainsi qu'il suit : M. Adolphe d'Angeville, maire, président; Félix Dumarest, premier conseiller; Pierre Martin Sublet, deuxième conseiller; Pierre-Joseph Dumarest, troisième conseiller; Alexandre Dumarest, quatrième conseiller.

Les cinq associés dénommés acceptent les fonctions spécifiées dans le présent acte, et sur-le-champ ils ont choisi pour secrétaire-trésorier Jean-Joseph Sublet, fils de François, qui déclare accepter lesdites fonctions.

ART. 29. La Société, sauf le cas prévu par l'art. 2, est constituée pour trente années, à dater de ce jour.

ART. 30. Le décès d'un sociétaire ne donne pas lieu à liquidation de la Société; ses héritiers auront le droit de continuer à en faire partie ou de se retirer, mais sans indemnité pour la part afférente à leur auteur dans le mobilier de la fruitière.

RÉGLEMENT DE LA SOCIÉTÉ.

ART. 31. Le nombre des sociétaires sera arrêté chaque année, dix jours après l'ouverture de la fabrication des fromages, et une liste signée du président sera affichée dix autres jours dans un lieu apparent de la fruitière.

ART. 32. Tout sociétaire qui se retirera de la Société sans le consentement du président, avant la clôture de la fabrication de l'année, sera passible des dommages-intérêts portés à l'art. 12.

ART. 33. Les sociétaires s'engagent à tenir, envers le

fruitier, la convention que la commission aura faite avec
lui ; ils renoncent, par le présent, à toutes plaintes et
recours aux tribunaux, reconnaissant et acceptant la
commission pour arbitre sans appel dans toutes discussions qui pourraient s'élever entre eux et le fruitier, sur
leurs intérêts relatifs à la fruitière.

ART. 34. Le président indiquera l'heure à laquelle les
sociétaires apporteront le lait de leurs vaches à la fruitière, et ce lait sera porté en deux traits, un le matin et
l'autre le soir.

ART. 35. Le lait sera apporté dans des vases soigneusement lavés, et avant d'être coulé ; il est expressément
défendu de présenter celui des vaches fraîches vêlées, si
ce n'est dix jours après la naissance du veau.

ART. 36. Nul ne pourra apporter à la fruitière du lait
de vache mélangé de celui de chèvre ou de brebis.

ART. 37. Tout sociétaire pourra garder le lait nécessaire à son ménage ; mais il ne pourra fabriquer chez lui
ni beurre ni fromage.

ART. 38. La qualité des premiers et derniers fromages
faits dans une saison de fruitière étant inférieure, il y a
des sociétaires qui n'apportent le lait qu'après l'avoir ac-
cumulé pendant plusieurs jours, ce qui porte un tort
notable aux autres sociétaires. Pour obvier à cet inconvénient :

1°. Le jour de l'ouverture de la fruitière sera annoncé
publiquement ;

2°. Pendant les trois jours qui suivront, on sera encore
admis sans jugement ;

3°. Passé ce terme, et jusqu'au dixième jour après l'ouverture, tout retardataire ne sera admis qu'avec l'agré-
ment de la commission, et il sera passible des dommages-
intérêts déterminés par l'art. 12.

ART. 39. Sera passible des mêmes dommages et intérêts

15.

prévus par le susdit article 12 tout sociétaire qui contre-
viendrait aux art. 34, 35, 36 et 37 du présent acte.

ART. 40. Aucun sociétaire ne pourra apporter à la
fruitière du lait produit par d'autres vaches que les siennes, ni emprunter du lait d'un autre sociétaire ; et cela,
sous peine des dommages-intérêts stipulés à l'art. 13.

ART. 41. Chaque ociétaire apportera à la fruitière son
lait pur, sans mélange d'eau ni soustraction de crème. Si
un sociétaire fraude le lait de l'une de ces deux manières,
ou autrement, cette fraude pourra être établie, soit par
l'éprouvette, soit par témoins, ou par toute autre voie
capable de donner la conviction à la commission.

Tout contrevenant à cet article sera, suivant les cas,
passible des dommages et intérêts stipulés aux art. 13
et 14.

ART. 42. Dans tous les cas, le fromage de la fabrication
du jour sera toujours délivré à celui qui avait le plus de
lait à la coulée de la veille au matin, et le fruitier, à
chaque coulée du matin, préviendra le sociétaire qui
aura le fromage le lendemain ; s'il y a égalité de produits,
le fromage appartiendra à celui qui aura commencé la
fruitière le premier.

ART. 43. Aucun sociétaire ne pourra retirer ses fromages de la cave de la fruitière sans un ordre du président.

ART. 44. A l'ouverture de la fabrication, chaque sociétaire déclarera au président la quantité de vaches qu'il
compte tenir à la fruitière pendant la saison ; en cas de
vente ou d'augmentation de bétail, il deviendra nécessaire de le prévenir de nouveau.

ART. 45. Un sociétaire qui introduira une nouvelle
vache dans la commune sera tenu d'en faire la déclara-
tion au président, dans les vingt-quatre heures ; il indiquera le nom du vendeur, le lieu d'où elle provient,

donnera son signalement et présentera le certificat de non-épizootie du maire de la commune du vendeur.

Art. 46. Tout sociétaire qui aura une ou plusieurs vaches malades sera tenu d'en prévenir immédiatement le président, et ce dernier s'assurera du caractère de la maladie, pour agir ensuite ainsi qu'il avisera avec la commission.

Art. 47. Les contrevenans aux articles 44, 45, 46 seront passibles des dommages et intérêts portés à l'article 12.

Art. 48. Les sociétaires sont obligés de prévenir, dans les vingt-quatre heures, le président de la perte d'une de leurs vaches, quel que soit le genre de mort qu'elle ait éprouvé, fût-elle morte par accident.

Les contrevenans à cet article, suivant qu'il y aurait négligence ou fraude, seront passibles des dommages et intérêts stipulés, soit à l'article 12, soit à l'article 13.

Art. 49. Le président, ou deux membres de la commission par lui délégués feront au moins une inspection générale des vaches des sociétaires pendant la durée de la fruitière.

Art. 50. Les sociétaires ne pourront, en aucun temps, refuser aux membres de la commission l'entrée de leurs écuries, ou la visite de leur bétail, ou tous renseignemens concernant la fruitière, sous les peines spécifiées à l'article 16.

Art. 51. Chaque année, à la réunion prévue par l'article 26, les membres de la commission pourront proposer telles modifications ou extensions de cet article du réglement de la Société qu'ils jugeront utiles; et si elles sont adoptées par la majorité des sociétaires, elles seront couchées sur le registre de police tenu par le secrétaire-trésorier, et signées par les membres composant la commission, pour avoir la même force que si elles étaient insérées au présent acte.

La présente association et le réglement qui en fait la suite ayant été définitivement arrêtés, ainsi qu'il vient d'être stipulé, chacune des parties contractantes a promis de s'y conformer, aux peines de droit. Dont acte, lu aux comparans, fait et passé à Lompnès, au château habité par M. d'Angeville, en présence de MM. Jean-Marie Scipion des Terreaux, avocat et propriétaire, demeurant à Belley, et Camille Vosges, propriétaire, demeurant à Saint-Maurice, commune de Charancin, tous deux témoins requis; lesquels ont signé avec nous, notaire, ainsi que MM. Adolphe d'Angeville, Jean-Louis Dumarest, Pierre-Joseph Guy, Claude-Joseph Sublet, Jean-Marie Niogret, Alexandre Dumarest et Joseph-Marie Dumarest.

HUITIÈME MÉMOIRE.

FABRICATION

DES

FROMAGES DE LAIT DE CHÈVRE AU MONT-D'OR ;

Par M. GROGNIER.

(*Extrait de trois lettres écrites à MM. Tessier et Huzard.*)

Lyon, le 4 mai 1819.

A M. TESSIER.

QUESTION : *Continue-t-on, dans le Mont-d'Or, à nourrir et entretenir des chèvres avec le lait desquelles on fait de petits fromages qu'on trouve bons ?*

Réponse : Les chèvres sont toujours un objet important d'économie rurale dans le Mont-d'Or. On évalue, au moment actuel, à onze mille le nombre de ces animaux qui y sont nourris ; il y a des particuliers qui élèvent jusqu'à cinquante chèvres ; il en existe soixante-treize dans la terre de Saint-Romain. En aucun temps on n'a élevé, dans le Mont-d'Or, un plus grand nombre de chèvres qu'on ne le fait aujourd'hui.

QUESTION : *Sait-on à peu près depuis quand ce genre d'économie a lieu dans le pays, ou bien est-ce de temps immémorial ?*

Réponse : Ce genre d'industrie remonte dans ce pays à des temps très éloignés. J'ai vu des fosses où l'on conserve la nourriture des chèvres, dont la construction m'a paru remonter à plus de deux cents ans.

QUESTION : *Portent-elles tous les ans un ou deux chevreaux, mâles ou femelles ?*

Réponse : Elles portent régulièrement toutes les années, et, le plus souvent, elles mettent bas deux chevreaux; on en a vu en produire trois et même quatre d'une seule portée. On remarque qu'il naît en général plus de chevreaux femelles que de mâles.

QUESTION : *Combien vivent ces animaux mâles ou femelles, ou combien d'années s'en sert-on pour la reproduction?*

Réponse : On amène les chèvres au bouc dès leur seconde année et jusqu'à l'âge de dix ans, j'en ai vu qui y étaient encore employées à quinze; quelques unes sont remplies à huit mois. Quand les boucs et les chèvres sont réformés, on les vend à très vil prix, tandis qu'une bonne chèvre de quatre à six ans vaut de 25 à 36 francs; la valeur d'un bouc banal est proportionnée à sa vigueur.

QUESTION : *De quelle manière nourrit-on ces animaux dans le cours de l'année (par qualité et quantité), tant les mères que les boucs et les chevreaux?*

Réponse : On nourrit ces animaux pendant la belle saison, avec de l'herbe de toute espèce. Ils ne sont point à cet égard plus difficiles que les vaches; quelques pauvres femmes du Mont-d'Or leur donnent jusqu'à des chardons et des bruyères. On les nourrit aussi avec de la luzerne, du regain, des feuilles d'arbres, du marc de noix nommé *trouille*, qu'on délaie dans de l'eau chaude; avec du marc qui reste dans la cuve quand on en a tiré le petit vin, vulgairement nommé *piquette* : on délaie ce marc dans une grande quantité d'eau, il en résulte une boisson dont les chèvres sont très avides; elles boivent aussi avec plaisir le petit-lait résidu de la fabrication du fromage qu'elles fournissent. On cultive pour elles cette variété de chou vert (*brassica oleracea viridis*, Lin.), vulgairement nommée *chou-cavalier*, qui s'élève à une hauteur étonnante. J'en ai vu à Saint-Romain dont la taille surpassait 10 pieds et dont le tronc était tout aussi

ligneux que celui de l'aubépine. J'ai rapporté de cet endroit un bâton de plus d'un pouce de diamètre, d'une
extrême dureté, qui n'est autre chose que la tige d'un
chou gigantesque.

La nourriture des chèvres du Mont-d'Or, pendant
l'hiver, se compose en très grande partie des feuilles de
vigne que l'on cueille après la vendange sur les ceps
eux-mêmes; on les jette dans des fosses bétonnées, situées pour l'ordinaire dans le cellier ou sous un hangar,
et toujours dans un lieu couvert. Ces fosses ont quelquefois des dimensions considérables : j'en ai vu de 10 pieds
(3 mètres 33 centimètres) de longueur, 8 pieds (2 mètres
66 centimètres) de largeur, et 7 pieds (2 mètres 33 centimètres) de profondeur. Ceux qui élèvent beaucoup de
chèvres ont plusieurs fosses; ceux qui ne peuvent en
nourrir qu'un très petit nombre conservent les feuilles
dans des tonneaux défoncés, où les feuilles sont foulées
et pressées avec la plus grande force. Vingt individus
descendent dans les citernes bétonnées et trépignent sans
cesse, tandis qu'on y jette cette provision d'hiver. On y
verse de l'eau en petite quantité, et lorsque la fosse est
remplie, on la recouvre de planches, sur lesquelles ou
place des pierres énormes. Au bout d'environ deux mois,
on découvre la fosse pour en retirer les feuilles, qui
alors ont contracté un goût acide comme du petit-lait
aigri, sans aucune apparence de putridité; leur texture a
conservé toute son intégrité, leur couleur est d'un vert
plus foncé que quand elles étaient fraîches, elles son
fortement agglutinées entre elles; l'eau qui les surnage
est roussâtre, d'une odeur désagréable, d'une saveur
acide; les chèvres la boivent avec plaisir. Cette nourriture singulière est, pendant l'hiver, presque la seule
qu'on donne à ces animaux; elle se prolonge dans le printemps : j'ai vu en effet dans le mois d'avril plusieurs
chèvreries dans lesquelles cette provision n'était pas en-

core épuisée. Depuis quelque temps on vient prendre
dans les brasseries de Lyon les résidus de la fabrication
de la bière, parce qu'on s'est aperçu que cette substance
convenait parfaitement aux chèvres.

Ces animaux consomment beaucoup; ils font, pendant
l'été, neuf repas par jour. Madame de Saint-Romain a
calculé que, pour nourrir en herbe verte trente - cinq
chèvres, il fallait employer trois femmes pour ramasser
des plantes dans les vignes et le long des haies, et chacune de ces femmes devait faire six voyages et apporter
chaque fois 5o livres d'herbe ; ce qui revient, sauf erreur
de calcul, à 25 ou 26 livres de fourrage vert par chèvre.
Quant à la feuille de vigne et à celle du chou-cavalier,
personne n'a su me dire quelle était la quantité qu'on en
donnait journellement à chaque individu. Hors de la
monte, les boucs ne consomment pas plus que les chèvres,
et même, dans ce temps, ils absorbent moins de nourriture solide, mais on leur donne du vin et de l'avoine.
Les mères-nourrices ne mangent pas plus que les laitières;
c'est pendant la gestation que les chèvres mangent le
moins. Les chevreaux consomment, jusqu'à l'âge d'un an,
le quart de la nourriture qu'on donne aux mères.

QUESTION : *Tient-on toujours les chèvres enfermées, ou
les laisse-t-on quelquefois à l'air ?*

Réponse : En général, ces animaux passent leur vie
dans l'étable, et ils n'en sortent guère qu'au moment de
la monte. Dans quelques communes, néanmoins, on les
fait sortir pendant quelques jours dans les champs après la
moisson, pourvu qu'on les garde avec le plus grand soin ;
et M. le maire de Saint-Didier n'a donné cette permission
qu'à la condition expresse qu'on les conduirait muselés,
depuis la bergerie jusqu'au pâturage. Ces chèvres ainsi
renfermées jouissent d'une santé robuste. L'École vétéri-
naire n'a point connaissance qu'elles aient été affectées
de maladies épizootiques ; les maladies les plus communes

parmi elles ont un caractère nerveux et sont rarement mortelles ; leur gestation et leur mise-bas ne sont presque jamais accompagnées d'accidens. Autrefois leurs ongles s'allongeaient dans l'étable, au point de les priver de la faculté de marcher : on est actuellement dans l'usage de leur faire la corne de temps en temps. La plus grande propreté règne dans leur habitation, et les femmes qui en ont soin les traitent avec beaucoup de douceur ; elles les peignent fréquemment, et cette manœuvre doit concourir à les maintenir en santé.

QUESTION : *A quel âge sèvre-t-on les chevreaux ?*
Réponse : On les sèvre à un mois.

A M. TESSIER.

Lyon, le 11 mai 1819.

Les chèvres du Mont-d'Or sont loin de constituer une race particulière ; on fait dans ce pays fort peu d'élèves ; les chèvres qu'on y nourrit sont en général achetées dans les territoires de la Bresse, du Charolais et des montagnes du Lyonnais ; c'est au régime auquel on soumet ces animaux, à la nourriture qu'on leur donne, à la manière dont on traite le lait qu'ils fournissent, qu'on serait tenté d'attribuer uniquement la bonne qualité des fromages du Mont-d'Or, fromages qui, selon Rozier, sont les plus renommés du royaume (1). Ils avaient déjà une grande réputation, que l'on n'élevait point encore de boucs dans le Mont-d'Or, et qu'il en venait des cantons voisins, aux

------

(1) Tout le monde n'est pas de l'avis de Rozier. Les fromages du Mont-d'Or peuvent être les meilleurs de tous ceux de chèvres ; mais en supposant qu'on en convienne dans les autres pays, où l'on en fait avec le lait de ces animaux, il y a bien des sortes de fromages qui leur sont préférables. (*Note de M. Tessier.*)

époques où les chèvres sont en chaleur. On n'a pas remarqué de changemens notables, soit dans le poil, soit
dans le lait des chèvres, depuis qu'on fait usage de boucs
nés dans le pays.

Un fait semble prouver que l'exposition et le climat influent sur la qualité des fromages du Mont-d'Or. M. Bon-
nevaud, ancien notaire de Lyon, avait un domaine sur
cette montagne; il y nourrissait une vingtaine de chèvres
qui lui donnaient de très bons fromages, il le vendit pour
acheter une terre à Charentay, canton de Beaujeu; il
emmena dans sa nouvelle propriété ses chèvres avec la
fille qui en avait soin; il fit creuser une fosse, y déposa
des feuilles de vigne; il sema le chou-cavalier, il soumit
enfin ses chèvres au régime qu'elles suivaient au Mont-
d'Or; il veillait avec soin à ce que leur lait fût traité de la
même manière, et il ne put jamais obtenir que des fromages du pays, sans pouvoir leur donner la qualité de
ceux du Mont-d'Or. Ce fait m'a été certifié par M. Bon-
nevaud lui-même.

Quoi qu'il en soit, voici de quelle manière on fait le
fromage du Mont-d'Or.

La laiterie est tenue avec une extrême propreté; elle
est toujours située dans un endroit frais, où le soleil ne
pénètre jamais. On trait les chèvres trois fois par jour
pendant l'été, de grand matin; à midi, et le soir à la
nuit. Les bonnes chèvres donnent à chaque traite un pot
de lait, chaque pot produit un fromage, et chaque fromage vaut, sur les lieux, 4 sous, et 5 ou 6 rendu à
Lyon. La chèvre qu'on ne fait pas remplir, et cela pour
en obtenir des fromages pendant l'hiver, ne fournit que
deux fromages par jour, mais d'une qualité qui n'est pas
inférieure.

Quand il fait froid, on met en présure le lait tout
chaud; dans l'été, on laisse refroidir pendant une ou
deux heures, ou même moins, selon la température; les

filles de la laiterie mettent la plus grande importance à choisir le moment où il convient de présurer.

Il y a différentes manières de préparer la présure : on emploie pour cela tantôt du petit-lait, tantôt du vin blanc, quelquefois du vinaigre.

Chez Madame de Saint-Romain, on fait la présure de la manière suivante : on prend trois pots de petit-lait bien clarifié, on y jette une livre de sel et six caillettes de chevreau ; on fait bouillir pendant une demi-heure, on retire du feu, on laisse refroidir, on renferme dans un vase fermé qu'on dépose dans un endroit frais. Une cuillerée à bouche de cette liqueur suffit pour quinze pots de lait ; on augmente un peu la dose de présure quand il fait froid : l'on observe qu'en présurant trop, on nuit à la qualité du fromage.

Chez M. Seriziat, on fait la présure ainsi qu'il suit :

On prend cinq pots de vin blanc, on y met cinq caillettes de chevreau, une forte poignée de sel, une demi-once de poivre, une pincée de feuilles aromatiques ; on laisse macérer pendant huit jours, on passe à travers une étamine et on garde pour l'usage. Une cuillerée à bouche de cette liqueur suffit pour quatre pots.

Il est des chèvreries où l'on est dans l'usage d'introduire dans la présure de la cannelle, du gérofle, du persil, etc. On croit avoir remarqué que, dans l'été, il vaut mieux faire la présure avec du petit-lait et même du vinaigre, tandis que le vin blanc est préférable pendant l'hiver.

Comme bien vous pensez, Monsieur, on n'emploie nulle part, à faire la présure, des vessies de cochon, quoique Rozier ait dit, sans doute par inadvertance, qu'on les faisait servir à cet usage (1).

---

(1) Rozier n'a point dit cela par inadvertance ; il ne faut pas lui attribuer des erreurs qui ne lui appartiennent point ; il a

Le lait, ainsi présuré, se caille dans l'été, au bout
d'un quart d'heure, et au bout d'une demi-heure en hiver; on le met alors dans des espèces de boîtes de paille
ou dans des vases de terre percés et troués comme des
écumoires : c'est dans ces boîtes ou ces vases que les fromages prennent leur forme. On les place de manière que
le petit-lait puisse s'écouler aisément. Ce liquide est recueilli avec le plus grand soin, et on lave fréquemment
les ustensiles qui le reçoivent; on craindrait, en négli-
geant cette extrême propreté, que la moindre odeur de
petit-lait aigri ne nuisît à la qualité des fromages.

C'est au bout de demi-heure en été et deux heures en
hiver que l'on sale ces petits fromages; on les retourne
cinq à six fois dans le courant de la journée, plus souvent l'hiver que l'été. Ils deviennent fermes dans vingt-
quatre heures pendant cette dernière saison, et dans
l'autre seulement au bout de trois à quatre jours. Quand
ils sont fermes, on les place dans des paniers à claire-
voie suspendus au plancher au moyen d'une poulie, et
c'est toujours dans un endroit frais qu'on les conserve.
On les raffine quelquefois en les humectant avec du vin
blanc, les recouvrant d'une pincée de persil et les mettant
entre deux assiettes; on les apporte à Lyon dix à douze
jours après les avoir faits. Il s'en expédie pour diverses
parties de la France; on les renferme dans des boîtes à
dragées, et ce genre d'industrie, en apparence peu considérable, ne contribue pas peu à la prospérité des communes du Mont-d'Or.

---

fait, au contraire, des observations sur l'emploi de la vessie de
cochon, qu'il regarde comme inutile dans la confection de cette
présure. « N'y aurait-il pas erreur, dit-il, dans ce procédé qui
» nous a été communiqué? au lieu de *vessie de cochon*, ne doit-
» ce pas être *de caillette?* » *Cours complet d'Agriculture*, in-4°,
tome V, page 97. (*Note de M. Huzard.*)

Il est malheureux que la cupidité nuise à la réputation de ces fromages, en faisant entrer dans leur confection du lait de vache ou de brebis. Il arrive aussi que l'on donne pour du fromage du Mont-d'Or celui qu'on fabrique avec du lait de chèvre ou même de brebis dans vingt communes voisines des montagnes renommées pour l'excellence du fromage ; aussi ceux qui en achètent pour la capitale seraient-ils fréquemment trompés, s'ils ne s'adressaient à des personnes de confiance.

Il résulte de ce qui précède que telle est l'utilité des chèvres dans le Mont-d'Or, que, quoiqu'on ne tire aucun parti de leur poil, on en élève quinze à dix-huit cents par commune, que ce genre d'économie y est suivi de temps immémorial, que les vaches y sont extrêmement rares, parce que leur fumier est avantageusement suppléé par celui des chèvres, et qu'on y laboure avec des chevaux le peu de terres arables existant entre les vignobles.

On y a évalué la rente d'une chèvre, en lait, fumier ou chevreau, à une somme égale à sa valeur. Quel est l'animal domestique qui pourrait offrir un plus grand bénéfice ? Ajoutez à cela que l'entretien des chèvres du Mont-d'Or utilise des feuilles de vignes, des plantes réputées parasites, qui, dans tant de pays, ne servent à rien, pas même à faire des engrais ; cet entretien n'occupe point des bras robustes, étant confié exclusivement à des femmes et à des enfans.

A M. Huzard.

Lyon, le 24 octobre 1819.

Monsieur,

Ce fut vers le commencement de mai dernier que, sur l'invitation de M. Tessier, je fis plusieurs excursions dans le Mont-d'Or lyonnais, pour y recueillir des renseigne-

mens sur les chèvres qu'on y nourrit. Ces renseignemens furent ma réponse à une série de questions que
M. Tessier m'avait adressées. Lors de son passage à Lyon
et de son retour de Marseille, il me témoigna qu'il était
content de mes recherches et qu'il en ferait connaître les
résultats. Je communiquai mon mémoire à la Société d'a-
griculture de Lyon et le déposai dans son porte-feuille.

Voici, à très peu près, l'état des chèvres élevées dans
les douze communes situées sur cette montagne :

Saint-Rambert de l'île Barbe.	100
Saint-Cyr.	2400
Saint - Didier.	1800
Colonge.	2000
Poleymieux.	1200
Curis.	900
Limonet.	500
Saint-Romain.	800
Couzon.	300
Albigny.	500
Saint-Germain.	150
Chasselay	600
	11250

Si je m'en étais rapporté exclusivement à MM. les
Maires, j'aurais porté beaucoup plus bas cet état approxi-
matif. MM. les Maires, en effet, étant toujours disposés
à présenter, sous le rapport le moins avantageux possible, le tableau des ressources de leurs communes respectives, ils craignent que ce tableau ne serve de base au
rôle des contributions.

Quoi qu'il en soit, 11,250 chèvres sont réparties entre
douze communes situées sur un territoire montueux,
qui, dans son plus grand diamètre, n'a pas deux lieues
d'étendue; et ce genre d'industrie est suivi dans ce canton de temps immémorial. Les motifs qui portent les

cultivateurs à s'y livrer sont les bénéfices qu'ils retirent de la vente de ces petits fromages, connus sous le nom de *fromages du Mont-d'Or*.

Ces fromages valent, sur les lieux, 20 centimes, et chaque chèvre en fournit, pendant neuf mois de l'année, au moins deux par jour. Ainsi une chèvrerie de douze femelles rapporte journellement vingt-quatre fromages ou environ 5 francs; c'est à peu près la rente de trois vaches ordinaires, donnant chacune six pots de lait, qu'on peut vendre en nature quand on est à la proximité d'une grande ville; mais si on en fait du fromage, le bénéfice est beaucoup moindre : car, à volume égal, le fromage de vache vaut moitié moins que celui de chèvre du Mont-d'Or.

Continuant à comparer le produit de trois vaches à celui de douze chèvres, je considère que trois veaux, vendus à un mois, valent ensemble 60 à 70 francs; tandis que douze chevreaux, vendus à vingt jours, ne valent, réunis, que 30 à 36 francs; mais le fumier des douze chèvres est, d'après les calculs des cultivateurs du Mont-d'Or, d'un tiers plus abondant que celui des trois vaches et sa qualité est très supérieure; en supposant même que ces dernières fussent, comme les autres, toujours nourries à l'étable, ce qui arrive rarement, à cause de la pénurie des fourrages.

Sous le rapport de la première mise de fonds, il est avantageux dans le Mont-d'Or de tenir des chèvres : en effet, on les achète dans les foires voisines 25 à 30 francs pièce; ainsi l'on s'en procure douze pour environ 300 fr., tandis que trois vaches laitières coûtent ensemble 600 fr.

La valeur des unes et des autres est diminuée de plus de moitié quand on les réforme pour cause de vieillesse; mais on garde les chèvres quelques années de plus que les vaches, et elles sont, dans le Mont-d'Or, moins exposées aux maladies.

16

Je n'ai pas encore parlé du plus grand avantage de l'entretien des chèvres sur cette montagne, c'est à dire de la facilité de les y nourrir. (Ici, l'auteur répète toute sa réponse à une des questions de M. Tessier. Voyez sa première lettre.)

Telle est la différence entre le régime des vaches et celui des chèvres, que, quoique les premières ne consomment pas plus du quadruple des alimens qui suffisent aux autres, il serait physiquement impossible de nourrir dans le Mont-d'Or trois mille vaches à la place de douze mille chèvres qu'on y élève avec tant de succès.

Je pourrais ajouter que l'entretien des chèvres du Mont-d'Or n'occupe point des bras robustes, il est exclusivement abandonné à des femmes dont la nourriture et le salaire sont économiques, et qui, sans ce genre d'industrie, seraient obligées d'aller chercher à vivre loin de leur village.

Il est à remarquer que, dans les douze communes qui composent le territoire du Mont-d'Or, il n'existe d'autres manufactures que celles que l'on voit à Saint-Rambert de l'île Barbe, où l'on élève un très petit nombre de chèvres, et cependant les manufactures s'établissent, depuis quelques années surtout, en nombre prodigieux, dans toutes les communes qui environnent la ville de Lyon.

C'est, au reste, une fort belle manufacture que celle où douze mille chèvres, réparties entre douze communes peu étendues, y attirent, chaque année, plus de 1,200,000 francs, sans compter presque tous les engrais qui fertilisent l'un des plus riches vignobles du Lyonnais.

Contens du bénéfice considérable et assuré qu'ils retirent du lait et du fumier de leurs chèvres, les cultivateurs du Mont-d'Or ne songent pas à mettre à profit le poil de ces animaux, et c'est en vain qu'on les a invités, à plusieurs reprises, à ne pas négliger une matière première employée dans plusieurs de nos manufactures. Lorsque, sous l'administration de M. Bureaux de

Pusy, on proposa de tenter l'amélioration des chèvres du Mont-d'Or en les croisant avec des boucs de Syrie ou d'Angora, on craignit que, par l'effet de ce croisement, le poil ne pût acquérir de la finesse qu'aux dépens de la qualité des fromages. Quoi qu'il en soit, j'ai vu chez M. Flandre d'Espinay des flocons de poils de chèvres du Mont-d'Or qu'il avait croisées, en l'an II, avec un bouc de Syrie : ces poils m'ont paru d'une grande finesse et d'une douceur presque égale à celle du lainage de Cachemire. J'ai tout lieu de croire que ces flocons étaient moins du poil proprement dit qu'un certain duvet dont sont pourvues les chèvres du Mont-d'Or, et que le croisement avait rendu, sinon plus fin, du moins plus long et plus abondant.

Plusieurs années après, M. d'Herbouville écrivit aux maires du Mont-d'Or pour les engager à faire ramasser avec soin ce duvet, et à lui en adresser une certaine quantité. Les maires se conformèrent à cette invitation ; mais quoiqu'ils eussent fait peigner plusieurs centaines de chèvres, ils ne purent pas obtenir plus de 5 ou 6 kilogrammes de ce duvet précieux. Un résultat si modique était bien fait pour détourner les cultivateurs du Mont-d'Or de spéculer sur cette matière.

Lorsque, vers le commencement de mai dernier, je visitai le Mont-d'Or pour observer les chèvres qu'on y nourrit, je remarquai ce duvet, principalement au cou et au poitrail ; mais il était rare et si court, que je négligeai d'en recueillir et même d'en parler à M. Tessier. D'ailleurs, le plus grand nombre des chèvres que j'examinai ne m'en offrit pas un atome.

Dans le voyage que je viens de faire sur cette montagne, je me suis convaincu que ce duvet n'existait pour ainsi dire qu'accidentellement entre les poils des chèvres de ce pays. L'examen le plus attentif ne m'a pas offert la plus petite quantité de cette production dans la chèvrerie

16.

bien tenue de M. Guerre, avocat et membre de la Société
d'agriculture de Lyon, dont le domaine est à Saint-Cyr.

J'ai l'honneur de vous adresser plusieurs échantillons
de poils que j'ai pris sur différentes parties du corps des
chèvres de ce propriétaire. Vous ne trouverez pas entre
ces poils un atome de duvet ; mais si vous vous donnez
la peine d'examiner l'échantillon de poils de bouc que
j'ai pris dans la chèvrerie de M. de Moidière, à Co-
longe, vous verrez du duvet à la base de ces mêmes poils.

Le duvet que j'ai pris sur les chèvres de M. David, à
Saint-Cyr, et sur celles de M. Charpentier, à Dommartin
(commune située au pied du Mont-d'Or), a été fourni
par des animaux maigres et chétifs. C'est en vain que j'ai
cherché du duvet sur d'autres chèvres en meilleur état,
appartenant aux mêmes propriétaires.

Plusieurs personnes m'ont assuré que ce duvet, qu'on
appelle *bourre* dans le Mont-d'Or, s'observait plus communément sur les chèvres maigres que sur les grasses,
plutôt sur les vieilles et sur les jeunes que sur celles d'un
âge fait.

On a cru remarquer pareillement que cette production
était beaucoup plus abondante pendant l'hiver, surtout
dans les mois de février et de mars ; à cette époque, il
est, dit-on, peu de chèvres qui n'en soient plus ou
moins pourvues. C'est un fait qu'il serait important de
vérifier et dont on pourrait tirer quelques conséquences
physiologiques.

Ne pourrait-on pas considérer cette espèce de lainage
comme un moyen employé par la nature pour préserver
certains animaux de l'impression du froid ? et alors n'a-
t-on pas à craindre que ce produit diminue insensiblement dans les troupeaux de chèvres transplantées sous
un climat plus chaud que celui dont elles sont originaires ? D'un autre côté, ne pourrait-on pas penser que
ce duvet est un indice de faiblesse et de dégénération ?

NEUVIÈME MÉMOIRE.

•••

MANIÈRE

DE

FAIRE DES FROMAGES DE LA CI-DEVANT BRIE (1).

————

La fabrication de cette espèce de fromage est simple; cependant, il est rare que les meilleurs soient en plus grand nombre que les médiocres. Cela tient, ou au peu de soin qu'on y apporte ordinairement, ou à ce que la présure est souvent trop vieille ou en trop grande quantité, ou au peu de propreté avec laquelle on tient la laiterie, ou enfin à ce que cette pièce n'est pas suffisamment fraîche ou aérée. Ceux qui ont pensé que la bonté de ces fromages tenait à la nature des pâturages se sont trompés. « Ces » pâturages ne sont pas merveilleux dans les cantons de » la Brie, où j'ai vu faire les fromages de la meilleure » qualité (dits *de la Bretonnerie*), on n'y voit que de » vastes plaines de blé. Les vaches n'ont de pâture, » dans la plupart des localités, que dans les chaumes » après la moisson. Tout le reste de l'année, elles sont » nourries à l'étable et au sec : cependant les fromages » sont meilleurs que dans des endroits voisins, qui ne » manquent pas de bonnes prairies où les vaches sont » nourries presque toute l'année. » La qualité de ces fromages ne vient donc pas du pâturage, mais de la façon. Une des raisons à apporter encore en faveur de cette opinion, c'est que depuis l'introduction des prairies artifi-

—————

(1) Extrait de la *Feuille du Cultivateur*, t. IV.

cielles dans toute la Brie , révolution qui a beaucoup mo-
difié la nourriture des animaux , le fromage de Brie n'a
ni changé d'apparence, ni perdu de sa réputation. C'est
un excellent fromage, d'un bon débit; et M. Trochu,
cultivateur à Belle-Ile-en-Mer , trouve , sur la côte de
Bretagne, un débit bien lucratif de celui qu'il est parvenu à fabriquer. Il serait beaucoup d'autres localités
où un pareil bénéfice serait certain.

Aussitôt que l'on a trait les vaches, on passe leur lait
encore chaud au travers d'un linge, et l'on y verse toute
la crême de la traite du soir précédent, qu'on lève au
même instant sur son lait reposé de la nuit. De cette
sorte, le lait nouveau se trouve riche de deux crêmes :
aussi est-il si excellent, que souvent on a l'effronterie ,
surtout à Paris, de le vendre en cet état pour de la vraie
crême.

On a eu soin de se précautionner en même temps d'eau
chaude ; on en jette dans ce lait seulement autant qu'il
en faut pour communiquer une chaleur douce, et on le
bat continuellement avec une grande tasse ou une spatule,
pour que la crême de l'ancienne traite se distribue également dans toute la masse : alors le lait est en état de
recevoir la présure; si elle est bien faite , une cuillerée
suffit pour douze pintes ; à raison de quoi, huit cuillerées seraient à peu près la mesure nécessaire pour faire
cailler cent pintes d'aussi bon lait que celui qu'il faut
pour ces fins fromages.

Cette présure ne doit jamais être mise à nu dans le lait,
il faut l'enfermer dans un linge fin, et la délayer ainsi
enveloppée dans le lait. Cette précaution est d'autant plus
essentielle, que si la plus petite particule de présure tom-
bait dans le lait sans avoir été parfaitement dissoute , on
ne la distinguerait pas aisément dans le caillé que la présure doit former , et dès lors elle ne manquerait pas de
corrompre et de tacher la partie du fromage à laquelle

elle se serait attachée : or on sait que la plus petite partie
d'un fromage étant tachée, la corruption gagne bientôt,
et s e communique à tout le fromage.

La présure étant ainsi mise dans le lait, on couvre bien
le vaisseau dans lequel il est contenu, et on le laisse en
repos pendant une bonne demi-heure. Ce temps passé,
on découvre le vaisseau, et si le lait n'est pas encore
caillé, il faut, sans perdre de temps, ajouter un peu de
nouvelle présure ; car il est certains laits qui en exigent
plus que d'autres. Cette nouvelle présure étant mise dans
le lait, on recouvre le vaisseau comme la première fois,
et on l'ouvre de temps en temps pour voir si le lait est
suffisamment pris.

Aussitôt que le caillé est formé, on le remue en tous
sens dans son petit-lait, d'abord avec une grande tasse,
puis avec les mains; enfin on le presse avec soin dans le
fond du vaisseau ; c'est alors qu'il est en état d'être levé.
Cette opération se fait avec les deux mains : on en remplit tout aussitôt le moule à fromage en l'y pressant bien,
et l'on couvre ce moule avec une planche faite exprès,
sur laquelle est posé un petit poids qui oblige la planche
d'affaisser le fromage. On le laisse en cet état, jusqu'à ce
que le petit-lait soit entièrement exprimé.

Lorsqu'il paraît absolument dépouillé de son petit-lait,
on mouille un linge qu'on étend sur la planche du moule,
et l'on y renverse le fromage ; au même instant, on étend
dans le moule un autre linge mouillé, on y replace le fromage en pressant bien ses côtés, et on le recouvre en entier avec un linge et la petite planche servant de couver-
ture : en cet état, on le met au pressoir pour l'y comprimer peu à peu, et lui faire ainsi quitter tout son petit-
lait. Au bout d'une demi-heure, on le retire du pressoir
pour le changer de linge, puis on le remet au pressoir.
Cette même opération du changement de linge et du
pressoir se répète de deux heures en deux heures, mais

on n'enveloppe plus le fromage qu'avec un linge fin et bien sec. On continue cette manœuvre jusqu'au soir du lendemain, et la dernière fois qu'on retourne le fromage, on le remet sans linge dans le moule : en cet état, on le fait encore passer une bonne demi-heure au pressoir pour l'épurer, s'il le faut, davantage.

Au sortir du pressoir, on met le fromage dans un baquet pour le frotter avec du sel. On le laisse ainsi saupoudré de sel pendant toute la nuit, et le lendemain on le refrotte encore une bonne fois avec de nouveau sel, puis on le laisse dans cette saumure pendant l'espace de trois jours. Ce temps écoulé, on le met sécher sur une planche et on a l'attention de l'y bien nettoyer une fois le jour avec un linge sec, et le retourner en même temps jusqu'à ce qu'il soit tout à fait sec. Il est bon que cette dessiccation s'opère un peu promptement dans les premiers jours, et peu à peu dans la suite. L'endroit plus ou moins chaud où l'on fait sécher ces fromages produit plus tôt ou plus tard cet effet.

Lorsque ce fromage paraît suffisamment fait, on le place dans un tonneau défoncé sur un lit de ces menues pailles qui proviennent des épis d'avoine, et que l'on nomme *paille d'avoine*. Ce lit doit avoir, pour le moins, quatre pouces d'épaisseur. On recouvre ce fromage d'un autre lit de semblable paille, de même épaisseur ; on place sur ce lit un nouveau fromage que l'on recouvre encore d'un autre lit de paille d'avoine, et ainsi jusque vers le haut du tonneau, observant néanmoins que le dernier fromage soit recouvert d'un lit, tout au moins de quatre pouces, de pareille paille. Quelques personnes, pour empêcher que ces menues pailles n'entrent dans les croûtes du fromage, étendent d'abord dessous et dessus des clisses de paille fine ou de jonc : ce sont ces brins de longue paille qui marquent de leur empreinte les fromages à mesure qu'ils s'affinent. Pour hâter ce moment, on place ces

tonneaux en des endroits un peu frais sans être humides;
les fromages y ressuent, s'attendrissent, et, comme ils
sont pleins de crême, ils deviennent bientôt extrêmement
délicats, et acquièrent ainsi sous peu de mois cette perfection qui les fait tant rechercher.

Ceux qui restent assez fermes sont vendus dans la
forme ordinaire, et il arrive souvent qu'aux premières
petites chaleurs qu'ils ressentent, ils se mettent à couler;
ce qui est occasioné par l'abondance de crême qui est
entrée dans leur composition : on doit donc, autant que
faire se peut, les tenir toujours dans un lieu frais et sec :
c'est le plus sûr moyen de les empêcher de s'entr'ouvrir
et de couler.

Les fromages qui, au sortir du tonneau, paraissent
avoir le plus de disposition à couler, sont mis en façon de
pâte dans des pots, pour être ainsi envoyés aux endroits
les plus éloignés, où les autres, à raison de leur délicatesse, ne pourraient pas être transportés sans courir les
risques de se fendre et de se gâter. Pour empoter ces fromages trop gras, on enlève d'abord promptement toutes
les peaux ou croûtes dont ils sont entourés ; en sorte
qu'on ne met et qu'on ne comprime dans les pots que la
pâte la plus blanche, la plus crêmeuse et la plus coulante,
de chaque fromage. D'où l'on peut juger qu'il y aurait de
la perte pour les personnes qui s'adonnent à ce genre de
commerce, si elles ne les vendaient à proportion plus
cher.

DIXIÈME MÉMOIRE.

MÉMOIRE

SUR

LES BEURRES, LES LAITAGES ET LE BEURRE SALÉ;

PAR M. JORE.

On connaît très aisément les défauts du beurre, et il
n'est personne qui ne puisse les indiquer, en le voyant,
en le goûtant ou en l'employant; mais on ne sait pas
aussi communément que ces défauts sont bien moins dans
la qualité des laitages que dans la manière de conduire
une laiterie. Le pays de Bray, dans la ci-devant Normandie, produit un beurre délicat et bon dans toutes les saisons de l'année, et d'autres cantons du même département et des départemens voisins, auxquels il serait facile
de l'imiter, semblent n'y pas faire attention; c'est pour-
tant un objet fort intéressant, et si on s'appliquait davantage à la manière de faire le beurre, on le rendrait
propre aux salaisons, en état d'être conservé pendant des
années entières, et on épargnerait à la France des sommes assez considérables qui passent à l'étranger lorsque
la mer est libre.

Il me paraît donc important de décrire ici la méthode
du pays de Bray, elle peut être connue de quelques personnes; mais, à coup sûr, toute ancienne qu'elle est, elle
paraîtra nouvelle à beaucoup d'autres qu'elle doit intéresser.

Les laitages sont déposés dans des caves voûtées, profondes et fraîches, à peu près comme il convient qu'elles

le soient pour bien conserver les vins. Leur température, en hiver comme en été, est environ de huit à dix degrés du thermomètre de Réaumur. Elles sont carrelées de carreaux de terre ordinaires, ou simplement de briques à plat. Lorsqu'on craint que la chaleur ne pénètre dans ces caves, on ferme les soupiraux avec des bouchons de paille pendant la chaleur du jour. L'hiver, on empêche le froid d'y pénétrer en bouchant également les soupiraux lors de la gelée. L'entrée de ces caves et les soupiraux doivent être ouverts du côté du nord et du couchant ; souvent l'entrée est dans la maison, mais dans une chambre où l'on ne fait jamais de feu.

La propreté de ces caves est jugée si nécessaire, qu'on en écarte les ustensiles de bois, les planches, etc., qui, avec le temps, répandraient de l'odeur en pourrissant dans ce lieu frais. On ne voit aucune ordure aux voûtes, aux embrasures des soupiraux, ni sur le carreau, qu'on lave souvent pour entretenir cette propreté. On n'y entre jamais qu'avec des sabots, qui restent toujours à la porte ; là, les personnes qui prennent soin de la laiterie les chaussent et y déposent leur chaussure ordinaire. La moindre odeur qu'on y ressentirait, autre que celle du lait doux, serait contraire à la perfection du beurre et regardée comme un défaut d'attention de la part des servantes. (Nous observerons ici que la propreté est jugée si nécessaire à la perfection du beurre, que, dans quelques cantons de l'Allemagne, on panse et on lave les vaches avant de les traire, lorsqu'elles ont couché dans l'étable.)

Les vases dans lesquels on dépose le lait nouvellement trait sont des terrines proprement échaudées à l'eau bouillante, pour en détacher le lait ancien, qui s'incorpore dans la terre dont elles sont faites : ce lait rance ferait aigrir celui qui est nouveau. Ces terrines sont larges de quinze pouces par le haut, six pouces par le bas, et profondes de six pouces. Ces mesures sont prises de dehors en dehors ; plus de profondeur serait nuisible, plus de largeur serait incommode. Chacune de ces terrines contient au plus quatre pots de lait.

Lorsque le lait est apporté dans les vases de bois ou de terre où il a été trait, on le laisse reposer environ une heure dans la cave, jusqu'à ce que la mousse en soit tombée et qu'il ait perdu la chaleur naturelle qu'il tient de l'animal : alors on le coule dans les terrines au travers d'un tamis, de sorte qu'il ne soit mélangé d'aucune ordure.

On pose ces terrines sur le carreau de la cave bien nettoyé ; elles s'imprègnent de la fraîcheur du lieu, et le lait ne se caille point : en effet, tout l'appareil de la cave tend principalement à empêcher que le lait ne se caille et n'aigrisse en été, avant qu'on en ait tiré la crême, et en hiver, à ce que le froid ne soit si considérable dans la cave, qu'il puisse geler le lait et rendre trop difficile la façon du beurre.

Ces terrines, ainsi remplies, sont déposées vingt-quatre heures, et souvent moins, sur le carreau de la cave; on les écrème ensuite. On ne doit pas attendre plus longtemps, autrement la crême perdrait de sa douceur, deviendrait épaisse, et le lait qui est au dessous pourrait, en été, se cailler et prendre de l'aigreur ; ce qui est absolument opposé à la perfection du beurre.

Pour écrémer, on procède ainsi : la servante lève doucement la terrine, en pose le goulot sur une cruche contenant huit à dix pots, et, du bout de son doigt, ouvre la crême à l'endroit du goulot de la terrine; de sorte que le lait qui est dessous, versé dans la grande cruche, s'échappe par cette ouverture, et la crême reste seule dans la terrine.

Toutes les terrines de la même heure sont ainsi vidées de lait dans le même instant; on rassemble toutes les crèmes dans des cruches particulières, pour en faire le beurre dans un autre moment. Si la raison exige que l'on traie les vaches trois fois par jour, on opère de même trois fois par jour, dès que le lait a été déposé vingt-quatre heures dans les terrines.

Il faut observer que les terrines n'ayant que six pouces de profondeur, les parties butireuses du lait passent alors promptement à la superficie, et qu'elles y sont parvenues dans le courant de dix-huit à vingt heures, surtout quand la température de l'air de la cave empêche le lait de se coaguler.

Si le temps est orageux, très chaud, et menace de tonnerre, le lait se caille et aigrit promptement, ce qu'il faut prévenir. Ainsi, dès que celle qui est chargée du soin de la laiterie entend le tonnerre dans le lointain, elle court à la cave, en fait boucher les soupiraux, rafraîchit le carreau, en y versant de l'eau, et écrème toutes les terrines où la crème paraît un peu faite. Dans ces cas extraordinaires, elle monte en moins de douze heures.

En tirant le lait de dessous les crèmes par épanchement, dans le courant de vingt-quatre heures au plus, le lait de beurre qui est dans la crème n'a point acquis d'aigreur, puisque le lait de dessous n'en a point. Ce dernier étant alors une liqueur très fluide, il n'en reste point avec les crèmes qui puisse s'aigrir pendant quatre à cinq jours qu'on les conserve dans la cave avant d'en faire le beurre.

Il ne faut que connaître un peu les usages presque généralement suivis dans les pays où l'on fait le plus de beurre, pour se convaincre que les grandes terrines ou les grands vases qu'on y emploie communément ne peuvent point être rafraîchis, comme au pays de Bray; que l'usage d'y verser le lait encore chaud est totalement opposé aux moyens de le rafraîchir; que les parties butireuses du lait ne peuvent pas s'élever à la superficie aussi promptement qu'il conviendrait pour empêcher le lait de

s'aigrir ; que l'usage de tenir ces grandes terrines également au grand froid et au grand chaud, sans aucune attention à prévenir l'odeur et la malpropreté naturelles du lieu,
y est encore plus opposé ; que laisser aigrir et cailler le
lait, et n'écrémer qu'après cinq, six ou huit jours, et
souvent plus, sont encore des usages qui détruisent le
lait et la crême, au point qu'il n'en peut provenir rien
d'avantageux.

Il est reconnu, par une longue expérience, dans le
pays de Bray, que la crême levée, lorsqu'elle est légère,
nouvelle et douce, sur un lait encore doux, rend une
plus grande quantité de beurre, proportion gardée, que
lorsqu'elle a été levée ancienne sur un lait caillé, aigri
et vieux tiré. Il y a plus, le beurre de cette dernière espèce ne peut être gardé frais et n'est nullement propre
aux salaisons.

Il n'est pas très rare de trouver des beurres excellens et
délicats en automne et au commencement du printemps,
mais qui sont gras et mauvais en été, parce que les fraî-
cheurs du printemps et de l'automne opèrent naturellement sur les laitages à peu près ce que l'industrie opère
au pays de Bray pendant toute l'année. Mais lorsque l'été
est revenu, l'aigreur des laitages gâte le beurre et le rend
mauvais, quoique le fond des herbages soit excellent.

On perd ainsi l'avantage que l'on devrait naturellement
attendre de la belle saison, où les pâturages sont infiniment plus abondans et meilleurs.

Exemple : une ferme dont un des principaux revenus
consiste en beurre, conduite par des personnes intelli-
gentes, donnait du beurre que l'on vendait sur le pied du
meilleur du pays de Bray; cette ferme ayant passé à un
fermier peu intelligent sur cet article, dont la femme était
imbue des préjugés qu'elle avait puisés au ci-devant pays
de Caux, et qu'elle suivit exactement pendant les neuf
années de son bail, le beurre provenu de cette ferme
dégénéra tellement qu'il fut vendu sur le pied du plus

mauvais, et à un tiers moins de celui des voisins. Cette preuve paraît suffisante, l'événement l'a rendue encore plus complète. La même ferme a passé à un nouveau fermier intelligent et laborieux qui a suivi le bon usage, et le beurre de sa façon a sur-le-champ repris son rang entre les excellens beurres du pays ; il s'est même vendu sur le pied du meilleur dans les marchés de Gournay. Il est donc bien prouvé que l'avantage de la méthode est indépendant du sol, tout bon qu'il puisse être.

On exclut de la cave au lait tous les laitages écrémés, dans la crainte qu'ils ne portent préjudice aux autres laitages ; mais on y conserve les crêmes quatre à cinq jours, et même jusqu'à huit avant d'en faire du beurre. Cependant on a reconnu que moins on garde la crême et plus le beurre a de perfection.

Dans les grandes fermes, où la quantité de crême est trop considérable pour les battre à la baratte, on se sert d'un instrument nommé *serène*. C'est une barrique ayant trois pieds de longueur sur deux et demi de diamètre par son plus fort, le tout mesuré de dehors en dehors ; aux extrémités il y a des manivelles ; on en attache une à chaque fond, au moyen de croix de fer qui les portent. Ces deux manivelles sont appuyées sur un chevalet fait exprès, de la hauteur convenable pour que des femmes puissent communément tourner la serène ; le tout, assemblé, est comme une espèce de treuil, auquel la barrique tient lieu de fusée. Les croix de fer qui portent les deux manivelles et qui sont appliquées sur les deux fonds dispensent de faire passer un axe au travers de la barrique, dans l'intérieur de laquelle il ne convient point d'admettre de fer. On donne à ces manivelles trois pieds de longueur, afin que deux et même trois personnes puissent être appliquées à chacun de ces bras lorsque la quantité de beurre dont la serène est chargée l'exige.

L'intérieur de la serène est garni de deux planchettes,

qui ont chacune quatre pouces de hauteur, attachées aux douves de la barrique, mais dans le sens opposé à l'ouverture. Cette planchette règne d'un bout à l'autre de la barrique par la partie qui est attachée aux douves. Elles sont toutes deux échancrées par les deux extrémités, afin que le fluide coule facilement par ces échancrures lorsque la serène tourne sur ses tourillons.

On peut faire cent livres de beurre à la fois dans une serène de cette proportion ; il en est de plus grandes comme de plus petites. Au reste, les instrumens avec lesquels on fait le beurre n'influent point sur la qualité, pourvu qu'il soit fait sans interruption. La serène est en usage pour accélérer l'opération et faire une grande quantité de beurre à la fois ; tout autre instrument qui remplirait le même objet peut être employé (1).

La crême étant versée dans la serène, on en ferme l'entrée, qui doit avoir au moins six pouces d'ouverture pour être commode, avec un bondon garni de linge lessivé ; on passe par dessus ce bondon une cheville de fer, qui entre à force dans deux gâches de fer attachées à la barrique. Quatre ou six personnes tournent la serène, jusqu'à ce que le beurre soit fait, ce qui dure une heure en été et plusieurs heures en hiver. Cette opération coûte peu ; les domestiques du fermier se font aider par les pauvres femmes du village, auxquelles on distribue du lait de beurre pour toute récompense.

On voit assez que l'action de la serène tourmente beaucoup la crême, lorsqu'à chaque tour elle tombe deux fois d'une planchette à l'autre. On connaît que le beurre est fait lorsqu'il tombe par masse : alors on tire le lait de beurre de la serène par un trou placé au dessous du trou

---

(1) C'est ce que ferait la baratte représentée, Pl. 3e, fig. 7,7, et surtout celle de la planche 7e.

principal, et qui avait été bouché d'un bondon de bois d'environ un pouce de diamètre.

On introduit par ce trou un seau d'eau fraîche, au moyen d'un entonnoir ; le bondon étant replacé, on continue de tourner la serène pour laver et rafraîchir le beurre. On répète cette manœuvre jusqu'à trois fois, si l'on veut le bien nettoyer, et on le laisse rafraîchir, quelques heures, dans la dernière eau, pour en augmenter la fermeté lorsque les chaleurs l'exigent.

Le beurre étant suffisamment rafraîchi, on ouvre le grand bondon pour en tirer le beurre avec la main, par pelotes de deux ou trois livres, dont on forme des mottes de différens poids, jusqu'à cinquante livres, en l'entassant sur un linge lessivé exprès. Les plus grosses sont les plus estimées, parce que le beurre s'en conserve mieux dans le transport. On les marque avec une cuiller de bois et de petits bâtons découpés, pour décorer cette marchandise.

Le beurre manque de couleur pendant l'hiver ; sa pâleur naturelle est désagréable à celui qui le vend, à celui qui l'achète, et plus encore à ceux qui le consomment. On a trouvé le moyen de lui donner la couleur jaune, telle qu'elle est naturellement pendant l'été, sans altérer la qualité du beurre, ni lui donner aucun goût. On assemble une grande quantité de feuilles de la fleur du souci, double ou simple, cela est égal, pourvu qu'elles soient nouvellement cueillies. On les entasse dans un pot de grès, à mesure qu'on les arrache, et on les foule ; on ferme le pot et on le dépose dans la cave au lait. Après quelques mois, toutes ces feuilles sont converties en une liqueur épaisse, qui a conservé la couleur de la fleur du souci. On se sert de cette liqueur, pendant l'hiver, pour donner de la couleur au beurre ; on en introduit une petite quantité, qu'on délaie avec de l'eau lorsqu'on remplit la serène. L'usage apprend à donner la dose qui est nécessaire, suivant la

17

nuance que l'on veut donner au beurre. Cette couleur
est solide ; le beurre ne la perd jamais. Le souci n'a aucune qualité malfaisante, et la petite quantité qu'il en
entre dans le beurre n'est nullement sensible.

Propreté dans la fabrication.

Le beurre s'attache non seulement à tout ce qui n'est
pas exactement propre, mais encore à tout ce qui est bien
lavé et même échaudé à l'eau bouillante, s'il n'est pas
nettoyé de lessive faite avec la cendre fine ou les orties-
grièches macérées de sorte qu'elles ne piquent plus. On
use ordinairement de cette dernière, et chaque fois qu'un
vase, un linge ou quelque ustensile a servi aux laitages,
aux crèmes ou au beurre, on les nettoie avec cette lessive, avant de les employer de nouveau. De plus, la maî-
tresse, qui communément est chargée du soin de manier
le beurre, de le tirer de la serène pour le mettre en
motte, est obligée de s'en frotter les mains et les bras :
autrement le beurre s'y attacherait.

Usages des laitages écrémés.

Ce qui reste des laitages après que le beurre en a été
tiré consiste, premièrement, en lait de beurre, dont les
pauvres se nourrissent. On en fait de la soupe pour les
valets et les servantes de la ferme, on en humecte le son
dont on nourrit les volailles de la basse-cour ; secondement, en lait doux tiré de dessous les crèmes : on s'en
sert pour la nourriture des veaux, on le leur donne chaud
et coupé de moitié d'eau. Lorsqu'il y a du lait écrémé
que les veaux ne consomment point, on le fait cailler
artificiellement le plus tôt qu'il est possible, afin qu'il
n'aigrisse pas : on en fait alors des fromages communs,
dont on se sert dans le ménage de la ferme, ou que les
pauvres achètent. Enfin, le petit-lait qui sort de ces fro-

mages, avec le lait écrémé qu'on n'emploie pas à cet usage, sert à la nourriture des cochons.

Salaison des beurres.

La méthode que je viens d'indiquer donne au beurre les qualités nécessaires pour la conservation désirée ; mais il faut le saler de façon à le pouvoir conserver, et cela dépend de la qualité et de la quantité de sel qu'on emploie, des vases dans lesquels on dépose le beurre salé, et de quelques autres circonstances.

Il faut saler le beurre le plus tôt qu'il est possible ; tout retardement lui est préjudiciable. On le lave plusieurs fois, jusqu'à ce que l'eau ne paraisse plus laiteuse ; on doit se servir de sel gris, et non de sel blanc, qui est réputé faire de mauvaises salaisons en tout genre.

On fait sécher le sel gris au four et on le broie ; le beurre lavé étant étendu, on répand dessus une once de sel sec et broyé par chaque livre de beurre ; on le pétrit ensuite jusqu'à ce que le sel et le beurre soient bien incorporés.

On met le beurre salé dans des vases de grès ; on les échaude à l'eau bouillante pour en détacher l'ancien beurre, qui s'incorpore dans la terre, et on les écure ensuite, comme on l'a dit ci-devant de tous les ustensiles qui touchent le beurre. Ces vases contiennent vingt à trente livres ; on y foule le beurre salé, et on les remplit à deux pouces près du bord ; on le laisse reposer ensuite sept à huit jours. Pendant ce temps, le beurre salé se détache du pot, parce qu'il diminue de volume, et laisse entre lui et le pot un intervalle d'environ une ligne, dans lequel l'air pourrait s'introduire et gâter le beurre, si on le laissait en cet état.

Pour prévenir cet accident, on prépare une saumure de sel et d'eau commune ; il faut qu'elle soit assez fort

17.

en sel pour qu'un œuf y surnage ; il y aurait du danger à
la faire trop faible. Cette saumure étant reposée, on la
tire au clair et on la verse sur le beurre salé, de manière
qu'elle s'introduise dans l'intervalle qui est entre le pot
et le beurre, et en fasse sortir l'air à mesure qu'elle y
entre. On l'excite à y entrer, en la versant peu à peu, et
en remuant doucement le pot ; on augmente la quantité
de la saumure jusqu'à ce que le beurre en soit recouvert
d'un pouce. Alors l'air ne peut l'approcher d'aucun côté,
à moins que le beurre ne flotte dans la saumure : en ce
cas, il faut en charger la masse en sorte qu'elle rentre
dans la saumure, pour prévenir la corruption de toute la
partie que l'air aurait approchée.

Tout beurre qui aura été salé de cette manière, étant
conservé dans des pots de grès avec suffisante quantité de
saumure, aura les mêmes avantages que celui du pays
de Bray.

Lorsqu'on transporte cette denrée, on ne peut pas
maintenir la saumure dans les pots pendant le voyage.
Pour la remplacer, on couvre le beurre d'un pouce de
sel ; ce moyen réussit lorsqu'il manque de saumure pour
peu de temps.

Au reste, tout ce qui vient d'être dit sur ce sujet ne
s'étend point aux beurres destinés à la navigation, c'est
une affaire à part et qui mérite d'être traitée dans un
mémoire particulier (1) ; mais la méthode que j'ai décrite, soit pour fabriquer le beurre, soit pour le saler,
intéresse également tous les pays où il y a des laitages,
et ne peut être que bien accueillie par tous les économes
qui ne la connaissent point encore.

_____

(1) Voyez ce qui a été dit du beurre fondu, p. 71.

BEURRE DE LA PRÉVALAYE;

Par M. VILLENEUVE.

Cet excellent beurre jouit d'une réputation méritée ; il porte le nom d'une terre située à deux lieues de Rennes, où vraisemblablement on a commencé à le faire. Aujourd'hui on le fait dans l'arrondissement de cette ville, à la même distance ; mais dans les marchés son prix varie suivant les endroits d'où on l'apporte.

Les vaches n'ont rien d'extraordinaire : elles sont de grandeur médiocre, indigènes et bonnes laitières ; on les tient proprement ; tous les jours, on change leur litière, et on les étrille.

On les tient à l'étable chaudement, mais sans excès ; on leur évite avec soin le froid, comme nuisible à la quantité, à la bonté et à la couleur de leur lait ; on connaît le beurre d'hiver à la privation de ces qualités.

On exige dans le beurre de la Prévalaye un goût exquis de noisette, une grande fermeté, une couleur dorée et beaucoup de propreté.

Il tire son goût de la nourriture des vaches, sa fermeté du procédé de le battre, sa couleur de la circonstance du printemps et de la nature des herbes, sa propreté de la beurrière qui le fait et y met des soins louables.

Dans les prés hauts des environs de Rennes, il croît une herbe très fine, dont la couleur, au printemps, est égale aux boulingrins d'Angleterre du plus beau vert. Lorsqu'on les examine de près, on y observe tous les trèfles, les meilleures graminées, le sainfoin, la pimprenelle, le laiteron à feuilles de laitue, la carotte, la gesse, le lotier, le polygala, le pied-de-lièvre, la vesce sauvage et autres excellentes herbes; on supprime avec soin les herbes nuisibles, et aussi celles qui sont acides qui nuiraient à la délicatesse du beurre. On a, dans la même vue, très grand soin d'écarter les vaches des fleurs du châtaignier, dont le pays est rempli, qui tombent au printemps, que les vaches aiment beaucoup, et qui donnent au beurre un goût détestable.

On sert, le matin, aux vaches un repas de ces herbes naissantes, mêlées avec des tiges de seigle qu'on a semé pour couper en vert, et du bon foin de l'année précédente; ce déjeûner est précédé d'une ample boisson blanchie avec des recoupes, un peu salée et servie tiède. Pendant la journée, on leur abandonne des pacages, réservés et clos pour elles; le soir, elles ont le même repas que le matin, et c'est pendant qu'elles mangent qu'on les trait, après avoir lavé leurs pis. Avant qu'elles sortent, on les étrille; lorsque le temps est froid ou qu'il pleut, elles restent à l'étable, ne sortent un moment, le matin, que pour être conduites sur la motte au fumier, où elles se vident et ont les pieds chauds; après quoi, elles rentrent, se couchent, ruminent et attendent patiemment le dîner, qui ressemble en tout au déjeûner et au souper.

Telle est la nourriture des vaches pendant tout le temps qu'on envoie du beurre à Paris, c'est à dire pendant les mois de février et de mars; le reste de l'année, on y met moins de petits soins, mais on les tient toujours en bon état, par rapport au prix de leur beurre, toujours au dessus de celui des beurres communs.

La baratte n'a de remarquable que son extrême propreté; on n'y connaît point la serène, si utile aux grandes laiteries, dans la ci-devant Normandie et le pays de Bray;

et comme on bat tous les jours le lait dans la Prévalaye, on n'y a besoin que de la baratte ordinaire; on lui trouve d'ailleurs des qualités particulières pour la confection du beurre, telles que de pouvoir y introduire un vase rempli d'eau chaude dans le froid, et de le rassembler en masse plus solide et plus promptement. Chez les beurrières les plus considérables, on joint le secours d'un bâton élastique qui relève le pilon plus facilement qu'on ne le ferait avec les bras, et permet d'en battre le double.

On met dans la baratte tout le lait de la veille au soir et le lait chaud du matin; on les laisse ensemble quelques heures avant de les battre; on ne sépare jamais la crême du lait; on prétend que, employé tout entier, il y a plus de beurre et qu'il est plus fin; d'ailleurs le lait de beurre, quoique acide, se vend bien à Rennes, et l'on distingue cette substance en lait aigre et lait doux. Comme cette quantité est toujours inférieure à celle d'une crême conservée plusieurs jours, et que la nourriture des vaches est chère, la beurrière s'en dédommage sur la supériorité : le prix ordinaire, avant la révolution, était de quarante sous la livre; elle achetait pour son ménage du beurre ordinaire, qui ne lui en coûtait que douze à quinze. Il y a eu quelque altération, quelques changemens depuis, dont nous parlerons tout à l'heure.

Au sortir de la baratte, on lave, ailleurs, le beurre pour le dépouiller de son petit-lait; mais, à la Prévalaye, on l'en débarrasse en le coupant en lames très minces, avec une espèce de cuiller plate, qu'on trempe sans cesse dans l'eau, afin que le beurre ne s'y accroche pas; on le manie et remanie sur des vaisseaux de bois mouillés, qu'on peut comparer aux cônes écrasés des couvercles de fer-blanc dont on couvre les casseroles qui sont sur le feu; les femmes les tiennent dans la main gauche, et laminent, battent, tournent en tous sens le beurre de la droite, le durcissent, le salent faiblement, le pèsent et lui donnent la forme d'une espèce de borne, qu'elles appellent *coin*.

Il se vend peu de ce beurre à Rennes, pour la consommation de la ville; la plus grande partie est transportée à Paris, par les courriers, les diligences, les voyageurs, et même par les rouliers; cette traite se prolonge quelquefois, mais en petite quantité, jusqu'à la fin de mai. La même finesse n'existe plus lorsque l'herbe a pris du corps, et le beurre, quoique très bon, est alors privé de cette fleur qui le rendait si attrayant à sa naissance. On l'achète des beurrières de Rennes, en petits pots d'argile noire, couvert de sel blanc de Guerande. Le meilleur et le plus cher est emballé dans de petits paniers carrés, revêtus en dedans d'un morceau de toile fine ou de mousseline, également couvert de sel de Guerande. Lorsque ces petites mottes manquent de la couleur agréable qu'on demande au beurre de la Prévalaye, ces beurrières en second, comme celles qui le fabriquent, le dorent, en passant et repassant sur sa surface la cuiller plate; qu'à cet effet elles mettent tremper dans l'eau bouillante; le beurre y gagne un glacé tel qu'elles le désirent, mais cette opération nuit à sa solidité et à sa conservation; il devient gras sous peu de jours par la fonte insensible qu'il a éprouvée, et se ternit au grand air. Les soins de ces femmes secondaires sont payés par un tiercement et, quand elles le peuvent, par un doublement du prix qu'elles l'ont acheté.

Je ne puis finir ce mémoire intéressant sans dire un mot sur la manière dont les vaches sont tenues dans tout le département de la Loire-Inférieure.

Il n'est point de pays au monde où les vaches soient tenues avec une malpropreté plus dégoûtante; on est révolté quand on apprend que chez les cultivateurs les plus diligens, chez les gens instruits et distingués, on n'enlève la litière de ces malheureux animaux que tous les trois mois ; chez d'autres seulement tous les six mois, et en général tous les ans, au moment qu'il faut répandre cet engrais sur les champs qu'on va semer en blé. A cette infamie habituelle on doit joindre la saleté de l'étable, exactement tapissée de toiles d'araignée, celle d'une fange de bouse, de paille et d'urine, dans laquelle on entre jusqu'à mi-jambes ; celle, enfin, d'un pis échauffé par la fermentation du fumier sur lequel couchent les vaches. Il faut avouer que si leur lait est perfectionné, comme on le dit, par cette chaleur extraordinaire ; si le beurre a plus de couleur, s'il s'en fait davantage, il est trop acheté par l'altération de leur tempérament et l'insalubrité intrinsèque de cette manière de les tenir. Ce qui achevera d'étonner, c'est que les bœufs et les chevaux sont tenus de même : on peut s'en convaincre dans toutes les postes et chez tous les laboureurs.

DOUZIÈME MÉMOIRE.

FROMAGE DE NEUFCHATEL

(SEINE-INFÉRIEURE);

Par M. DESJOBERT.

Local.

Pour bien conduire une fabrication de fromage de Neufchâtel, il faut avoir à sa disposition :

1°. Un endroit pour mettre le lait en *présure*, c'est à dire pour le faire cailler, et où l'on puisse obtenir, au moyen d'un chauffage quelconque, la température favorable à la prise du lait (15 degrés environ).

2°. Un autre local, appelé *apprêt* dans le pays, divisé en deux parties : la première où se trouvent les éviers ; la presse et des claies pour recevoir les fromages pendant leur premier âge ; la deuxième garnie de claies seulement ; et destinée à l'affinage des fromages. — L'apprêt est ordinairement pratiqué dans un endroit frais, mais on doit être maître du degré d'humidité. Pour cela, j'ai fait pratiquer des conduits souterrains, à l'aide desquels j'ai, à volonté, de l'air du nord dans plusieurs endroits, de manière à en donner aux parties de claies qui en ont besoin ; et, au moyen d'une cheminée de bois pratiquée au plafond, et qui se ferme et s'ouvre au besoin, j'obtiens un tirage d'air qui remplit parfaitement ce but.

Ustensiles.

Pots pour mettre en présure. Ce sont des vases de bois ou des pots de terre à deux anses, contenant 20 litres. Je me sers de ces pots, qui sont moins sujets que le bois à prendre mauvais goût. — *Passoire* en fer-blanc, à trous très fins, pouvant s'ajuster sur l'ouverture des pots. — *Paniers* en barres de bois pour faire égoutter la pâte. —

Éviers ou tables en bois d'orme, ayant des rainures tout autour pour conduire le petit-lait. — *Presse.* On ne se sert pas de presse à vis, mais seulement de poids superposés qui agissent graduellement. Une caisse de bois que l'on charge plus ou moins, mue par une bascule, suffit pour cet objet; la presse est établie au dessus de l'un des éviers. — *Claies* pour recevoir les fromages, en bois, à montans fixes, garnies de tringles de bois d'un pouce carré, de trois pieds de long, à un pouce de distance l'une de l'autre, et assemblées de manière à présenter un des angles en avant, comme ceci ◇, et non un plan comme cela ▢. Ces tringles sont garnies en travers d'un seul lit de paille épluchée, afin que l'air puisse circuler facilement. Les claies doivent être en chêne, à cause de l'humidité de l'apprêt. — *Moules.* Ce sont de petits cylindres en fer-blanc, ouverts par les deux bouts, de 5 centimètres et demi de diamètre sur 6 centimètres de haut.

Fabrication du fromage.

Sa qualité. Il y a trois espèces de fromages de Neufchâtel : le fromage à la *crème*, pour lequel on ajoute de la crème au lait doux; le fromage à *tout bien*, fait avec le lait naturel sans ajouter ni ôter de crème; le fromage *maigre,* fait avec du lait écrémé.

Ne faisant que du fromage à tout bien, qui est celui de plus grande consommation, je ne parle que de celui-là, mais je ne dois pas laisser ignorer que je ne fais pas même pour la maison une seule livre de beurre pendant toute l'année; je préfère l'acheter.

Présure. On se sert chez moi de caillettes de veau vieilles d'un an. La dose est, en moyenne, de 40 grammes pour 100 litres de lait : elle varie de 30 à 60 grammes pour ces 100 litres, suivant la température, la qualité de la présure et la qualité du lait; l'habitude seule peut donner la mesure exacte. La proportion est beaucoup moindre que dans la fabrication de certains fromages durs, comme celui de Gruyères, où la prise du lait doit être instantanée, pour lui donner la qualité cassante que l'on recherche pour ce fromage ; tandis que pour celui de Neufchâtel, au contraire, que l'on veut obtenir moelleux, la prise du lait est nécessairement plus lente.

Manipulation. Pour plus de clarté, je vais suivre le lait trait de *lundi.* Après chaque traite de la journée, on transporte le lait dans la première pièce désignée ci-dessous ; on le coule tout chaud à travers la passoire dans les cruches ; on le met en présure, et on place les cruches dans des caisses que l'on recouvre de couvertures de laine. Le *mercredi matin,* on vide ces cruches dans les paniers de bois placés sur les éviers, et revêtus en dedans d'une toile claire attachée par les coins aux paniers, le fromage égoutte ainsi jusqu'au *mercredi au soir* : alors on le retire des paniers, le laissant dans la toile que l'on reploie, et, ainsi enveloppé, on le met sous la presse, et on l'y laisse jusqu'au lendemain matin *jeudi.* On met alors cette pâte dans un autre linge blanc, on la pétrit comme de la pâte à pâtisserie, et on la frotte dans ce linge dans tous les sens, jusqu'à ce que les parties caséeuse et butireuse soient parfaitement mêlées, et que la pâte soit homogène et moelleuse comme du beurre : si elle est trop molle, on la change encore de linge ; si elle est trop ferme, si elle se casse, il y a eu trop de présure, et on y ajoute un peu de la pâte du jour qui égoutte. Pour le moulage, on fait des patons un peu plus longs que le moule ; on place ce paton dans le moule, en observant qu'il dépasse des deux bouts. Tenant alors le moule dans la main gauche, on met le paton de la main droite ; on pose le moule sur la table, et appuyant dessus la paume de la main gauche, l'on fait ainsi sortir par dessus et par dessous l'excédant de ce que le moule peut contenir : par ce moyen, il ne se trouve pas de vide dans le moule. Dans le même temps, on a pris avec la main droite un couteau avec lequel on racle le dessus et le dessous du moule ; on fait sortir le paton en ayant le moule dans la main droite, en le frappant légèrement et en le tournant dans la main gauche.

Le fromage étant moulé, on le sale avec du sel très fin et très sec. Pour ce, on saupoudre les deux bouts, et le sel qui est dans les mains est suffisant pour saler le tout, ce qui se fait en le roulant. Il faut environ une livre de sel pour cent fromages. A mesure qu'ils sont salés, on les met sur une planche que l'on dépose ensuite sur les éviers.

On les laisse ainsi égoutter pendant vingt-quatre heures et, le lendemain, *vendredi,* on porte la planche sur des claies couvertes d'un lit de paille fraîche. On les couche par rangs égaux en travers du sens de la paille sans les laisser se toucher. Ils restent dans le même endroit pendant quinze jours ou trois semaines. Ils y sont retournés assez souvent pour que la paille n'y adhère pas, ce qui les blesserait en enlevant leur peau. Lorsqu'ils ont un velouté bleu, on les transporte dans la deuxième partie de l'apprêt, où on les met sur bout, sur les claies garnies de paille, en ayant toujours soin qu'ils ne se touchent pas, et on les retourne de temps en temps. Dans le courant de trois semaines, paraissent des boutons rouges à travers leur peau bleue ; ils sont alors de vente, mais ils ne sont pas affinés en dedans ; il leur faut encore une quinzaine à peu près pour l'être complétement.

Les fromages à *tout bien* se conservent encore deux mois après cette époque ; le fromage à *la crème* se conserve plus long-temps, et le fromage *maigre* se conserve mal.

La conduite des fromages dans l'apprêt demande du soin et de l'attention pour qu'ils ne se dessèchent ni ne deviennent trop mous. C'est par un aérage bien entendu que l'on réussit, et le moyen indiqué ci-dessus, en parlant du local, facilite beaucoup le travail.

Dans cette fabrication, comme dans toute manipulation de laitage, la plus grande propreté est nécessaire; il faut tout laver et ne se servir que de linges parfaitement propres.

Produits. Les fromages se vendent, dans le pays, de 8 à 10 francs le cent, en moyenne; après le moulage, ils pèsent de 120 à 130 grammes. Un litre de lait donne un peu moins d'un fromage et demi, comme on peut le voir par le relevé ci-après de ma fabrication, pendant une année.

	Nombre de	
	Litres de lait mis en présure.	Fromages obtenus.
Juin 1831.	3,800	5,675
Juillet.	4,104	5,405
Août.	4,288	5,510
Septembre.	3,967	5,463
Octobre.	3,572	5,044
Novembre.	3,086	4,841
Décembre.	3,712	5,521
Janvier 1832.	3,853	5,549
Février.	3,480	5,154
Mars.	3,280	4,889
Avril.	3,454	5,194
Mai.	3,954	6,394
Total.	44,550	64,639

Mes vaches, du poids d'environ 400 livres de viande nette, sont nourries, en été, moitié dans les herbages, où elles restent pendant six heures environ, et moitié à l'étable, où elles reçoivent deux repas de verdure en trèfle anglais, pois, vesces, trèfles et sainfoin : en hiver, elles ont environ trente-cinq livres de betteraves et quinze livres de fourrage. Ma vacherie m'a donné 5 litres et demi à 6 litres de lait par jour et par tête de bétail.

MÉMOIRE

Sur le produit comparatif du laitage (mis en fruitière) entre les vaches de grosse et celles de petite taille, et sur leur produit en fumier, proportionnellement à la quantité de nourriture donnée;

Par M. le Comte D'ANGEVILLE.

L'un des problèmes qui intéressent le plus l'agriculture est de connaître, d'une manière précise, le genre de bétail le moins défavorable sous le rapport de la rente pour la conversion du fourrage en fumier. Je vais essayer de traiter cette question par le moyen des vaches mises en fruitière.

Commençons par un examen rapide des diverses espèces de vaches, sous le double rapport de leur consommation et de leur produit.

On ne saurait trop prévenir les personnes qui s'occupent de l'agriculture pastorale contre les idées exagérées que l'on a du produit des grosses vaches suisses; la plupart des livres qui traitent ce sujet servent plus à tromper qu'à donner une idée réelle des choses : cela provient principalement de ce que les auteurs ont raisonné sur les produits exceptionnels, au lieu d'envisager les produits généraux d'un troupeau. J'ai rencontré, il est vrai, des vaches suisses remarquables : l'une d'elles, près de Lyon, donnait 22 litres de lait soixante-quinze jours après son vêlage; mais il serait tellement impraticable ou dispendieux d'appliquer en grand les soins de nourriture et de pansement dont cette bête était l'objet, que je n'attache aucune importance à ce fait isolé.

C'est à Hofwyll, près de Berne, que j'ai trouvé les vaches du plus fort produit : la moyenne des trois années précédentes a été de 2,662 litres de lait par tête, sur un troupeau d'environ cinquante vaches (1). Je dois observer ici qu'elles sont presque toutes de la plus grosse taille, et à l'état habituel de graisse, car le poids vivant par tête dépasse 600 kilogrammes.

Ce bétail est constamment nourri à l'étable, et il y mange à discrétion, si j'en juge par les râteliers que j'ai trouvés plusieurs fois garnis entre les heures de repas. Il m'a été impossible d'avoir une donnée exacte de la consommation, qui, je crois, n'est pas bien connue dans l'établissement même : on m'a parlé par charretées de vert ou par toises cubes de foin. Toutes ces données, comme on le sait, sont très variables; s'il me fallait cependant, malgré le vague des indications, spécialiser un chiffre, je croirais être en dessous de la vérité en fixant 17 kilog. et demi (ou l'équivalent en autres denrées) comme la consommation moyenne par jour de chaque tête. D'après cette consommation, il faudrait 6,387 kilog. pour produire 2,662 litres de lait.

C'est donc 41,6 litres par 100 kil. de foin consommés.

Dans toutes les recherches que j'ai faites en Suisse, je n'ai rien trouvé qui approchât du résultat obtenu à Hofwyll; ce n'est même que très rarement et dans de petits troupeaux, que j'ai rencontré le produit fixé par M. Charles Lullin dans une excellente brochure qu'il publia en 1811 sur les fruitières; il indique 2,219 litres comme le résultat par tête de troupeau composé de

(1) Pour ne pas compliquer de la valeur du veau le produit des vaches, j'ai supposé, pour ce calcul, ainsi que pour les suivans, que le veau est séparé de sa mère le huitième jour, et que, dans cet état, il a une valeur fixe proportionnelle à sa grosseur, à raison de 25 cent. le kilog., poids vivant.

vaches de choix, les mieux soignées et les mieux nourries. La quantité de nourriture n'étant pas notée dans
cette brochure, je ne puis la comparer au lait produit.

On commettrait de graves erreurs si l'on basait une
opinion sur le produit des vaches suisses d'après ce qui
a été dit plus haut. Je viens de parler des cas exceptionnels; voici ce qui existe ordinairement autant que l'on
peut en juger par des renseignemens, souvent contradictoires, quant à la quantité de nourriture, mais se coor-
donnant assez bien pour le produit du lait.

Une vache suisse de 450 à 500 kilog., poids vivant,
qui, à l'étable, consomme par jour 12 kilog. et demi de
bon foin, ou qui l'été pâture en proportion de cette ration, produit annuellement 1,700 litres. En moyenne,
cette quantité de lait représente donc, en Suisse, 4,550 kilog. de fourrage.

C'est donc 37,3 litres par 100 kilog. consommés.

On va voir que ce résultat n'est pas extraordinaire,
et que, dans un pays voisin, les vaches, quoique de petite taille, n'ont rien à envier à la grosse espèce suisse;
mais avant d'entrer dans ce sujet, je ne puis trop répéter
combien les personnes qui cherchent des renseignemens
en Suisse doivent prendre des précautions pour ne pas
tomber dans l'erreur. En général, le fourrage se compte
presque partout à la toise cube, sans autre explication :
que conclure d'une pareille indication? Je l'ignore; car
plusieurs fois j'ai vérifié chez moi que, lorsque j'opère
sur un grand fenil de foin court bien chargé, ou sur un
fenil de peu de capacité, je varie dans la proportion de
58 à 105 kilog. de foin par mètre cube. L'indéchiffrable
variété des mesures est un autre obstacle; elle existe de
village en village, et dans la même commune il n'y a pas
unité dans les établissemens les plus recommandables.

Je reviens à mon sujet, et vais, je crois, démontrer
que la race misérable d'un pays voisin arrive, en peu de

temps et avec quelques soins, aux mêmes résultats que ceux fournis par la grande espèce des vaches suisses.

Le village de Lompnès, que j'habite, est situé dans les montagnes du département de l'Ain; la race des bêtes à cornes y est de très petite taille, mais le fourrage y est bon, comme celui de tous les plateaux élevés du Jura. Le baromètre donne pour hauteur moyenne absolue de la vallée 900 mètres, et des sapins entourent la commune de tous côtés. C'est dans cette localité que j'ai formé, depuis quelques années, une vacherie qui, à deux exceptions près, est uniquement composée de vaches du pays: quelques unes sont, il est vrai, le résultat du croisement des taureaux départementaux; cependant le poids moyen vivant de chaque tête n'est que de 275 kilogrammes.

Trente-cinq vaches nourries à l'étable, à des heures fixes, mais sans pansement régulier à l'étrille, sont réunies sous le même bâtiment; les autres vaches de la fruitière étant séparées et dans des conditions de difficile surveillance, j'ai renoncé à étendre plus loin mon cadre d'expérience : la ration de cette partie de la vacherie (1) *est pesée à la romaine tous les jours,* en trois tas inégaux pour les trois écuries qui renferment des vaches de taille différente. Pour ne pas faire de comptes inutiles au résultat que je cherche, je dirai, sans avoir égard aux diverses écuries, que les trente-cinq vaches consomment 221 kilog. de bon foin par jour : pendant deux mois d'hiver, on substitue à un quart de ce poids même quantité de paille, mais cette substitution n'est que l'équiva-

---

(1) Cette ration est calculée, chez moi, à raison de 2 kilog. 1/2 par 100 kilog., poids vivant. Des expériences suivies, mais non encore terminées, me font penser qu'il serait avantageux de porter à 3 kilog. ce dernier chiffre; mais il ne faudrait pas dépasser cette proportion, car toutes les fois que je l'ai fait, j'ai eu diminution dans la balance de mes comptes de vacherie.

lent d'un surplus de nourriture que je donne pendant le premier mois du vêlage : dès lors on a, pour la nourriture de l'année de cette partie de la vacherie, 80,665 kil. de fourrage.

Le produit moyen par vache a été de 915 litres pendant les trois dernières années, c'est donc 32,025 litres de lait pour 80,665 kilog. de foin;

Ou, enfin, 39,6 litres par 100 kilog. de foin consommés.

Il ne peut y avoir qu'une très faible erreur sur la quantité de lait produite par mon troupeau d'expérience, car celui de chaque vache est litré séparément tous les samedis : l'addition qui s'en fait me sert de contrôle pour l'enregistrement diurne fait par le fruitier, et je surveille moi-même cette double opération, au moins une fois par mois.

Les vaches dont il est ici question sont attelées à toutes les époques de l'année, excepté pendant l'hivernage. En 1831 et 1832, elles m'ont fait douze mille deux cent soixante-treize heures de travail, ou trois cent six journées de quatre têtes, à raison de dix heures par tête ; ce qui m'a permis de supprimer les bœufs de mon train rural.

Ce n'est donc pas, je crois, sortir du vrai en affirmant que le produit que j'ai obtenu de ma vacherie n'est pas inférieur à celui des meilleurs troupeaux suisses, quoique de fait il y ait *un vingtième* de moins que dans l'un d'eux, car dans ce dernier troupeau la ration n'est pas suffisamment connue.

S'il fallait encore une preuve que les bestiaux de chaque localité, lorsqu'ils sont convenablement traités, ne laissent rien à envier à la Suisse, je citerais les vaches de l'établissement de Roville, près de Nancy; elles donnent 1,416 litres de lait par an, et consomment 3,650 kilog. de fourrage.

18.

C'est donc 38,8 litres de lait par 100 kilog. de foin consommés.

Je ne veux cependant pas prétendre ici que les vaches suisses soient moins bonnes que celles des autres pays ; plusieurs espèces d'une taille moyenne, notamment celles de la vallée de l'Entlibuch, m'ont paru meilleures que celles de la grosse espèce ; mais les données que j'ai recueillies sur place sont trop contradictoires pour que j'en puisse faire le sujet d'un travail présentable. Je conseillerais cependant à toute personne qui tiendrait absolument à se pourvoir de bétail suisse, de préférer la moyenne espèce à la grosse ; cette dernière, quand elle est *dépaysée*, est, je crois, *la plus mauvaise pour la rente*, et je pourrais citer plusieurs exemples dans le département de l'Ain à l'appui de cette opinion.

Voyons maintenant, au moyen d'un devis, à combien revient un quintal de fumier par des vaches mises en fruitière.

Produit d'une vache chez moi.

	F.	C.
1°. Nous avons vu précédemment que chaque vache me fournit 915 litres de lait annuellement ; de nombreuses expériences m'ont prouvé que ces 915 litres représentent 89 kilog. de fromage gras, façon gruyère, poids de vente, qui, à 96 francs les 100 kilog. en moyenne, donnent.	85	44
2°. On doit encore compter, comme produit du lait, 22 kilog. de fromage de seconde cuite, dit *sérai*, pesés à un mois de la fabrication et valant 30 cent. le kilogramme.	6	60
3°. Valeur de la cuite, 1 fr. par vache annuellement.	1	»
4°. Valeur d'un veau à huit jours, 5 fr. Je ne		

A reporter. . . 93 04

Report. . . . 93 04

porte que cette somme pour cet article, car si l'on veut, suivant l'usage, garder le veau trois semaines ou un mois, la quantité de lait qu'il consomme est à défalquer du produit des 915 litres de lait. J'observe ici qu'à moins de vente à 45 centimes le kilog., poids vivant, il y a avantage à conserver le lait et à se défaire au plus vite des veaux : j'ai donc   5   »

5°. Pour trente-cinq vaches, douze mille deux cent soixante-treize heures de travail fournies en deux années en représentent six mille cent trente-six annuellement, qui, à raison de 10 centimes chacune, font 613 fr. 60 cent., ou par tête.. 17   53

J'ai donc, pour produit d'une vache, moins son fumier. 115   57

Passons à la dépense.

1°. Trente-cinq vaches ayant consommé 80,650 kilog., j'ai 2,300 kilog. par tête, qui, à 4 fr. les 100 kilog., prix courant du pays, font. . 92   »

2°. 50 kilog. de paille pour litière. 2   »

3°. 5 pour 100 de la valeur de chaque tête estimée à 100 fr. donnent. 5   »

4°. 10 pour 100 de la même valeur, pour dépérissement, chances de maladies, éclairage des écuries et autres menus frais. 10   »

5°. 1 taureau pour cinquante vaches coûte annuellement 150 fr., qui par tête donnent. . . 3   »

6°. Pour trente-cinq vaches, il faut deux vachers ; ils coûtent chez moi 100 fr. chacun, ou par tête de vache. 5   71

A reporter. . . 117   71

7°. Des essais répétés de 1829 à 1832, sur vingt
et un mille deux cent trente-trois journées,
m'ont prouvé que la nourriture des domestiques mâles me revient à 54 cent. par jour ;
ce qui donne, pour sept cent trente journées
de table des deux vachers, 394 fr. 20 cent.,
et par tête de vache. 11 26

8°. Il me faudrait des développemens un peu
trop étendus pour établir que les frais de
conversion du lait en fromage façon gruyère
et sérai, en y ajoutant ceux du sel, du combustible, et de l'entretien des menus ustensiles de fruitière, montent à 10 fr. par 100 kilog. de fromage fabriqué : j'ai donc 89 kilog. 8 90

9°. Pour loger trente-cinq vaches avec toutes
leurs provisions d'hiver, il faut un bâtiment
qui chez moi représente une valeur de
5,000 fr., qui, à 4 pour 100, font 200 fr. :
cela donne par tête. 5 71

10°. Les ustensiles de fruitière, l'arrangement
des caves à fromages et d'une laiterie dans le
même bâtiment qui sert de vacherie, m'ont
coûté 1,120 fr., savoir : 560 fr. de capital
mobilier en chaudières, seaux, etc., qui, à
10 pour 100, font 56 fr., et 560 autres fr. en
murailles, plafonds, rayons de cave, etc., qui
à 5 pour 100, font 28 fr. ; total, 84 fr. Cette
somme, chez moi, doit être répartie sur 65 vaches ; ce qui donne par tête. 1 29

Total de la dépense annuelle par tête de vache. 144 87
Total de la recette. 115 57

Différence ou valeur du fumier. 29 30

Cherchons maintenant le second chiffre du problème, c'est à dire quelle est la quantité de fumier produite par chaque vache. Nous avons vu plus haut que la consommation par tête est de 2,300 kilog. de fourrage : quant à la litière, j'y emploie une si petite quantité de paille qu'elle est insignifiante ; je la considère ainsi que la ration comme passant par le corps de l'animal ; car le sixième de kilog. par jour et par tête, dont elle se compose, ne peut donner aucune erreur appréciable.

Voyons, d'après cela, combien 2,348 kilog. de nourriture donnent de fumier.

Diverses expériences faites sur des écuries, dont la première seule ne laisse pas échapper les urines, m'ont donné :

1re écurie, poids consommé	: poids fumier produit :	:	100	:	255
2e écurie	id.	: id.	: :	100	: 238
Même écurie	id.	1 id.	: :	100	: 222
3e écurie (1)	id.	: id.	: :	100	: 162
4e écurie	id.	: id.	: :	100	: 204

D'où l'on voit que le rapport moyen est comme 100 est à 216, ou, en d'autres termes, que 100 kilog. de nourriture donnent 216 kilog. de fumier : ces expériences faites sur du fumier frais devraient être diminuées de 15 pour 100, lorsque l'emploi est éloigné de trois à quatre mois; mais comme les résultats définitifs par le cubage des tas de fumier m'ont toujours donné au delà de 216 kilog. par 100 kilog. consommés, j'admets cette base comme minimum de la production du fumier.

Les 2,350 kilog. consommés par chaque vache four-

---

(1) Cette faible proportion dans l'écurie n° 3 provient de perte de fumier par les vaches attelées; je le répète, les expériences faites en grand dépassent cette proportion et donnent pour 6 kilog. 1/2 de consommation 15 kilog. de fumier.

nissent donc 5,070 kilog. de fumier : or, nous avons vu précédemment qu'au prix de 4 fr. les 100 kilog. de foin, la valeur du fumier de chaque vache est représentée par 29 et 30 fr.

Conclusion. — 100 kilog. de fumier produits par les vaches mises en fruitière chez moi coûtent 58 cent.

Chacun, suivant sa localité, peut modifier les divers chiffres qu'une expérience de plusieurs années et une grande surveillance m'ont fait adopter; cependant je dois faire observer que les vaches n'étant point attelées ordinairement, il résulterait de cette circonstance que les 17 f. 53 cent. portés en recette à mon devis, pour le travail des vaches, devraient être supprimés et remplacés par 4 fr. 38 cent., somme qui est le quart de celle précitée : ces 4 fr. 38 cent. sont la représentation du lait que les vaches auraient en plus, si elles ne tiraient pas; ou, en d'autres termes, j'ai admis, dans ma comptabilité, à la suite de nombreux essais, que sur le travail des vaches, *en ne les faisant atteler que par demi-journées,* le quart doit être considéré comme ne servant qu'à remplacer la diminution journalière du lait qui résulte du travail. J'ai donc, au lieu de 115 fr. 57 cent. portés au crédit annuel d'une vache, 102 fr. 42 cent., ce qui porte à 42 fr. 45 c. la somme représentant la valeur des 5,070 kilog. de fumier : cela donne 84 cent. au lieu de 58 cent., pour la valeur de chaque 100 kilog. de fumier.

Je n'ai pas parlé, dans mon devis, de la valeur des urines de la vacherie, parce que je suis porté à croire que les frais que j'ai faits pour les recueillir, joints à ceux de la main-d'œuvre qu'elles exigent, couvrent cette valeur : c'est à chacun à modifier cette opinion suivant les calculs applicables à son exploitation.

Un membre de la Classe m'avait engagé à procéder à mon devis, par pieds et toises cubes de fumier; je n'ai pas cru devoir employer ce moyen, parce que je le trouve peu exact : cette vérité est d'une facile démonstration.

La différence entre le poids d'un pied cube de fumier produit avec une litière abondante, et celui d'un pied cube produit sans litière, varie en effet dans une grande proportion. Chez moi, par exemple, où les tas sont gros et la litière presque nulle, puisque par jour je n'y emploie que 5 kilog. pour trente-cinq vaches, le pied cube de fumier pèse 40 kilog. 3/4, tandis qu'à Genève l'on ne compte en général que 27 kilog. 1/2 par pied cube. Je suis très convaincu que certains fumiers très pailleux, que je vois sortir de la ville, n'ont pas ce dernier poids, même après leur tassement; or, comme l'action du fumier est en général proportionnelle à son poids, bien plus qu'à son volume, il en résulte que, suivant que l'on cube un mètre bien serré ou très pailleux, l'on arrive, comme valeur, à un même chiffre, pour deux choses qui doivent avoir un prix très différent.

Disons donc que si dans la pratique l'on ne pèse pas les engrais, à cause de la perte de temps que cela entraînerait, il faut, si l'on procède par cubage, *déterminer par des expériences répétées le nombre de quintaux de fumier qui entrent dans un mètre cube* : ce n'est qu'en procédant ainsi que l'on pourra comparer la production des engrais dans les divers pays où les litières changent complétement le rapport qui existe entre les poids de tas égaux en cubage.

Le chiffre élevé auquel je suis arrivé comme valeur de 100 kilog. de fumier, produit par des vaches non attelées, surprendra peut-être quelques personnes; 84 c. pour 100 kilog. donnent en effet 5 fr. 88 cent. *pour une voiture de 700 kilog. de fumier*, ce qui doit paraître fort cher ; j'engage cependant les agriculteurs qui pensent que leur exploitation produit les engrais à meilleur marché à suspendre leur opinion jusqu'à ce qu'ils aient fait leur devis, en y faisant figurer toutes les dépenses que j'ai adop-

tées dans les miens; ils verront que, dans la plupart des
cas, ce chiffre est dépassé (1). Je dois dire que par des ad-
ditions de terre, d'herbes vertes, de feuilles, etc., l'on
parvient artificiellement à faire produire aux vaches
plus de fumier que je ne l'ai trouvé; cependant si cette
augmentation n'est pas poussée au point de détériorer
la qualité du fumier, on verra qu'à moins de se soumettre aux soins et travaux que les composts exigent,
cette augmentation est moindre que l'on ne serait tenté
de le croire, et elle exige beaucoup de main-d'œuvre.

Quant à la paille employée en litière pour augmenter
la quantité des engrais, chaque agronome peut faire le
compte de l'avantage ou de la perte qu'elle présente.
Chez moi, par exemple, il y a désavantage à faire litière, parce que 100 kilog. de paille valent en moyenne
2 fr.; ces 100 kilog. ne produisent que 200 kilog. de fumier : cela donne un fr. pour la quantité d'engrais, qui ne
coûte, même par les vaches non attelées, que 84 cent.

La question qui vient d'être traitée, considérée isolément, a peu d'importance; mais si elle provoque des investigations semblables sur les divers genres d'animaux
qui consomment le fourrage, la comparaison de ces travaux fera enfin connaître *quels sont les bestiaux les plus
avantageux pour la production du fumier*. La solution
de ce problème est d'une haute importance pour les agronomes de tous les pays.

Genève, 6 mars 1833.   Comte A. d'Angeville.

---

(1) Je ne parle point ici du fumier que l'on peut acheter dans
les villes; leur valeur conventionnelle est presque toujours inférieure à la réelle, et dans un rayon même assez éloigné, presque tous les agriculteurs auraient un grand bénéfice à venir y
vendre leur fourrage pour y acheter le fumier nécessaire à leur
exploitation.

Observations sur le Mémoire qui précède; par M. Fazy-Pasteur, président de la Classe d'Agriculture du canton de Genève.

———

Le Mémoire intéressant qui précède ayant été communiqué à la Classe d'Agriculture, dont M. le comte A. d'Angeville est membre, nous l'insérons ici comme propre à provoquer un examen sérieux sur les points importans qu'il traite, et nous engageons à le faire sans préjugés, quoiqu'il soit en opposition avec l'opinion fort généralement reçue, sur les avantages que présente le gros bétail, ou tout au moins celui de bonne taille moyenne; opinion que ce mémoire est bien propre à ébranler, vu l'exactitude des calculs qu'il renferme et les renseignemens qui s'y trouvent joints.

Peut-être en résultera-t-il la présomption que chaque contrée possède la race de bétail qui lui est la mieux appropriée, et cela tout au moins jusqu'à ce qu'une nouvelle race se soit bien acclimatée, ce qui exige un long espace de temps; et pendant cet espace, elle finit peut-être par se rapprocher beaucoup de celle du pays.

Pour que des expériences basées sur des calculs soient reçues avec la confiance nécessaire, il faut absolument que l'on puisse compter sur l'exactitude de ces calculs : or, nous pouvons affirmer ici qu'on peut le faire sans restriction; car M. d'Angeville a bien voulu nous communiquer tous les livres de sa comptabilité et nous en expliquer le mécanisme.

Il en est résulté pour nous et la conviction de leur exactitude, et la connaissance de la marche aussi simple que facile d'après laquelle ces comptes sont tenus et contrôlés. Non seulement on y voit le produit total du troupeau, mais encore le produit distinct de chaque vache en particulier, par le mesurage de son lait, qui se fait chaque samedi, et sert de contrôle au produit total de la semaine.

Par ce moyen, le propriétaire ne conserve point, dans son écurie, les vaches de mauvaise qualité, mais les réforme lorsque leur faible rente est avérée, sans être obligé de s'en tenir pour cela aux rapports des domestiques, trop souvent inexacts ou douteux. M. le comte d'Angeville ferait une chose bien utile pour les agriculteurs, en publiant le mode qu'il suit pour sa comptabilité, vu que ce mode possède l'avantage de l'exactitude, sans être aussi compliqué ni minutieux que tant d'autres qui ont été proposés par des agronomes.

Un des objets les plus importans encore de ce mémoire est de constater le rapport existant *entre le produit du lait et celui des engrais* avec *le quintal de fourrage consommé.* Nous attirons particulièrement l'attention de nos agriculteurs sur ce point.

Il paraît étonnant, au premier abord, que les engrais produits par une vache soient en quantité double du poids de fourrage consommé (non compris les engrais liquides); mais cela peut s'expliquer, en quelque sorte, par la quantité d'eau que boivent les vaches, c'est à dire environ 30 litres par jour, qui se trouvent mélangés en partie avec les engrais solides qu'elles produisent.

Nos agriculteurs, dans les points de comparaison qu'ils établiront avec notre pays, doivent faire attention à la très petite quantité *de litière* que reçoit le bétail dans les écuries de M. d'Angeville, proportion gardée à ce qui se fait dans les nôtres, ainsi qu'au bas prix *des gages et de la nourriture de ses ouvriers,* vu la manière économique en vin et en viande dont on les nourrit dans cette partie de la France; les nôtres ne se contenteraient pas à si bon marché.

La valeur de la *cuite,* ainsi que le *travail* des vaches,

sont aussi estimés beaucoup au dessous de ce qu'ils valent chez nous.

Observations de M. Puvis.

Nous avons saisi avec empressement l'occasion de faire connaître un nouveau travail de notre compatriote et collègue M. d'Angeville : nous ne connaissons sur ce sujet aucune expérience faite sur une aussi grande échelle, ni une aussi grande donnée, dont les résultats soient aussi nettement déduits.

Plusieurs questions agricoles, dont on n'avait que des solutions vagues, sont ici résumées en chiffres précis : nous pensons donc que c'est rendre service aux agriculteurs de notre pays que de leur faire connaître un travail spécial aussi intéressant, et nous croyons encore faire chose utile en rapprochant les résultats obtenus de quelques idées pratiques et de localité auxquelles ils permettent de donner de la précision.

§ Ier.

La quantité de nourriture à donner aux vaches et aux animaux, en général, se distingue, comme l'ont remarqué les économistes allemands et en dernier lieu M. Mathieu de Dombasle, en ration d'entretien et ration de production; la première s'emploie à soutenir en quelque sorte la vie de l'animal, et la seconde fait produire le lait, la graisse, la laine, et tend à élever la taille de l'animal.

Les limites des rations d'entretien et de production sont sans doute difficiles à assigner et ne sont pas les mêmes dans tous les individus ni dans toutes les races; toutefois dans tous, après la ration d'entretien, une dose peu considérable de nourriture accroît notablement la quantité de lait, la graisse et le développement de l'a-

nimal, et on trouve du profit à la donner ; et c'est encore
dans l'économie des vaches que se rencontre plus particulièrement l'application de ces principes.

Les vaches nourries médiocrement s'entretiennent,
font et nourrissent leurs veaux, mais elles donnent peu
de lait ; le premier but de la nature, la propagation de
l'espèce, est rempli : l'homme veut davantage, il veut
du lait pour son propre usage ; il faut alors qu'il fournisse un supplément de nourriture, dont il est payé avec
profit. Le lait fourni par la vache croît avec ce supplément ; mais passé une certaine limite, qui varie suivant
les individus, le lait ne croît pas en raison de l'augmentation de la nourriture : ce surplus se transforme en
graisse et est sans profit dans les vaches laitières.

Le produit des vaches est donc très variable ; il peut
aisément ne laisser aucun produit net : ainsi, dans nos
fermes, nos vaches, très mal nourries à l'écurie pendant
l'hiver, font des veaux médiocres et donnent peu de lait ;
le printemps, on les envoie dans de mauvais parcours
qui ne les nourrissent guère mieux, elles ne se refont
un peu que lorsque la faux dans les prés, la faucille
dans les champs, font de la place pour un parcours abondant : arrive l'automne où elles sont passablement, parce
que les parcours épuisés sont aidés par les raves, les
débris de maïs et des récoltes sarclées.

Mais en tout comptant, nos vaches reçoivent peu de
choses au delà de la ration d'entretien ; aussi leur produit serait peut-être négatif ; mais elles sont absolument
nécessaires à tout le système d'agriculture établi ; il faut
donc les avoir, quelle que soit leur rente.

La nourriture des vaches au foin, partout où il a un
prix au dessus de celui établi par M. d'Angeville, serait
une charge impossible à supporter ; dans nos pays, la valeur moyenne du foin est au moins d'un tiers en sus ; et
puis le produit en beurre, en caillé et petit-lait, moyens

ordinaires de réaliser le produit du laitage, est d'un tiers au dessous du produit dans les fruitières.

Près des petites villes, la vente du lait à 10 cent. le litre est avantageuse; elle équivaut au produit du fromage, et on y gagne tous les frais de manipulation ; mais cette vente à ce prix ne pourrait encore payer la nourriture au foin; on y supplée par les fourrages-racines, les raves, pommes de terre, les mauvaises herbes des champs, les débris de toute espèce et les parcours. Cette nourriture coûte à peine moitié de celle au foin, donne en proportion plus de laitage qu'elle, et donne encore à peine un produit net lorsqu'on ne vend pas le lait.

A Lyon, le laitage à 20 cent. le litre ne peut non plus payer la nourriture tout au foin, dont le prix est en moyenne plus du double de celui de Lompnès; les nourrisseurs ne peuvent s'en tirer qu'en s'aidant de drêche, de nourriture verte et de parcours quand ils peuvent s'en procurer.

On conclura donc de tout ce qui précède que le produit des vaches laitières, pour solder en bénéfice, a besoin presque partout d'être obtenu au moyen de nourriture moins chère que le fourrage ordinaire.

§ II.

Mais arrivons aux résultats de M. d'Angeville.

Les animaux consomment du fourrage en raison de leur poids ; c'est un fait d'expérience qui ne peut se contester : cette base une fois admise, M. d'Angeville, en récapitulant le poids exact de la nourriture donnée pendant plusieurs années à un certain nombre de vaches d'un poids déterminé, conclut qu'il faut à une vache laitière, pour être nourrie convenablement, 2 $\frac{1}{2}$ à 3 kil. de foin par 100 kil. de son poids ; les vaches d'une taille moyenne, comme les siennes, pèsent 5 quintaux, et consomment par conséquent 12 livres ½ de foin par jour. Cette ration contient celle d'entretien et celle de production ; ses expériences lui ont prouvé qu'avec une ration au dessus de 15 livres, son foin serait moins bien payé. Au milieu d'un troupeau plus nombreux, trente-cinq vaches étaient plus particulièrement en expérience ; si, avec les 80,000 kil. de foin qu'elles lui consomment chaque année, il eût voulu en nourrir qnarante ou plus, il serait arrivé à la fin de l'année avec un produit net plus faible, parce qu'alors ses vaches n'auraient eu que la ration d'entretien, et que la ration de production, fortement amoindrie, aurait réduit en proportion le produit du laitage.

Il en résulte donc que le nombre des bestiaux d'une écurie, en s'accroissant, fait diminuer son produit au lieu de l'accroître, si on n'augmente pas en même temps les ressources pour la nourriture, et cela est plus vrai encore pour les vaches laitières, dont le produit est quotidien, que pour les autres animaux : avec le même fourrage qui nourrira mal trois vaches et ne fera que les entretenir, on pourrait en nourrir deux dont le produit net en résumé serait double des trois premières.

§ III.

Le produit moyen annuel des vaches de Lompnès est, avec une consommation moyenne de 46 quintaux de foin, de 915 litres de lait et un veau nourri pendant huit jours ; c'est 2 litres ½ par jour ; si on y ajoute la quantité de lait que fait perdre le travail des vaches, cette quantité s'accroît de 44 litres : on aura donc, pour le produit en lait de 46 quintaux de foin, 959 litres ou 41 litres ½ par quintal métrique de foin, moyenne de produit supérieure à celle de l'auteur du Mémoire, parce que nous avons cru devoir y ajouter la diminution en lait par suite du travail, que l'auteur du Mémoire a négligée ; mais à

Hofwyll, avec les plus belles vaches suisses, l'auteur l'a trouvée au plus de 41,6 litres : à Roville, M. de Dombasle la porte à 39 litres; en Suisse, elle paraît en moyenne de 37,5. Il demeure donc tout à fait évident que le produit des petites vaches de nos pays, en lait, est au moins aussi avantageux que celui des grosses races de Suisse. Ainsi, ces énormes colosses suisses ne produiraient pas plus, même dans leur patrie, que nos vaches qui en sont à peine moitié; nous n'avons donc aucun avantage à nous procurer cette grande race, que nos parcours médiocres, nos foins souvent mauvais, ne soutiendraient pas long-temps dans ses grandes formes.

D'ailleurs, d'autres faits encore plus concluans doivent nous détourner de cette importation que la grandeur de la taille, la beauté des formes nous ont souvent poussés à essayer : pendant près de dix ans, le département de l'Ain a fait venir des taureaux suisses, qu'on plaçait chez les cultivateurs; les extraits des premier, deuxième et troisième croisemens dans leur jeunesse, et même devenus adultes les taureaux importés, alors qu'on en avait fait des bœufs dans les années humides, y ont été plus ou moins attaqués par les douves au foie et ont langui ou péri, alors même que la race du pays restait bien portante et vigoureuse.

D'ailleurs, la race de notre pays est plus active, plus laborieuse, plus vive, et fournit des vaches laitières qui, eu égard à la taille et à la nourriture, ne sont pas inférieures en produit; malheureusement cette faculté ne se transmet pas facilement, comme cela serait à désirer : j'ai tiré deux extraits femelles d'une petite vache, nourrie sur le coteau, qui produisait 7 livres de beurre par semaine. Devenues mères, les jeunes vaches, moins bien nourries, il est vrai, que leur mère, donnent à peine un tiers de son produit et même moins que d'autres jeunes vaches issues de la plaine.

§ IV.

Le produit en fumier du fourrage consommé, qui est de 216 livres par quintal, se rapproche de celui donné par Thaër : toutefois il le surpasse encore notablement, parce que les urines n'y sont pas comprises, et il serait relativement plus fort encore si on donnait aux vaches plus de litière. La litière, ajoutée au fumier, quadruple ou triple au moins de poids; car le fumier contient 4|5es au moins de parties humides. La litière, qui ne perd rien de sa substance, parce qu'elle n'est pas consommée, prend donc quatre ou cinq fois son poids d'eau et augmente d'autant le poids du fumier; elle est donc de la plus grande utilité, surtout là où on ne recueille pas les urines à part; elle leur sert d'excipient, les empêche de se perdre : elle doit donc, dans ce cas, accroître beaucoup le poids du fumier; et puis elle lui donne de la consistance, elle lie en quelque sorte les parties, et lorsqu'elle n'est pas en trop grande abondance, elle concourt à sa qualité.

§ V.

Le travail des vaches est, en agriculture, une opération très économique; il est d'usage ordinaire dans toutes nos petites exploitations et chez tous les manœuvres qui nourrissent deux vaches et cultivent quelques coupées de terre : ce travail est moins cher que celui des bœufs, surtout dans les pays où on les garde jusqu'à un âge avancé. Il résulte d'expériences répétées de M. d'Angeville, qu'en estimant le travail d'une paire de vaches, attelées seulement une fois par jour, à 20 centimes par heure, on ne perd en laitage qu'un quart de ce produit en travail; cette appréciation est plus précise qu'aucune de celles données jusqu'à ce jour, et devrait encourager l'emploi des vaches : toutefois, dans nos exploitations de la plaine, on n'a point d'intérêt à remplacer les bœufs par des vaches; car nos fermiers réalisent une grande partie de leurs fermages par l'engrais des bœufs, et puis dans toutes les fermes bien tenues, on n'emploie que des bœufs au dessous de sept à huit ans, époque à laquelle on les engraisse : au dessous de cet âge, en les ménageant dans leurs travaux, en les nourrissant convenablement, ils croissent encore chaque année de 80 à 100 francs par joug; et enfin, pour les travaux un peu forts, pour conduire de lourdes charges dans nos mauvais chemins, notre race de vaches est petite; vouloir l'élever nous jetterait dans de grandes difficultés et serait au moins une imprudence, avec la quantité et l'espèce de nourriture que nous avons à lui donner : nous conserverons donc nos bœufs dans nos exploitations en nous aidant plus souvent de nos vaches, puisque leur travail est le moins cher de tous; et nos vaches gagneront elles-mêmes à être plus fréquemment employées, parce que le fermier se croira obligé de les traiter avec moins de parcimonie quand elles l'aideront plus souvent dans ses travaux.

En résumé, les diverses évaluations que nous donne M. d'Angeville dans le Mémoire qui précède nous semblent avoir plus de certitude que celles de ses devanciers; on ne voit pas qu'aucun de ceux qui en ont donné ait à s'appuyer sur des expériences d'aussi longue durée, ait conservé aussi constamment que lui les animaux à l'écurie, ait enfin fait comme lui peser pendant plusieurs années toute la nourriture consommée.

ADDITIONS.

(Ire ADDITION.)

NOTE DE M. DEWITT,

SUR

LA FABRICATION DU BEURRE.

Extrait du 3e volume des Mémoires du Bureau d'Agriculture
de New-York (États-Unis).

M. Dewitt, après avoir indiqué la propreté de la laiterie, comme une des principales attentions à avoir dans la
fabrication du beurre, pense que, pour faire de bon beurre,
il ne faut pas battre le lait immédiatement après la traite,
mais seulement après lui avoir laissé le temps nécessaire
pour que la séparation de la crême ait commencé à se faire
par un développement léger de fermentation acide dans le
lait : cependant, selon lui, la présence du lait est nécessaire
pour empêcher le beurre de se surir par la chaleur qui se
développe lors du battage, effet qui a lieu presque toujours lorsqu'on ne met dans la baratte que la crême qui a
monté sur le lait.

Pour faire le bon beurre, ajoute-t-il, il faut :

1°. Que le lait ait commencé à surir très légèrement;

2°. Que l'acidité du lait se soit développée naturellement, ou tout au plus avec l'addition d'une petite quantité
de lait déjà suri, mais, surtout, sans qu'on ait employé
le feu;

3°. Que tout le lait ait été mis dans la baratte, sans
qu'on ait soustrait une de ses parties composantes;

4°. Que le battage soit continu, toujours égal, et avec
la précaution de ne pas heurter le fond de la baratte;

5°. Que le battage fait sans interruption communique un léger degré de chaleur qui est nécessaire, ce qu'on doit aider en hiver par l'addition d'un peu d'eau chaude dans les commencemens du battage, et sans pour cela qu'on cesse de battre ;

6°. Qu'aussitôt qu'on aperçoit les petits globules de beurre se former, on s'occupe à refroidir la matière, en été, par le mélange d'une petite quantité d'eau fraîche, ce qui n'est pas nécessaire en hiver ;

7°. Que si l'on a du lait nouveau à battre avec le lait déjà un peu suri, il soit mêlé avec ce dernier dans la baratte, douze à quinze heures avant le battage, selon la quantité de lait nouveau à ajouter, afin que ce dernier ait acquis le même degré d'acidité.

Ce mode est sans doute plus long et, par conséquent, moins économique que celui de ne battre que la crême seule, puisqu'il demande environ le double de temps; mais il fait de meilleur beurre.

(IIe ADDITION.)

—

THÉORIE DU BATTAGE DU BEURRE;

Par M. DUBRUNFAUT.

(*L'Agriculteur manufacturier.* Mai 1831.)

L'aspect laiteux qu'offre le lait est dû à l'état de suspension dans lequel s'y trouvent la matière caséeuse et le beurre (1).

------

(1) Nous admettons provisoirement l'état globuleux pour toute la matière caséeuse, quoique cette question ne soit pas encore bien résolue pour moi ; mais cette hypothèse, sur laquelle nous reviendrons, n'altère en rien la théorie du battage du beurre.

Le lait, en effet, observé au microscope, offre un liquide diaphane dans lequel nagent une foule de globules sphériques dont les diamètres varient peu : ces globules ont été observés il y a long-temps.

Le lait, abandonné à lui-même, fournit la crême qui monte à la surface en vertu de sa moindre densité, et cette crême, formée au sein du lait lui-même, est formée essentiellement par la réunion des globules du beurre. Le battage de la crême, en effet, n'est pas indispensable pour la séparation du beurre, car la crême, abandonnée à elle-même pendant plusieurs jours à une température douce, acquiert la consistance du beurre. Ce beurre n'est point de bonne qualité, parce qu'il contient beaucoup de matière caséeuse qui, le plus souvent, a fermenté pendant que le beurre acquérait de la consistance.

Le battage n'a donc pour objet que de favoriser l'agglomération des globules butireux en une masse homogène, et l'on conçoit comment il produit cet effet, aidé qu'il est par une élévation de température qui, sans rendre le beurre liquide, l'amollit cependant assez pour permettre aux globules de se coller les uns contre les autres.

Les expériences des agriculteurs confirment, ainsi qu'on le savait dès long-temps, que le battage élève la température de la crême.

Les ménagères elles-mêmes sont dans l'usage, dans quelques pays et dans les temps froids, de battre le beurre auprès du feu pour favoriser sa séparation.

Les expériences susdites prouvent encore : 1° que la plus grande quantité et la meilleure qualité de beurre sont produites à une température de 13 à 14 degrés centigrades ; 2° qu'une température supérieure à 18 degrés donne un beurre qui contient de la matière caséeuse qu'un lavage à l'eau ne peut enlever, mais qu'on enlève, dit-on, avec du sel et de l'eau, ce que nous avons peine à croire.

En effet, nous concevons qu'en élevant la température de la crême, qui contient des globules caséeux, on puisse renfermer dans le beurre de ces globules que l'eau en-suite ne peut séparer, vu l'insolubilité du caséum dans l'eau; mais nous concevons l'action du sel et de l'eau, non pas comme agent séparant, mais bien comme agent conservateur du beurre contenant le fromage.

Ces réflexions nous conduisent à croire qu'un lavage du beurre fromagé avec une eau légèrement alcaline lui enleverait le fromage.

Le battage du beurre à chaud a donc l'inconvénient, en séparant plus promptement cette matière, d'y empri-sonner des globules du caséum, ce qui le rend plus alté-rable par la fermentation prompte que subissent ces glo-bules en devenant fromage : de là la saveur piquante et fromageuse que prend rapidement ce beurre abandonné à lui-même à une température douce.

Expliquons maintenant comment, dans le battage à chaud, la quantité de beurre diminue. Le battage, quel-que parfait qu'il soit, ne sépare jamais complétement le beurre, et quelque prolongé qu'il soit, le microscope laisse toujours apercevoir des globules butireux dans le lait de beurre; il en est de même dans le lait écrémé. Si la température est suffisante pour amollir un peu les glo-bules, mais sans les liquéfier, on en réunira le plus grand nombre sans qu'ils puissent, après leur réunion, être séparés par le mouvement de la baratte; si, au contraire, la température est assez élevée pour amener les globules à l'état liquide, le battage tend alors à remettre les glo-bules en suspension en les divisant. C'est ce qui arrive, en effet, quand on bat une huile avec de l'eau; celle-ci prend l'aspect d'une émulsion laiteuse, parce qu'elle re-tient en suspension des globules de corps gras.

La constitution globulaire des corps gras dans le beurre est un fait incontestable. On sait, d'une autre part, d'après les beaux travaux de M. Chevreul, que le beurre est essentiellement formé de deux principes, l'oléine et la stéarine, dont l'une est fluide à la température ordinaire et l'autre liquide; et ces deux principes se trouvent réunis, dans le beurre, à deux autres substances également fluides : la butirine et l'acide butirique : ce dernier, qui est très volatil, porte en lui, à ce qu'il paraît, le parfum du beurre. Maintenant, ne pourrait-on pas admettre que ces divers principes se trouvent dans la crème sous forme de globules isolés, et que le battage a pour but de les réunir et de les agglomérer? Le battage, effectué à des températures variées, favorisera ou empêchera la réunion des uns ou des autres globules, et l'on aura ainsi, avec une même crème, des beurres inégaux en consistance et en qualité, suivant que la stéarine, l'oléine ou les autres prédomineront.

Il est encore à remarquer que la consistance du beurre pour une même température varie non seulement avec la température du battage, mais encore avec la saison, c'est à dire avec la qualité du lait, et par conséquent avec la nature de l'aliment de l'animal. C'est ainsi que la pomme de terre crue ou cuite ne donne point la même qualité de beurre, ainsi que nous l'avons annoncé précédemment.

(IIIᵉ ADDITION.)

DESCRIPTION

DE

LA BARATTE DE M. VALCOURT.

Cette baratte est un cylindre dont les deux têtes sont en hêtre d'un pouce d'épaisseur, et dont le tour cylindrique est en métal, ordinairement en fer-blanc. On la place dans un cuveau, dans lequel on met, pendant l'hiver, de l'eau plus ou moins chaude, suivant le degré de froid; et au contraire, pendant l'été, quand il fait bien chaud, on remplit le cuveau d'eau fraîche. Le fer-blanc, étant un bon conducteur de chaleur, communique à la crème qui est dans la baratte la température de l'eau qui est extérieurement dans le cuveau. Quand la saison est tempérée, on n'a besoin ni d'eau, ni alors de cuveau, qui ne sert plus qu'à fixer solidement la baratte. Quand il gèle, l'eau ne doit pas être bouillante; il suffit qu'on puisse y tenir aisément la main. Plus l'eau sera chaude, et plus tôt le beurre prendra, mais aussi moins il sera ferme; mais, en hiver, il se durcira bien vite. Depuis quatorze ans que j'ai fait cette baratte, on met chez moi pendant l'hiver de dix à quinze minutes pour faire le beurre; mais j'ai quelquefois vu, pendant l'été, cinq à six minutes suffire. M. Mathieu de Dombasle, à Roville, et M. Bella, directeur de l'Institution royale agronomique de Grignon, ainsi que beaucoup de mes connaissances, ont adopté ma baratte, et toutes les filles de basse-cour qui s'en sont une fois servies, surtout pendant l'hiver, n'en veulent plus d'autre; ce qui est une forte preuve en sa faveur.

Explication de la Planche VII.

Fig. 1ʳᵉ. Vue latérale du côté de la manivelle. La baratte est dans son cuveau.

Fig. 2ᵉ. Vue de face, comme lorsque l'on bat : dans ces deux figures, le couvercle est soulevé.

Fig. 3ᵉ. Vue à vol d'oiseau de la baratte dans son cuveau.

Fig. 4ᵉ. Vue debout de l'arbre en hêtre auquel sont clouées les deux ailes.

Fig. 5ᵉ. Vue de face des deux ailes.

Fig. 6ᵉ. Vue de la manivelle en fer retirée de l'arbre des ailes.

Fig. 7ᵉ. Plaque en fer du gros tourillon de la manivelle.

Fig. 8ᵉ. Plaque en fer du petit tourillon de la manivelle.

Fig. 9ᵉ. L'embase, les deux tourillons et le carré de la manivelle, et le tourniquet qui l'empêche de sortir, aux deux tiers de leur grosseur.

Je n'ai pas encore été dans le cas d'en faire faire de très grandes. Les têtes A, fig. 1ʳᵉ, de celles exécutées avaient de 10 à 15 pouces de diamètre ; et la longueur du cylindre, fig. 2ᵉ, était celle d'une feuille de fer-blanc, un peu moins d'un pied. Une baratte de 15 pouces de diamètre bat de 2 à 8 livres de beurre.

Les demi-ronds X X, que l'on voit autour de la tête A, fig. 1ʳᵉ, représentent les extrémités du fer-blanc coupées dans cette forme avec un emporte-pièce, tournées à angle droit et clouées sur les faces des deux têtes. Le fer-blanc est également cloué sur le pourtour des têtes, comme le montre la fig. 2ᵉ.

Quand on ne se sert pas de la baratte, le couvercle D, la manivelle, fig. 6ᵉ, ainsi que les ailes ou agitateurs, fig. 4ᵉ et 5ᵉ, sont toujours à sécher hors de la baratte. Quand on veut s'en servir, on place la baratte dans le cuveau F, dans lequel elle entre juste, et même on a fait dans le haut du cuveau quatre légères entailles F, que montre la fig. 3ᵉ. On introduit par la porte C, qui est de toute la longueur de la baratte, les ailes P, placées verticalement, comme dans la fig. 1ʳᵉ; on introduit la manivelle H par le trou rond R, fig. 2ᵉ de la tête A, puis dans le trou carré N, fig. 4ᵉ, de l'arbre des ailes, ensuite dans le trou rond qui ne pénètre qu'à demi-bois dans la tête CJ, fig. 2ᵉ. On place alors dans la position U, fig. 9ᵉ, au dessus de l'embase de la manivelle, le tourniquet U, que l'on avait mis auparavant dans la position V. On verse par la porte C la crème, qui ne doit guère dépasser le centre de la baratte. On met en place le couvercle D, dont les quatre faces sont pyramidales, et on l'assujettit avec les quatre tourniquets L et M, dont les deux L, fig. 3ᵉ, sont fermés, et les deux M sont ouverts, tels qu'ils doivent l'être tous les quatre quand on veut ôter le couvercle. Les deux montans de la poignée du couvercle sont percés d'un trou de 2 à 3 lignes de diamètre, comme l'indiquent les lignes ponctuées, pour laisser échapper l'air de la baratte, que la chaleur de l'eau du cuveau et l'agitation ont raréfié. Le couvercle a sauté plusieurs fois avant que je n'eusse fait ces trous.

On peut donner à la manivelle et aux ailes un mouvement de va-et-vient, mais j'ai trouvé plus commode le mouvement circulaire continu.

Le beurre étant battu, ce que l'on sent à la main et ce que l'on entend, on sort la baratte du cuveau, et on tire le bouchon L, fig. 2ᵉ, d'environ ¾ de pouce de diamètre. On reçoit dans un vase quelconque le lait de beurre qui s'est séparé du beurre. On pourrait faire le trou L plus grand, et le recouvrir intérieurement avec un petit grillage en fil d'argent, pour empêcher le beurre de passer. Lorsque le lait de beurre est écoulé, on replace le bouchon et on verse dessus le beurre de l'eau fraîche par la porte C; on donne quelques tours à la manivelle, puis on en ôte le bouchon L, et on lâche l'eau : on en remet de la nouvelle à quatre ou cinq reprises, on agite la manivelle circulairement et en va-et-vient, jusqu'à ce que l'eau en sorte claire. Le beurre se trouve parfaitement lavé et sans avoir besoin d'être bien pétri avec les mains, ce qui, pendant l'été, le rend mou. Alors on place le tourniquet U, fig. 9e, dans la position V, reposant sur la cheville V; on tourne verticalement, comme dans la fig. 1re, les ailes P, que l'on saisit avec la main gauche; on retire la manivelle H avec l'autre main, et on enlève les ailes P hors de la baratte. On ôte alors facilement le beurre avec la main, ou on renverse la baratte et on le fait tomber par la porte C. On lave bien la baratte, ailes, couvercle et manivelle avec de l'eau chaude; on l'essuie et on la place renversée, la porte C en bas, pour que l'eau qui pourrait rester puisse s'écouler d'elle-même.

G G sont les deux poignées en bois de hêtre fixées aux têtes A et B.

J J sont les deux supports fixés aux deux têtes et en faisant la prolongation. En dessous de ces deux supports, on cloue une planche K, d'un demi-pouce d'épaisseur, qui repose sur le fond du cuveau, et qui empêche le fond de la baratte de porter sur le fer-blanc et de le bossuer.

E E sont deux traverses de hêtre d'un pouce d'épaisseur, formant les côtés longs de la porte C. On cloue à ces traverses les deux extrémités du cylindre de fer-blanc. Pour que la porte ferme bien et que la crême ne puisse pas sortir, j'ai trouvé que la forme pyramidale était la meilleure, parce que le couvercle D entre alors comme un coin.

Il faut faire tourner sur le tour l'embase Q et les deux

tourillons R et T de la manivelle H, fig. 6ᵉ. L'intervalle
qui est entre les deux tourillons R et T doit être carré,
pour entrer juste dans le trou carré N, fig. 4ᵉ, et en-
traîner l'arbre des ailes P. On voit dans la fig. 9ᵉ que le
tourillon R, près de l'embase, a pour diamètre la diago-
nale O du carré S, et que le tourillon T, à l'extrémité de la
manivelle, n'a pour diamètre que le côté du carré S : conséquemment il sera plus petit que le tourillon R. Le trou
de la plaque en fer, fig. 7ᵉ, fixée avec deux vis à la tête A,
doit être rôdé bien juste au tourillon R, pour que la crême
ne puisse pas sortir entre les deux. Le trou de la plaque
en fer, fig. 8ᵉ, fixée aussi par deux vis intérieurement et à
demi-bois à la tête B, peut ne pas être aussi juste.

Les ailes, fig. 5ᵉ, sont percées de trous d'un pouce de
diamètre, et je les brûle légèrement avec un fer rouge
pour les rendre intérieurement plus unies. Le fil du bois
des ailes doit aller comme l'indiquent les flèches.

Le cuveau ou baquet sera rond ou ovale ; il sera cerclé
en bois, ou, mieux, avec deux cercles en cuivre : on peut
le placer sur un cadre avec pieds.

(IVᵉ ADDITION.)

*De la fabrication du sérai vert du canton de Glaris, et
des avantages qu'il peut offrir aux nourrisseurs français;*

Par M. J.-J. FREY.

Le sérai, ou fromage de Glaris (dit *schabzieger*),
mérite de fixer l'attention des agriculteurs français. Ce
produit, qui est à fort bon marché dans le pays de Glaris, est cependant vendu chèrement au loin, où il est
très recherché ; il serait d'autant plus aisé et utile d'en
introduire la fabrication en France, qu'elle est facile,

et que la plante qui est employée à sa confection croît par tout le royaume où elle est indigène (1), ce qui permet de le fabriquer dans quelque partie que ce soit de ce pays. (Mélilot bleu, *trifolium melilotus cærulea.*)

Lorsque le lait est trait, on le descend dans des caves, où il reste trois à quatre jours (2) : ces caves sont rafraîchies par des sources ou par des fontaines ; les terrines qui contiennent le lait sont plongées par le fond de quelquespouces dans cette eau fraîche. Lorsque l'on veut faire le fromage, on monte le lait, on l'écrème ; puis on verse le lait écrémé dans un chaudron, en y mêlant de la présure ou un acide faible, tel que le jus de citron ou le vinaigre, afin de produire la séparation de la matière caséeuse et du petit-lait : on met alors le chaudron sur le feu et on chauffe fortement en agitant le caillé avec force. Lorsque le petit-lait est tout à fait séparé, on retire le fromage du feu, puis on le place dans des formes percées de trous (3), afin de le laisser égoutter vingt-quatre heures; après ce temps, on sort ces fromages, pour les placer près du feu dans de plus grandes formes, où ils éprouvent, par l'influence d'une douce chaleur, une fermentation nécessaire. Au bout de quelques jours, on les

---

(1) Cette plante croît aussi en Bohême et en Libye, d'après Blackwel. Au canton des Grisons, à Davos, elle croît à 4310 pieds au dessus de la Méditerranée ; ainsi elle prospère non seulement dans les plaines de France, mais encore sur les montagnes des Vosges, du Jura et des Pyrénées.

(2) On laisse le lait dans la terrine placée dans l'eau fraîche pendant trois ou quatre jours, pour faciliter la séparation de la crème. Les Glarenois vendent le beurre à Zurich, à Bâle, etc., et c'est avec ce qui reste que l'on confectionne le sérai vert ; le sérai blanc, qui a une valeur de 8 à 10 centimes la livre, monte, par cette fabrication, à 20 et 30 centimes, et à l'étranger on l'exporte quelquefois au prix de 50 à 75 centimes.

(3) Les Glarenois font les formes avec l'écorce de sapin.

retire, puis on les place dans des tonneaux perforés, sur
le couvercle desquels on charge des pierres qui doivent
comprimer fortement le sérai : il reste quelquefois dans
cet état jusqu'à l'automne (1), moment où on le porte au
moulin à broyer; alors sur 100 livres de sérai, on prend
5 livres de feuilles sèches et pulvérisées de mélilot et
8 à 10 de sel fin bien sec, décrépité.

Lorsque le mélange de ces trois substances est bien
fait, on en remplit des formes qui ressemblent à un cône
tronqué, de la contenance de 7 à 10 livres, et on le comprime fortement à l'aide d'un tampon de bois ; huit ou
dix jours après, on le sort des formes (2); on le fait sécher avec précaution, afin qu'il ne se gerce point par
l'impression d'un courant d'air trop vif.

On voit, par la simplicité de ce procédé, le parti que l'on
peut tirer du caillé qui, dans diverses campagnes, est à si
bas prix : la valeur, au moyen de cette manipulation,
serait bientôt quintuplée, en sus des avantages qu'il peut
offrir, comme ressource d'hiver, aux fermiers et éleveurs.

Le mélilot est une plante annuelle que l'on doit renouveler chaque année : nos habitans des campagnes le
placent dans leurs meubles, ainsi que dans les fourrures
ou étoffes de laine, afin de le préserver des insectes.

_____

(1) L'automne est le seul temps où l'on descend le sérai des
Alpes pour le porter aux moulins à broyer; ces moulins sont
quelquefois communaux ou à plusieurs propriétaires réunis:
chacun broie alors à son tour. Aussitôt que le sérai a subi la
fermentation nécessaire, on peut le confectionner : on voit donc
qu'il peut se fabriquer en toute saison.

(2) Pour sortir avec facilité le sérai des formes, on enduit
légèrement l'intérieur du moule avec du beurre ou de l'huile
d'olives avant de remplir les formes ; on perce un petit trou à
leur fond, par lequel on souffle un peu pour aider à la sortie du
fromage.

Cette plante se sème au printemps et l'automne dans une terre bien labourée: sur trente ares de terrain, il faut un hectolitre de graine, et un tiers seulement, si elle est bonne, bien épurée. On sarcle les mauvaises herbes. Vers la fin de juin, lorsque le mélilot est en fleur et que les premières feuilles sont desséchées, on le coupe, on l'étend sur des draps au soleil, afin de le faire sécher, on le pulvérise ensuite à l'aide d'un moyen mécanique (1).

---

(1) Le sérai vert étant un produit du lait écrémé, c'est à dire du lait privé de sa crême, c'est donc un produit secondaire; mais on peut encore traiter le petit-lait qui reste après la fabrication du fromage : de cette manière, on obtient un produit d'un article qui n'avait presque pas de valeur. Lorsqu'on a trait le matin, et que l'on confectionne immédiatement le fromage, on obtient un fromage gras; mais lorsqu'on garde le lait du soir jusqu'au matin, et qu'on l'écrème pour faire du beurre, et qu'on mêle ce lait écrémé au lait trait le matin, le fromage est nommé fromage mi-gras : si on avait fait du fromage avec du lait entièrement écrémé, on aurait du fromage maigre. Dans tous les petits-laits, il y reste du caséum : on appelle sérai maigre celui fait avec du petit-lait provenant de fromage maigre.

(Vᵉ ADDITION.)

FABRICATION

DU FROMAGE DE LANGRES.

La bonne qualité du fromage de Langres, fromage apprécié depuis quelque temps à Paris, nous porte à en faire connaître le mode de préparation.

On prend le lait sortant du pis de la vache, on le passe, on y ajoute une cuillerée de présure liquide pour six litres de lait; on mêle, on conserve au mélange sa chaleur, soit en entourant le vase qui le contient de cendres chaudes, soit en le plaçant à l'entrée d'un four encore chaud, soit encore en le plaçant derrière la platine d'un foyer; puis on le laisse en repos. Lorsque le lait est pris, on le dresse dans des formes (*des faisselles*), et on laisse égoutter : pour que la séparation du liquide se fasse mieux, on place les formes dans un endroit dont la température est un peu élevée; cette manière de faire est avantageuse, en ce que la pâte bien égouttée n'a pas la saveur aigre que lui communiquerait le lait acide qui resterait dans la pâte. Lorsque les fromages sont restés vingt-quatre heures dans les formes, on les retire, et on les pose, soit sur des couronnes de paille, soit sur de petits ronds d'osier, pendant cinq à six jours, temps pendant lequel ils égouttent encore et se sèchent. Au bout de six jours, on sale les fromages d'un côté, avec la quantité de sel voulue par sa grosseur (1 once par livre), et lorsque ce sel est entièrement fondu, on les sale de l'autre côté : pendant la salaison, on a soin de placer les fromages dans un endroit bien sec et bien aéré. Lorsqu'ils ont huit jours de sel, on les lave avec de l'eau modérément chaude, en passant la

20

main dessus, dessous et autour; on renouvelle cette opération tous les huit ou dix jours, selon qu'on en aperçoit
l'utilité, c'est à dire si les fromages présentent quelques
taches de moisi, ou bien s'ils sont trop secs. Au bout de
quinze à vingt jours, si le fromage a pris une teinte *jaune
nankin*, on le met en cave dans des pots de grès bien
fermés, ou dans des caisses, si on en a une très grande
quantité. Lorsque ces fromages sont ainsi placés, il faut
les visiter tous les huit jours, parce qu'il arrive qu'ils
se tachent de moisi à l'extérieur seulement : on obviera
à cet inconvénient en passant dessus, dessous et autour
la main trempée dans l'eau chaude; en grattant les moi-
sissures avec l'ongle, si elles étaient profondes.

La fabrication de ce fromage se fait ordinairement à la
fin de septembre et en octobre; mais il faut avoir soin,
s'il y a des mouches au moment où l'on fait ce travail, de
garantir les fromages de ces insectes, qui déposent leurs
œufs sur la pâte, œufs qui, plus tard, donnent naissance
à des larves qu'on a beaucoup de peine à détruire.

On peut faire des fromages au printemps et en été;
mais l'inconvénient signalé plus haut (la présence des
mouches) les rend moins appétissans, en ce que les larves
qui éclosent sont un sujet de dégoût pour le plus grand
nombre des consommateurs.

Le fromage dont il est ici question peut aussi être préparé en hiver; mais il faut alors avoir une étuve, et prendre quelques précautions : ainsi, lorsqu'on a peu de lait,
on réunit celui de la traite du matin avec celui du soir;
mais il faut avoir le soin de bien mêler pour que la crême
soit également répartie dans toute la pâte. Si on n'agissait
pas ainsi, le fromage serait formé de lits faits de pâte
grasse et maigre; le lait qui est refroidi a aussi l'inconvénient de donner un fromage acide.

Il faut avoir soin de ne pas opérer à une trop haute
température; sans cela, le fromage serait recuit et de mau-

vaise qualité. On distingue les fromages ainsi préparés aux trous qui existent dans la pâte, et à la couleur du pe-tit-lait qui, au lieu d'être clair, blanc et transparent, est d'une couleur vert-pomme.

(VIe ADDITION.)

Extrait d'un Mémoire de M. Braconnot sur le lait.
(Annales de Physique et de Chimie.)

M. Braconnot annonce dans le mémoire en question n'avoir pu dessécher du lait : ce fait est en contradiction avec nos expériences. Les recherches de M. Braconnot sont trop importantes par leurs conséquences industrielles, pour que nous ne nous empressions pas de faire connaître ces mêmes conséquences.

Deux mille cinq cents grammes de caillé ou fromage blanc, tel qu'on le trouve sur nos marchés, ont été expo-sés pendant quelque temps à la chaleur de l'ébullition; il s'est contracté considérablement sur lui-même en une masse glutineuse, élastique, nageant dans une grande quantité de sérum, d'où la potasse a précipité du phos-phate de chaux, ainsi qu'une petite quantité de caséum. Cette masse élastique, après avoir été bien lavée à l'eau bouillante pour la purger de tout le sérum acide, pesait, dans son état humide, 469 grammes : c'est une combi-naison du caséum avec les acides acétique et lactique, laquelle a été divisée, puis chauffée avec 12,5 grammes de bi-carbonate cristallisé et une suffisante quantité d'eau.

La dissolution a eu lieu avec effervescence, et il en est résulté une liqueur mucilagineuse d'une saveur fade, rougissant très distinctement le papier teint en bleu par le tournesol : elle a été évaporée en l'agitant continuelle-

20.

ment, non seulement pour favoriser l'évaporation et empêcher des pellicules muqueuses de se former à sa surface,
mais aussi pour garantir la matière d'une trop forte impression de la chaleur au fond du vase; il est resté une
pelote qui, en commençant à refroidir, a pris de la consistance, et s'est laissé tirer entre les doigts en membranes
qui ont été exposées à l'air sur un tamis de crin pour les
faire sécher; cette matière pesait 300 grammes. Je la considère comme un surcaséate de potasse, retenant encore
du beurre, et une petite quantité d'acétate et de lactate
de potasse, sels qui font partie constituante du lait. Ainsi
desséchée, elle ressemble à la colle de poisson; elle est
d'un blanc jaunâtre, demi-transparente et d'une saveur
fade : elle est entièrement soluble dans l'eau froide et
bouillante, et donne une liqueur dont l'aspect lactiforme,
dû à la présence du beurre, semblerait faire croire que le
lait est régénéré. On voit que la préparation du caséum
soluble est de la plus grande simplicité, lorsqu'on n'a pas
pour objet de l'obtenir dans son état de pureté parfaite.
On conçoit qu'on aurait pu remplacer le bi-carbonate par
la potasse et la soude du commerce. Nous allons indiquer
quelques unes de ses applications aux arts et à l'économie
domestique; l'industrie pourra en découvrir beaucoup
d'autres.

Cette matière, de même que la gélatine, peut se conserver sans éprouver d'altération; elle reviendra à un
très bas prix, car les laiteries des grandes fermes fournissent une si grande quantité de caillé, qu'il ne peut être
entièrement consommé pour la nourriture de l'homme :
si donc on parvient à accroître son débit en multipliant
le nombre des bestiaux, il en résultera une plus grande
masse d'engrais, et on rendra ainsi un service signalé à
l'agriculture et au commerce.

Le caséum soluble, associé de diverses manières aux
alimens, présentera une ressource précieuse, surtout dans

les voyages de long cours et dans les embarcations. Sa dissolution aqueuse, sucrée et aromatisée avec un peu d'écorce de citron, pourra offrir aux convalescens une matière appropriée à la faiblesse des organes, et servir ainsi de transition du régime végétal au régime animal; sa dissolution, convenablement épaissie et encore chaude, délayée avec un peu de beurre et de l'eau sucrée, produit un liquide émulsif fort analogue au lait.

Le caséum soluble possède à un haut degré la faculté de coller. Si on évapore la dissolution dans une capsule de porcelaine ou de verre, le résidu desséché y adhère tellement, qu'on ne peut parvenir à l'en détacher qu'en enlevant en même temps une portion des vases; aussi je me suis servi avec beaucoup de succès de sa dissolution concentrée et encore chaude pour recoller solidement le verre, la porcelaine, le bois et la pierre. La même dissolution forme un enduit vernissé, brillant, étant appliquée sur du papier, et me sert ainsi depuis long-temps pour faire des étiquettes, qui ne demandent qu'à être légèrement humectées pour ensuite adhérer avec force; elle pourra aussi servir dans plusieurs circonstances où on emploie la colle de poisson, comme pour donner du lustre et de la consistance aux étoffes de soie, aux rubans, aux gazes, pour préparer les fleurs artificielles, le taffetas d'Angleterre, etc. Le caséum soluble ne m'a pas réussi pour clarifier la bière; mais il offrira sans doute d'aussi bons résultats que le lait et la crème, qui sont employés avec succès pour clarifier les liqueurs de table, en leur donnant plus de moelleux et des qualités qu'elles acquièrent par la vieillesse; ce qui paraît être dû à l'union du caséum avec l'acide acétique, comme semblerait l'indiquer un moyen qui vient d'être proposé dans le *Journal des Connaissances usuelles*, et qui consiste à verser dans ces liqueurs quelques gouttes d'ammoniaque qui neutralisent l'acide acétique qu'elles perdent en vieillissant.

On conçoit aussi que le caséum soluble pourra remplacer très avantageusement le lait écrémé, recommandé par Achard et M. Clémandot, dans la fabrication du sucre de betterave et pour la clarification des sirops, conjointement avec le noir animal, sans qu'on ait à craindre la présence du sérum. Je pense aussi qu'on pourra, à l'aide d'un peu d'ammoniaque, tirer le plus grand parti du caillé, préalablement séparé du sérum par l'ébullition, pour le convertir en une substance sèche qui servira à la clarification, à l'aide de quelques sels terreux. En effet, ayant fait dissoudre cette matière dans l'eau, j'y ai ajouté une petite quantité d'hydrochlorate de chaux, de sulfate de magnésie, ou même de sulfate de chaux en poudre. La liqueur n'a point paru troublée à froid; mais, à la plus légère impression de chaleur, elle s'est coagulée uniformément en une seule masse opaque, qui peu à peu s'est considérablement resserrée sur elle-même, et d'où il est sorti un liquide parfaitement limpide. Le lait ayant toujours été regardé par les plus célèbres médecins comme un antidote certain dans les empoisonnemens, le caséum soluble remplira parfaitement le même objet contre la plupart des sels métalliques : toutefois, j'ai raison de croire que le blanc d'œuf lui est préférable pour détruire l'action du sublimé corrosif.

Rapport sur un Mémoire de M. Braconnot relatif au caséum et au lait ;

Par M. HENRY.

Dans les *Annales de chimie et de physique*, de 1830, tome XLIII, page 337, M. Braconnot, chimiste distingué, correspondant de l'Institut, a publié un mémoire sur le caséum et sur le lait : *Nouvelles ressources qu'ils peuvent offrir à la société.*

Depuis les nombreux travaux publiés par Parmentier et M. Deyeux sur le lait, on s'était peu occupé de traiter cette matière, et de l'utiliser pendant les voyages de long cours. M. Appert, à la vérité, avait indiqué le moyen de conserver le lait; mais comme souvent les personnes chargées de ce travail fermaient mal les vases, le liquide s'altérait promptement, et l'on perdait ainsi le fruit d'un travail long et dispendieux.

Le procédé de M. Braconnot, beaucoup plus simple, présente plus d'avantages : 1° il utilise la partie du lait qui souvent est perdue dans la fabrication du petit-lait, et dont on tire un faible parti quand on a séparé la matière butireuse; 2° il fournit le moyen de préparer, avec le caséum, soit un fromage soluble, soit une crême très utile, pour la préparation d'une foule de mets; 3° il convertit, enfin, le caséum en sirop, en y faisant dissoudre un poids égal de sucre.

Le fromage soluble de M. Braconnot, de même que la gélatine, peut se conserver sans altération; il revient à un très bas prix, surtout dans les lieux où la grande quantité de caillé qu'on obtient dans les fermes est plus que suffisante à la nourriture de l'homme. Le fromage soluble, associé de diverses manières aux alimens, présente une ressource précieuse, surtout dans les voyages de long cours.

Avant de proposer les procédés de M. Braconnot, il convenait de les répéter avec soin et de vous présenter les résultats : en conséquence, j'ai fait exécuter avec exactitude les procédés qu'il indique dans son Mémoire.

1°. *Expériences sur la solubilité du caséum.*

Nous avons pris une quantité de fromage maigre des marchés. Cette matière, d'une consistance molle, a été

chauffée pendant plusieurs minutes pour concréter le caséum et pouvoir en séparer le sérum. Cette séparation
opérée et le caséum fortement exprimé, on chauffa avec
de l'eau et du bi-carbonate de soude, dans les proportions
suivantes :

Caséum. . . . . 4 kilogrammes.
Bicarbonate de soude. . 10 grammes.

Le caséum s'est complétement dissous ; la dissolution
s'est opérée avec effervescence ; la liqueur a été évaporée
à la chaleur de la vapeur d'eau, on a obtenu une masse
glutineuse soluble à chaud et à froid dans l'eau. Cette
substance, refroidie, a été coupée en lanières pour la
faire sécher : sèche, elle est d'un blanc jaunâtre, d'une
saveur fade, d'une cassure demi-vitreuse ; sa surface est
couverte d'une légère couche graisseuse. Elle se ramollit
dans l'eau froide, s'y dissout en partie ; mais elle est entièrement soluble dans l'eau bouillante, donne naissance
à une liqueur qui a l'aspect lactiforme. Cette liqueur,
aromatisée et sucrée, se rapproche de la saveur du lait.
Une petite quantité d'acide étendu d'eau en sépare une
partie du caséum ; une plus grande quantité d'acide le
concrète entièrement.

Ce caséum gélatineux, sucré et aromatisé, est très
agréable au goût.

DEUXIÈME EXPÉRIENCE.

Procédé pour réduire le lait sous un petit volume.

M. Braconnot observe avec raison que le lait contenant,
indépendamment du caséum et du beurre, quelques substances telles que l'acétate de potasse et une matière ex-
tractiforme, qui sont loin de contribuer à ses bonnes
qualités, ce serait résoudre un beau problème que de
concréter ce liquide en le privant des matières peu flat-

teuses au palais, et en lui assurant une conservation illi-
mitée.

Il prit donc 2 litres et demi de lait, il les exposa à une
température de 45° cent., et ajouta, à différentes reprises, de l'acide hydrochlorique étendu de trente parties
d'eau, qui en sépara le beurre et le caséum en une
masse de caillé qui nageait dans le sérum. C'est avec ce
caillé que M. Braconnot prépare la conserve de lait, sous
forme de sirop plus ou moins épais.

On prend, en conséquence, le caillé (1) dont on a séparé le sérum, on le fait dissoudre à une douce chaleur,
avec 5 grammes de sous-carbonate de soude cristallisé et
en poudre ; la solution s'effectue promptement, et forme
un demi-litre de crême ou frangipane que l'on peut
aromatiser à volonté.

Conserves de lait.

On prend parties égales de frangipane ci-dessus et de
sucre ; on chauffe avec précaution, et il en résulte un
sirop très agréable au goût et parfaitement homogène. Ce
sirop, étendu d'une assez grande quantité d'eau (environ
8 onces sur une de sirop), donne une liqueur d'un blanc
opaque, absolument comme du lait sucré.

Tablettes de lait.

Voulant rendre ce sirop encore plus facile à conserver
et à exporter, j'ai cru qu'il y aurait de l'avantage à le
réduire sous forme de tablettes. A cet effet, voici le mode
que j'ai cru devoir suivre. Quand la pâte est molle et
consistante, on la jette sur un papier saupoudré de sucre,
on l'étend avec un rouleau, on la divise en losanges,
et on la sèche dans une étuve. Ces tablettes se conser-

---

(1) La présence du beurre dans ce caillé est nécessaire pour
lui donner un goût agréable et une sorte de bouquet.

vent très facilement dans une boîte, ou, mieux, dans un bocal de verre ; on peut s'en servir en voyage pour sucrer le café.

La principale précaution qu'il faut observer, c'est de n'opérer qu'à une température peu élevée. Si l'on chauffe trop le lait lorsqu'on veut en coaguler le caséum, celui-ci acquiert de la consistance, et il est difficile de le liquéfier ensuite par le sous-carbonate de soude. Quand on vient à produire cette liquéfaction du caséum, si l'on élève également trop la température, il se forme des grumeaux qu'il faut nécessairement séparer, surtout si l'on n'a pas eu soin d'en exprimer exactement le sérum ; la matière prend alors un goût de beurre cuit.

Les mêmes inconvéniens se présentent en transformant le caséum liquéfié en sirop ou en conserve au moyen du sucre. Dans tous les cas, il importe beaucoup d'agiter constamment, pour prévenir la formation d'une pellicule à la surface de la matière, et la dessiccation d'une portion de cette matière sur les parois du vase dont on se sert.

Au contraire, quand on opère à une température au dessous de 50° cent., on obtient un caséum mou, d'une saveur agréable, qui se liquéfie facilement, et avec addition de sucre un sirop, une conserve molle et des tablettes.

Ces tablettes ont été trouvées agréables ; je les regarde comme un bon condiment, surtout si on les aromatisait à la vanille, à la fleur d'oranger ou autrement : elles auraient, en outre, cet avantage sur les différentes préparations culinaires que l'on fait avec le lait, de se conserver et de pouvoir servir à former toutes les autres, puisque, comme le sirop et la conserve de M. Braconnot, elles peuvent régénérer du lait, étant délayées dans une suffisante quantité d'eau.

Ce lait, régénéré par le sirop, la conserve ou les tablettes, est toujours sucré, et de plus il a la saveur du lait bouilli. Dans le café, les potages, les crêmes et autres alimens de cette nature, il m'a paru aussi agréable que le lait (1).

Ainsi le sirop, la conserve, les tablettes de caséum peuvent être des objets précieux pour la marine et les voyages de long cours.

Dans les grandes villes, où il n'est pas toujours facile de se procurer du lait de qualité passable, ces produits, qui peuvent se conserver, ne seraient-ils pas d'un grand secours, etc.?

Le lait dont je me suis servi pour mes expériences m'a fourni un septième de son poids de caséum mou; mais cette appréciation n'est point très rigoureuse, parce que le lait d'une vache peut être plus ou moins riche en matières solides, selon les circonstances; et ces matières peuvent paraître y exister en quantité plus ou moins grande, selon qu'on emploie plus ou moins d'acide et que l'on agit à une température différente.

Telles sont, Messieurs, les observations que j'ai l'honneur de soumettre à la Société, persuadé que le Mémoire de M. Braconnot sera lu avec intérêt par toutes les personnes qui s'occupent des produits agricoles.

HENRY.

---

(1) Il faut bien entendre qu'il n'est nullement comparable au lait frais sortant du pis de la vache, à cause de la saveur de lait cuit qu'il conserve.

VIIe ADDITION.

—

FALSIFICATION DU LAIT VENDU DANS PARIS.

Manière de la reconnaître.

M. de Belleyme avait provoqué un rapport du Conseil
de Salubrité sur la nature du lait vendu dans Paris; c'es●
pour y répondre qu'un des membres du Conseil s'est livré
dernièrement à des recherches, dont voici les résultats :

Le lait peut varier dans sa composition, suivant les divers états de l'animal qui le produit; mais comme les
marchands le tirent de différentes fermes, il résulte de
ce mélange que celui qu'ils débitent est assez homogène.
La principale altération commandée par la cupidité est
celle qui consiste à augmenter le volume par le mélange
de certains liquides, de l'eau surtout. L'usage de l'aréo-
mètre fait apprécier la pesanteur spécifique comparée et
infidèle. Le lait mélangé d'eau présente une fadeur que
l'habitude fait reconnaître, et à laquelle les laitiers ont
pourvu par l'addition d'un peu de cassonade; mais en
examinant le fond des vases exposés, on y découvre un
dépôt mielleux, qui n'est qu'une portion de cette substance non dissoute. En raison de sa pesanteur spécifique,
la partie butireuse monte à la surface. Les laitiers enlèvent
trois ou quatre pouces de la superficie des vases, et c'est
cette substance qu'ils débitent sous le nom de crême; le
reste, privé de son élément sapide, est vendu comme lait,
encore les mesures sont-elles réglées suivant la conscience
des débitans.

Le lait étendu d'eau se trouvait diminué de consistance, les laitiers y pourvurent par l'addition de farine

délayée ; mais celle-ci, en se précipitant, déposait souvent contre eux : alors ils imaginèrent de faire subir un bouillon à la farine délayée dans l'eau et mélangée ensuite : survint la découverte de l'iode, et quelques gouttes de sa teinture dévoilèrent la fraude, en communiquant au lait ainsi falsifié une couleur vineuse ou violacée. Aidés sans doute des conseils de gens instruits, les laitiers apprirent alors à blanchir de l'eau, au moyen d'une émulsion d'amandes douces, en y ajoutant un peu de cassonade ; ils y substituèrent même l'émulsion du chenevis, comme moins dispendieuse. Personne n'ignore que le lait de telle laiterie, lorsqu'il est chauffé, présente, sur la pellicule qui se forme, des gouttelettes huileuses d'une saveur plus ou moins rance, ce qui est dû à l'huile du chenevis employé.

Il est d'autres moyens d'obtenir des lumières précises sur ces diverses falsifications. On sait que la coagulation du lait s'obtient en le chauffant avec addition de vinaigre ou mieux, d'un peu d'acide sulfurique ; il en résulte le coagulum ou caillot, et le sérum ou petit-lait. Lorsque le lait contient de la fécule, le sérum, filtré et traité par l'iode, contracte une belle couleur bleue ; le coagulum fourni par les émulsions est bien moins considérable que celui du lait pur ; ce caillot, égoutté, graisse le papier, et laisse suinter de l'huile par la pression.

On peut s'assurer exactement de la quantité d'eau mélangée en coagulant comparativement du lait pur et du lait baptisé : si la quantité d'eau forme la moitié du liquide falsifié, le caillot sera moins volumineux de moitié ; ainsi de suite. On obtient le sucre dissous en évaporant le petit-lait à consistance d'un sirop épais, et en dissolvant le résidu dans l'alcool bouillant ; on filtre, on évapore à la vapeur de l'eau bouillante, et le sucre reste à nu.

Le lait, pendant l'été, a de la tendance à se cailler

promptement ; les laitiers ont encore trouvé remède à cet
inconvénient, en ajoutant au lait une petite quantité de
sous-carbonate de potasse ou de soude : ce moyen vaut
aux laitiers de certains quartiers la réputation de vendre
du lait qui ne tourne jamais. Ces alcalis ont même la propriété de rendre au lait caillé sa fluidité première. La
preuve de cette falsification nécessite des procédés chimiques assez compliqués.

Il résulte donc que le lait vendu dans Paris est sujet à
deux fraudes : la première consiste dans la capacité arbi-
traire des mesures ; la seconde, et la plus importante,
réside dans l'altération du lait, qui, dans aucun des cas
mentionnés, n'a cependant d'influence nuisible sur la
santé et ne perd que de ses qualités alimentaires. Il serait facile à l'autorité de remédier à ces inconvéniens
au moyen des lumières acquises, et le particulier qui
tient à se nourrir de bon lait pourrait facilement se livrer aux petites expériences que nous avons indiquées,
pour le choix de sa laitière. Il arriverait que les laitiers
feraient un peu moins vite fortune, car il est d'observation
qu'ils deviennent, en peu d'années, les habitans les plus
aisés de leur village ; mais, en compensation, les consommateurs de toutes les classes seraient moins souvent
dupés. (*Agriculteur manufacturier*, n° de juillet 1830.)

VIIIe ADDITION.

VACHES CHATRÉES MEILLEURES LAITIÈRES.

Il y a plusieurs années, je passai un été à Natchez,
logé dans un hôtel tenu par M. Thomas Winn. Pendant
le temps que j'y restai, je fis attention à deux vaches remarquables par leur beauté et constamment tenues à

l'étable. La servante, qui avait soin des chevaux, leur donnait régulièrement, trois fois par jour, de l'herbe de Guinée fraîche, coupée à la faucille.

Ces vaches avaient tellement fixé notre attention, en raison de la beauté de leurs formes, de la couleur rouge foncée de leur robe, de l'ampleur de leur corps, et du bon état dans lequel elles étaient, que je demandai un jour à M. Winn de quelle race elles étaient, et pour quelles raisons il les tenait constamment à l'étable au lieu de les laisser errer dans les pâturages, où elles jouiraient d'un air pur et d'un exercice avantageux, en même temps qu'on éviterait la dépense et le soin qu'occasionaient la récolte et l'apport de leur fourrage. M. Winn me répondit que les deux vaches étaient de la race commune du pays, race qu'il croyait d'origine espagnole; *qu'elles étaient chátrées*, et que depuis deux ans (je ne me rappelle pas si ce n'était pas même depuis trois), elles donnaient continuellement du lait.

Regardant ce fait comme un phénomène, sinon de la nature, du moins de l'art, je poussai plus loin mes investigations; et M. Winn voulut bien me donner des détails qui furent pour moi aussi extraordinaires que nouveaux : dans la pensée qu'ils pourraient être aussi intéressans pour un grand nombre de vos lecteurs qu'ils l'avaient été pour moi, je me hasarde à les publier. J'espère que quelques uns des fournisseurs de lait, dans nos grandes cités, pourront faire des expériences, dans le but de s'assurer s'ils obtiendront les mêmes résultats que M. Winn : s'il en était ainsi, ces résultats seraient non seulement extrêmement avantageux aux fermiers, mais aussi à tous les hôteliers et aux autres habitans des villes qui ont une ou plusieurs vaches, pour être sûrs d'avoir un lait pur et de bonne qualité.

M. Winn, dans le commencement de son établissement,

lisait les journaux anglais qui rendaient compte des concours de charrues qui avaient lieu dans quelques comtés
du sud de l'Angleterre; il fit la remarque que les prix
étaient assez généralement remportés par les laboureurs
qui se servaient de génisses châtrées. Cette observation,
sans rapports immédiats avec l'objet qui fit plus tard le
sujet de ses expériences, fut cependant la première cause
qui tourna son attention de ce côté, et qui, de raisonnemens en raisonnemens et d'idées en idées, le conduisit à
des expériences. Je vais rapporter ces expériences aussi
bien que ma mémoire, après vingt ans, pourra me les
rappeler.

Ayant pensé que les vaches châtrées aussitôt après le
vêlage, pendant qu'elles étaient dans le moment où elles
donnaient le plus de lait, pourraient continuer à donner
du lait pendant plusieurs années, sans qu'il y eût d'autres
variations produites dans la qualité et la quantité que
celles résultant du changement de nourriture,

Il se résolut à faire châtrer une vache laitière, qui était
excellente, en plein lait. L'opération fut pratiquée environ
un mois après le vêlage : elle fut heureuse et ne produisit
qu'une fièvre légère, sans durée; et peu de jours après, la
vache donna la même quantité de lait qu'auparavant. Elle
continua à donner ainsi du lait pendant plusieurs années,
sans interruption, sans autre diminution, même dans sa
quantité, que celle que devait apporter ou le passage à la
nourriture sèche, ou une diminution dans la quantité de
la nourriture; mais son lait redevenait aussi abondant
qu'auparavant, sitôt qu'elle était remise en pleine nourriture verte. Cette vache tomba d'une berge dans le Mis-
sissipi, près Natchez, et fut trouvée noyée.

Après sa mort, M. Winn en fit châtrer une seconde. L'o-
pération réussit encore parfaitement : pendant plusieurs
années, la vache ne cessa de donner du lait en abondance;

mais en sautant une barrière elle s'enfonça un pieu dans l'abdomen, et se fit une blessure grave qui obligea de la sacrifier.

Après ce second accident, M. Winn fit châtrer de nouveau deux vaches, et pour prévenir tout malheur de même nature, il résolut de les tenir constamment à l'étable, ou dans des enclos bien sûrs, et de les y alimenter avec de la nourriture verte, aussi long-temps que possible, ce que le climat permet de faire, sinon toute l'année, au moins pendant la plus grande partie.

Le résultat, par rapport aux deux dernières vaches châtrées, fut le même que pour les premières, c'est à dire entièrement satisfaisant : il établit le fait que M. Winn avait soupçonné que l'opération de châtrer les vaches, quand elles étaient en plein lait, les rend propres à donner cette même quantité de lait pendant le restant de leur vie, c'est à dire jusqu'au moment où l'âge vient apporter naturellement un changement dans cette sécrétion.

Quand je vis ces deux dernières vaches châtrées, c'était, je crois me rappeler, dans le cours de la troisième année de la castration, elles n'avaient cessé de donner constamment leur quantité de lait accoutumée.

Le caractère de M. Winn (maintenant décédé) doit faire ajouter la foi la plus entière à ses assertions ; et plusieurs personnes que j'eus occasion de connaître me confirmèrent les faits relatifs aux expériences que je viens de rapporter.

Quand je vis M. Winn, je voulus l'engager à faire connaître ces mêmes faits à M. Judge Peters, alors président de la Société d'agriculture de Pensylvanie; mais il en fut détourné par une extrême répugnance à se produire devant le public, et par la crainte que si sa découverte n'était pas nouvelle elle jetât sur lui quelque ridicule.

Les grands avantages qui doivent résulter d'avoir un troupeau de vaches donnant constamment la même quan-

tité de lait sont trop notoires pour que j'en fasse ici la
récapitulation. Si cette communication pouvait engager
quelques personnes à renouveler ces expériences, elles
trouveraient probablement qu'il y aurait plus d'avantages à acheter des vaches qui ont eu déjà plusieurs veaux,
que des génisses. Les premières ont généralement un abdomen ample bien formé, et donnent beaucoup plus de
lait que les autres.

Signé VIATOR.

(Extrait *du British Farmer's Magazine,*
n° XXV, novembre 1832 ; page 514.)

FIN.

Laiterie I. Ann. d'Agr. 2. S. Tom. XXXV. Pag. 9.

Coupe suivant la ligne B.A.B. du Plan.

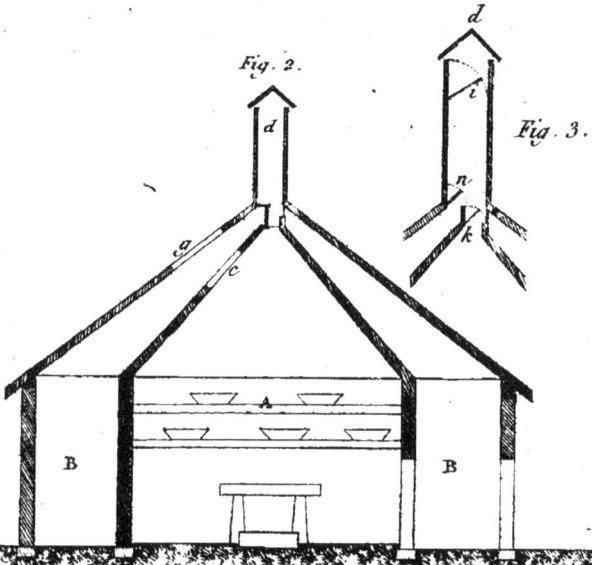

Fig. 2.

Fig. 3.

Fig. 1.
Plan d'une Laiterie et de ses dépendances.

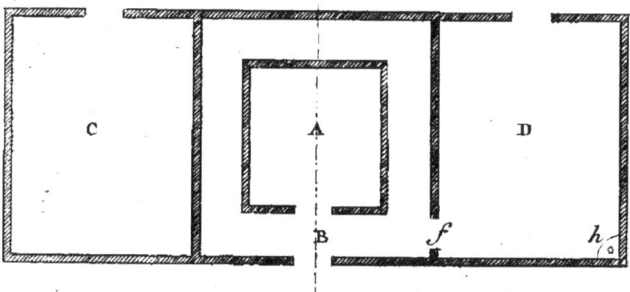

Fig. 6.

Fig. 7.

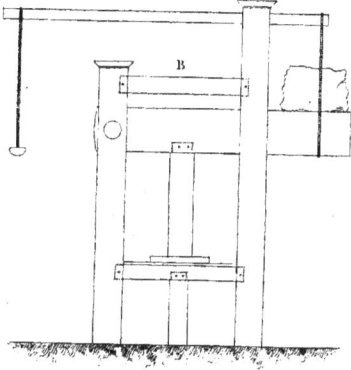

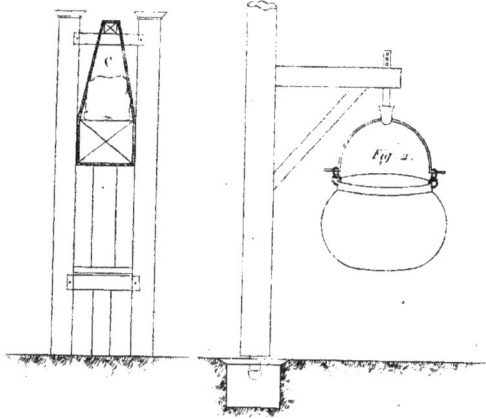

Fig. 2.

B

C

Fig. 5.

A

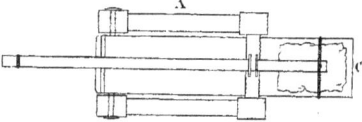

C

Fig. 1.

Fig. 3 et 4.

A. Plan de la presse.
B. Vue de face.
C. Vue du côté C du Plan.

Echelle de 1 2 3 4 5 6. Pieds.

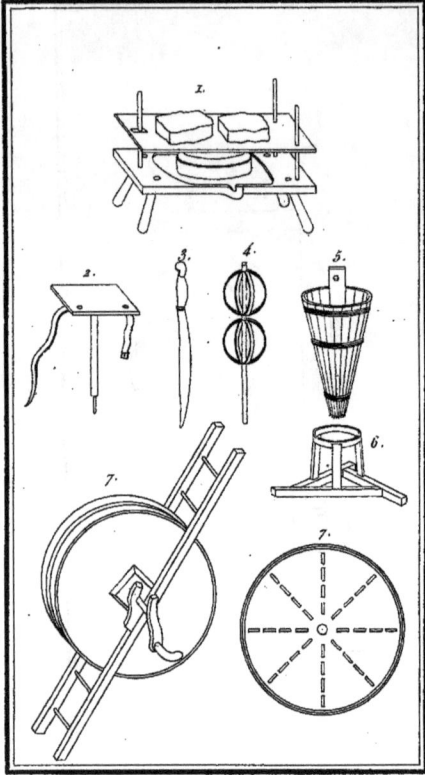

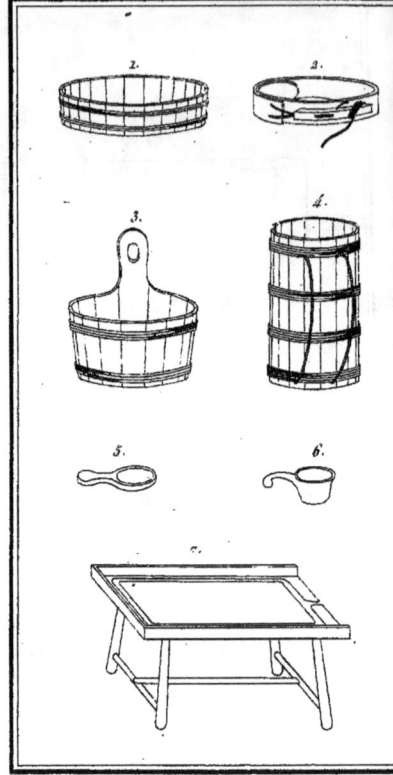

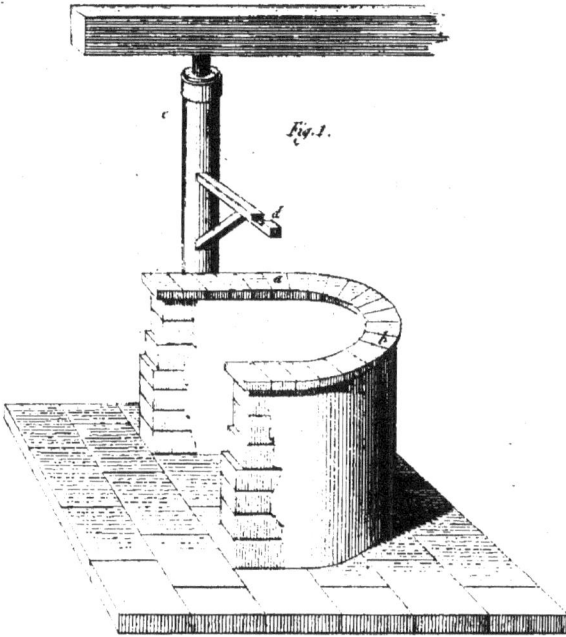

Fig. 1.

Fig. 2.

Fig. 3.

Fig. 4.

Fig. 1.

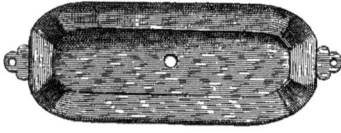

Fig. 2.

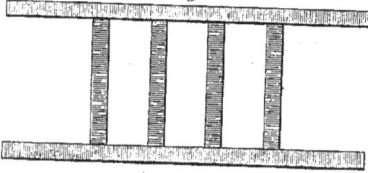

Fig. 3.

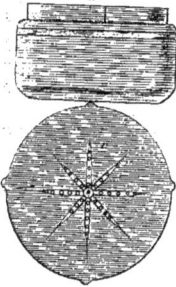

Fig. 4.

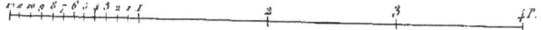

Baratte de M. L. Valcourt.

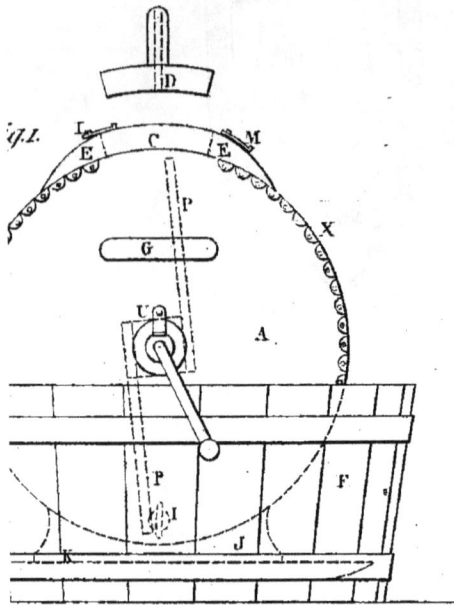

Fig. 1.

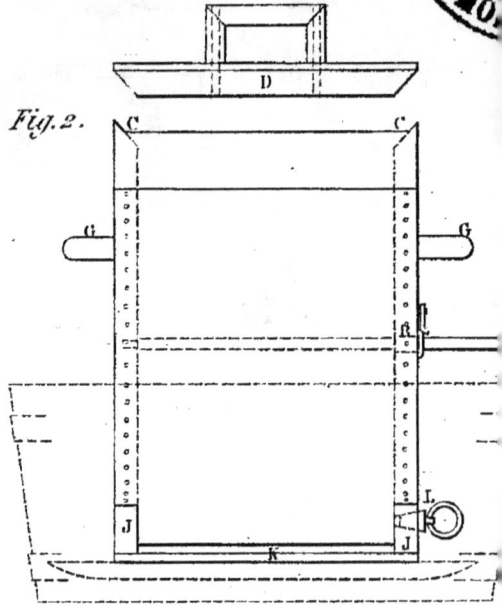

Fig. 2.

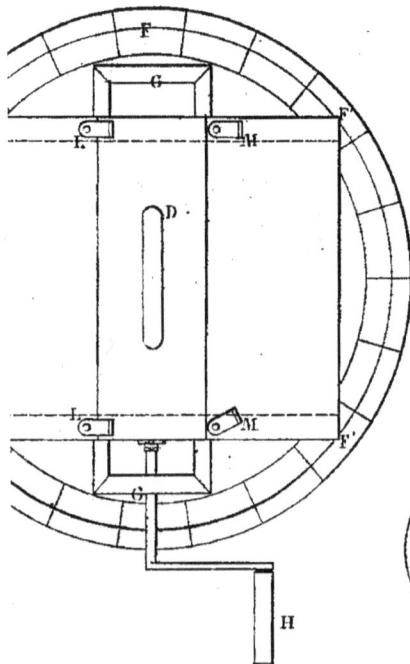

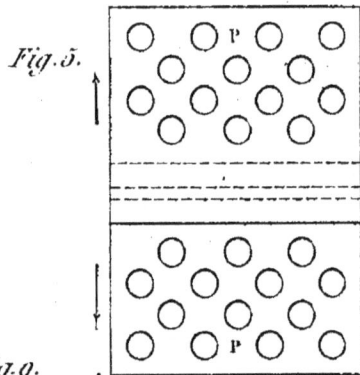

Fig. 5.

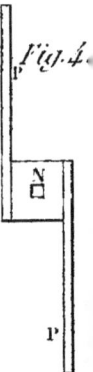

Fig. 4.

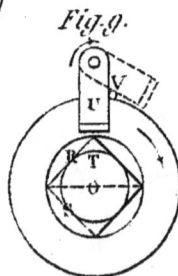

Fig. 9.

Fig. 6.

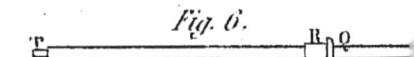

Fig. 8.

Fig. 7.

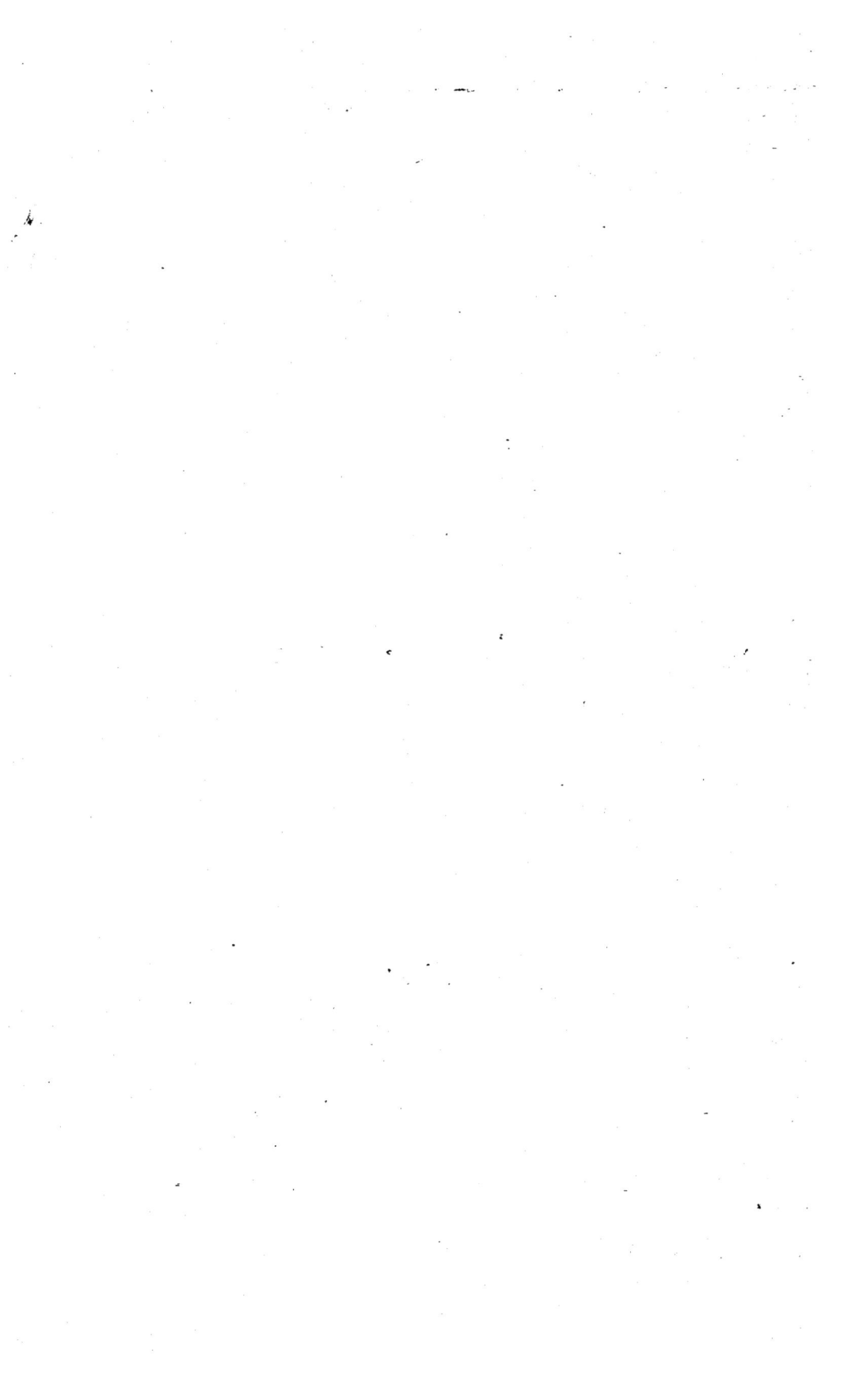

EXPLICATION DES PLANCHES.

PLANCHE Iʳᵉ.

Coupe et plan d'une laiterie (voyez-en la description page 12 et suivantes). C'est une espèce de modèle que MM. *Anderson* et *Twamley* conseillent.

PLANCHE II.

Elle représente les ustensiles dont M. *Bonvié* se sert pour la fabrication du fromage de Gruyères, à sa propriété de la Voivre (page 167).

Fig. 1. Plan et vue d'un des vases de bois destinés à recevoir le lait.

Fig. 2. Chaudière pour faire cailler le lait et ensuite cuire le caillé.

Fig. 3 et 4. Plan et vue du chevalet et de l'entonnoir destinés à passer le lait qu'on veut faire cailler dans la chaudière.

Fig. 5. Presse à fromage, vue d'en haut.

Fig. 6. Vue de la presse, prise latéralement.

Fig. 7. Presse vue par devant, ou du côté *c, fig.* 5.

PLANCHE III.

Elle représente les ustensiles de la fabrication du fromage de Gruyères dans le Jura; quelques uns de ces ustensiles sont aussi employés à la fabrication des fromages d'Angleterre, de Hollande et parmesans.

Fig. 1. Presse à fromage.

Fig. 2. Chevalet sur lequel les hommes qui traient les vaches s'asseient pour cette opération : au moyen de la courroie, ils le portent attaché à leur ceinture, au bas de leurs reins.

Fig. 3. Épée de bois pour diviser le caillé dans la fabrication du fromage de Gruyères et parmesan.

Fig. 4. Moussoir ou instrument pour diviser le caillé et surtout pour le remuer dans la fabrication du fromage de Gruyères et parmesan.

Fig. 5. Couloir en bois pour passer le lait.

Fig. 6. Support du couloir.

Fig. 7. Baratte qui sert en Hollande, en Angleterre, en Suisse, et déjà dans quelques parties de la France. Le second n° 7 représente sa disposition intérieure.

PLANCHE IV.

Fig. 1, 3 et 4, représentent différens vases employés, dans les laiteries du Jura et de la Suisse, à la fabrication du beurre et du fromage de Gruyères.

Fig. 2. Cercle de sapin ou de hêtre qui est le moule ou forme à fromage de Gruyères et parmesan.

Fig. 5 et 6, représentent deux écuelles en bois destinées à la même fabrication.

Fig. 7. Table pour recevoir le fromage lorsqu'il est dans sa forme.

PLANCHE V.

Fig. 1. Potence pour soutenir et mettre sur le feu, à volonté, la chaudière qui sert à fabriquer le fromage de Gruyères et le fromage-parmesan. L'âtre qui est représenté à côté est construit ordinairement pour réfléchir la chaleur plus également sur toutes les faces de la chaudière. Une pareille potence se trouve déjà Pl. 2, *fig*. 2.

Fig. 2. Chaudière employée à la fabrication du fromage-parmesan. On voit qu'elle diffère beaucoup, par sa forme, de celle destinée à la fabrication du fromage de Gruyères : ses anses, placées bas et rapprochées de l'axe, permettent à l'ouvrier de la pencher d'un côté lorsqu'il veut placer le fromage dans la toile pour le retirer de la chaudière, etc. L'évasement de la chaudière, à sa partie supérieure, met une beaucoup plus grande quantité de lait en contact avec l'air, que ne le fait la chaudière qui sert à fabriquer le fromage de Gruyères, et c'est probablement une des causes qui produisent la différence qui existe entre ces deux fromages dont la fabrication est presque la même.

Fig. 3. Branche de sapin avec quelques chevilles passées à travers, ou à laquelle on a coupé les ramifications à trois ou quatre pouces de la tige, et qui sert de *moussoir* comme les instrumens représentés Pl. 3, *fig.* 3 et 4.

Fig. 4. Autre *moussoir.*

PLANCHE VI.

Elle représente les ustensiles qui servent à la fabrication du fromage du Mont-Cénis. (*Voyez* page 143.)

Fig. 1. Passoire pour couler le lait.

Fig. 2. Chevalet que l'on place sur le baquet.

Fig. 3. Moule à fromage, avec son couvercle *r.*

Fig. 4. Presse à fromage. — Cette presse, comme on doit le penser, est sur une échelle beaucoup plus petite que les ustensiles représentés *fig.* 1, 2 et 3.

> *a a*, Montans.
>
> *b*, Traverse servant à maintenir les deux montans.
>
> *c*, Treuil garni d'une cheville *d.*
>
> *d*, Cheville qui sert à élever et baisser le coffre *e.*
>
> *e*, Coffre rempli de pierres.
>
> *f*, Banquette dans laquelle sont enchâssés les montans *a,a*, et circonscrite par une rigole terminée en bec *g.*
>
> *h*, Baquet.
>
> *o*, Support qui s'élève du fond du baquet *h.*

PLANCHE VII.

Elle représente les détails de l'excellente baratte de M. *Valcourt.* (Voyez-en la description, page 297.)

TABLE.

———

NEUVIÈME MÉMOIRE.

NOTES SUPPLÉMENTAIRES.

1°. LACTOMÈTRE.

Il est bien connu que la valeur du lait est déterminée par la quantité de crême qu'il fournit ; mais cette quantité varie selon la santé de la vache, son âge, sa nourriture, et qu'il y a plus ou moins de temps qu'elle a vêlé.

M. Jos. Banks, président de la Société royale de Londres, a trouvé un instrument très simple, le Lactomètre, que tout cultivateur intelligent ne manquera pas d'employer, et au moyen duquel il pourra connaître avec précision la quantité de crême que donnera le lait de différentes vaches, ou que donnera le lait de la même vache, mais nourrie d'alimens différens.

Je viens de faire exécuter le Lactomètre, par M. Collardeau, fabricant d'instrumens de précision, comme thermomètres, baromètres, alcoomètres, rue du Faubourg-Saint-Martin, n° 56, à Paris, où on le trouvera à 10 francs la demi-douzaine, et à 2 francs la pièce quand on en prend moins.

Le Lactomètre, représenté en marge, est un tube de verre de 6 pouces de hauteur, et d'un pouce et demi de diamètre intérieur, ouvert par le haut, et dans le bas fermé par un pied ou support, de 2 pouces et demi de diamètre. Pour faire l'échelle, on a divisé la contenance de ce tube en 100 parties égales ou degrés, et ce au moyen du jaugeage ; ce qui a été plus facile, et surtout moins coûteux, que d'avoir calibré l'intérieur du tube, et divisé la hauteur en 100 parties égales, ce qui eût donné le même résultat. Avec la pointe du diamant on a gravé sur le verre 30 de ces degrés, à partir du cercle supérieur qui est marqué 0 (zéro). Chaque tube contient 3 demi-décilitres et un tiers jusqu'au zéro, et chaque demi-décilitre est marqué par un cercle tracé au diamant; ce qui rendra ces tubes utiles quand, pour divers usages, on voudra avoir un demi-décilitre ou un décilitre bien exact.

On a autant de ces tubes que l'on veut, on les maintient verticalement dans une espèce de châssis ou portehuilier en fer-blanc, ou même en bois.

Si dans le même moment on remplit plusieurs de ces tubes avec différens laits fraîchement tirés, et qu'on expose les tubes à la même température, la crème se formera au dessus du lait, et l'épaisseur de la crème sera vue au travers du verre et indiquée par les degrés numérotés. Chaque degré de crème sera un centième du lait mis dans le tube. Ainsi on verra aisément l'influence qu'auront sur la quantité de la crème les divers pâturages et les alimens dont on nourrira les vaches.

Comme on a vu précédemment que le lait trait le dernier est beaucoup plus riche en crème que celui tiré le premier, il faut, quand on veut connaître combien le lait d'une vache donne de crème en moyenne, traire la vache bien à fond, remuer la traite, pour bien mélanger les laits, remplir le tube de ce mélange, et on l'examinera vingt-quatre heures après, temps nécessaire pour que toute la crème puisse monter. (*Extrait d'un ouvrage inédit sur divers instrumens d'agriculture par M. L. Valcourt.*)

⸻

2°. MANIÈRE DE SE SERVIR DE LA BARATTE DE M. L. VALCOURT.

On commence par fixer intérieurement les ailes que l'on fait traverser par l'arbre de la manivelle. Pendant l'hiver, on verse de l'eau bouillante dans la baratte, et on donne quelques tours à la manivelle, ce qui mouille et lave tout l'intérieur. On laisse l'eau une minute ou deux, pour donner au métal le temps de s'échauffer; puis on retire le bondon du bas, et on laisse écouler l'eau dans le baquet. Pendant l'été, on emploie de l'eau fraîche, au lieu d'eau chaude, et de l'eau tiède quand la température est tempérée.

On replace le bondon; on verse la crème qui ne doit pas dépasser l'axe de la manivelle, et on fixe le couvercle par les deux tourniquets.

On place la baratte dans le baquet, et on verse dans le baquet de l'eau plus ou moins chaude, selon la saison, de manière à amener la crème à la température de *dix* degrés *Réaumur*; il serait bien, une heure ou deux avant de faire le beurre, de placer le vase dans lequel est la crème dans un endroit où la crème pourrait prendre cette température de 10°.

Il faut tourner la manivelle d'un mouvement régulier, environ deux tours par seconde.

Quand le beurre est bien pris, ce que l'on sent à la manivelle, et ce que l'on entend par le bruit que le beurre fait en tombant, on sort la baratte du baquet, et on reçoit dans un vase quelconque le lait de beurre que l'on laisse couler en ôtant le bondon du bas.

On replace le bondon, et on verse de l'eau fraîche par la porte; on donne à la manivelle quelques coups de va-et-vient, puis on retire cette première eau qui est blanche et très chargée de lait de beurre : on la donnera aux cochons. On remet de la nouvelle eau, on tourne la manivelle, on écoule, et on renouvelle l'eau jusqu'à ce qu'elle sorte parfaitement claire. On n'a pas besoin de laver ensuite le beurre, et de le pétrir avec les mains, ce qui le rend mou pendant l'été.

Quand le beurre est suffisamment lavé, on retire la manivelle, puis les ailes, et alors on a toute facilité pour ôter le beurre, soit avec la main, si la baratte est très grande, soit en retournant la baratte, la porte en bas, si elle est petite. On verse de suite de l'eau bouillante dans la baratte, pour la bien nettoyer, ainsi que les ailes, la manivelle, la porte et le bondon. On essuie avec un linge sec, et on place la baratte renversée, la porte en bas, pour que l'eau qui resterait intérieurement puisse couler et sortir d'elle-même.

3°. TRADUCTION DE QUELQUES PASSAGES ANGLAIS CITÉS TEXTUELLEMENT DANS L'OUVRAGE.

Page 67. *For the bottom, oak is the best material : and staves and broad split hoops are to be preferred to all others, when they can be procured.*

Pour les fonds des tonneaux, notre chêne est ce qu'il y a de mieux; mais les douves et les cercles refendus (1) qui nous viennent de Hollande, quand on peut s'en procurer, valent mieux que les nôtres.

Page 73. *Kidney-beans.* C'est le *Phaseolus* de Linné.

Page 83. 1 gallon n'est pas 5 pintes de Paris, mais 3 pintes de Paris et $\frac{976}{1000}$ ou 3 litres 785.

Page 85. *Lesser spear wort*, Ranunculus flammula, Linné ; *Great spear wort*, Ranunculus lingua.

Page 84. *Heary* ne veut pas dire ici mou, mais moisi (ou couvert de poils, de duvet).

Page 96. *The curd is then collected into a part of the trib wich has a slip or loose board to cross the diameter of its bottom, for the sole purpose of separating them.*

Le caillé est alors rassemblé dans un côté du baquet, où on l'y maintient par une cloison ou par un morceau de planche qu'on y glisse, qui traverse le diamètre du fond, dans la seule vue de séparer le caillé d'avec le petit-lait.

L. VALCOURT.

(1) Les Hollandais tirent généralement leurs douves de la Suède ; elles sont de pin de Riga, et leurs cercles refendus sont faits avec une variété de saule qui croît en Hollande.

www.ingramcontent.com/pod-product-compliance
Lightning Source LLC
Chambersburg PA
CBHW060134200326
41518CB00008B/1026